流域非点源污染不确定性理论、方法与应用

沈珍瑶 陈 磊 等 著

科学出版社

北 京

内 容 简 介

非点源污染是导致我国河流、湖泊水体水质恶化的重要污染源，已成为制约我国社会经济可持续发展的关键因素。受资源、技术和认识的限制，非点源污染模拟和预测的不确定性已经引起了研究者的广泛关注。本书是作者对有关非点源污染不确定性问题近十五年研究工作的总结和思考，从模型输入数据、模型参数、模型结构、模型率定方法等角度系统开展了对流域非点源污染不确定性的量化、表征和降低方法的研究。

本书可供环境科学、水文学、生态学等专业领域的本科生、研究生和科研人员，特别是从事流域非点源污染模拟与控制、水环境模拟与修复和流域综合管理等相关研究工作的科研人员阅读。

图书在版编目（CIP）数据

流域非点源污染不确定性理论、方法与应用/沈珍瑶等著. —北京：科学出版社，2021.10

ISBN 978-7-03-069824-7

Ⅰ．①流… Ⅱ．①沈… Ⅲ．①流域污染-非点源污染-污染控制-研究 Ⅳ．①X52

中国版本图书馆 CIP 数据核字(2021)第 187135 号

责任编辑：刘宝莉 陈 婕 付 瑶 / 责任校对：任苗苗
责任印制：师艳茹 / 封面设计：蓝 正

科 学 出 版 社 出版
北京东黄城根北街 16 号
邮政编码：100717
http://www.sciencep.com
河北鹏润印刷有限公司 印刷
科学出版社发行 各地新华书店经销

*

2021 年 10 月第 一 版 开本：720×1000 1/16
2021 年 10 月第一次印刷 印张：20
字数：400 000

定价：168.00 元
（如有印装质量问题，我社负责调换）

前　言

工农业发展以及城市化进程导致我国流域(区域)水环境污染问题突出。据《2020 中国生态环境状况公报》显示，长江、黄河、珠江、松花江、淮河、海河、辽河七大流域和浙闽片河流、西北诸河、西南诸河监测的 1614 个水质断面中，Ⅰ～Ⅲ类、Ⅳ～Ⅴ类和劣Ⅴ类水质所占比例分别为 87.4%、12.4% 和 0.2%；监测的 112 个重要湖泊(水库)中，Ⅰ～Ⅲ类、Ⅳ～Ⅴ类和劣Ⅴ类水质的湖泊(水库)所占比例分别为 76.8%、17.8% 和 5.4%，主要污染指标为总磷、化学需氧量和高锰酸盐指数。流域水环境污染已成为我国社会经济可持续发展的重要影响因素。

非点源污染是导致我国河流、湖泊水体水质恶化的重要污染源，已成为制约我国社会经济可持续发展的关键因素。同点源污染相比，非点源污染因其复杂性、随机性、时空差异大、滞后性等特点难以被监测和治理。而受资料、技术和认识的限制，不确定性问题是任何非点源污染研究中不可避免的，非点源污染模型模拟和预测的不确定性已经引起了越来越多研究者的关注。虽然不确定分析的必要性在水文、生态、环境等学科得到广泛的认同，但对于非点源污染不确定性的研究相对较少，在识别不确定性来源、量化并降低不确定性、评估模拟不确定性所带来的各种风险等方面尚缺乏系统研究。

在国家自然科学基金创新研究群体项目"流域水环境、水生态与综合管理"(51721093)、国家杰出青年科学基金"流域水污染控制"(51025933)、国家环境保护公益性行业科研专项项目"三峡库区农业非点源污染特征及控制技术研究"(200709024)、国家自然科学基金青年科学基金项目"非点源污染控制措施不确定性及空间配置模式研究"(51409003)与"三峡库区大宁河流域非点源污染的不确定性研究"(40771193)的共同资助下，作者及其团队在前期流域非点源污染过程机理与模型研究的基础上，进一步从模型输入数据、模型参数、模型结构、模型率定方法等角度系统开展了对流域非点源污染不确定性的量化、表征和降低方法的研究，建立了一套相对完整的流域非点源污染不确定性基础理论、技术方法与应用模式。

本书是对有关非点源污染不确定性研究工作的系统总结和思考。其中第 1 章对非点源污染模拟不确定性进行了系统总结；第 2 章侧重于模型输入数据的不确定性分析；第 3 章主要从模型参数与结构等角度介绍模型自身不确定性来源；第 4 章在模拟模型不确定性的基础上，提出新的模型率定方法；第 5 章重点阐述不确定性情景下的非点源污染控制方法；第 6 章是本书的总结及展望。

　　本书撰写分工如下：第 1 章，沈珍瑶，陈磊；第 2 章，廖谦，宫永伟，钟雨岑；第 3 章，谢晖，陈涛，宫永伟，李爽；第 4 章，陈磊，钟雨岑，廖谦；第 5 章，谢晖，陈磊；第 6 章，陈磊，沈珍瑶。于振亚、张潇月、陈世博、李亚永、孙铖、杨念、焦聪、李蕾芳、余宇参与了本书写作和资料整理。全书由沈珍瑶、陈磊统稿。

　　由于作者水平有限，书中难免存在不妥之处，敬请同行和广大读者批评指正。

目　　录

第1章 绪 论

任何非点源污染研究中会不可避免地遇到不确定性问题。非点源污染模拟和预测的不确定性已经引起了研究者的广泛关注。本章主要对非点源污染模拟不确定性的来源、理论基础和研究方法进行系统总结。

1.1 非点源污染概述

1.1.1 非点源污染控制的重要性

随着社会经济的不断发展，流域水环境污染问题日益突出，水环境污染已经成为关系人类社会可持续发展的重要战略问题。根据污染来源的差异，通常可将水环境污染来源分为点源污染和非点源污染两大类。其中，点源污染是指工业废水和城市生活污水，集中从固定排污口汇入水体，其排放位置在空间上是相对集中、固定的，排放时间通常具有稳定性。非点源污染是相对点源污染而言的，指地表或土壤中的污染物由于降雨产流中的冲刷或侵蚀过程进入水体，其排放通常具有分散性、广泛性和随机性等特征(张巍等，2008)。与点源污染相比，非点源污染具有复杂性、随机性、不确定性、污染负荷时空差异显著性、滞后性等特点，以及其污染物可随地表和地下径流在环境中进行复杂的迁移和转化等特征，因此非点源污染危害规模广、防控防治困难(陈磊，2014；Xiang et al.，2017)。

近年来，随着技术水平的提高和各国政府对环境问题的关注，大部分工业、生活等点源污染已经得到了较为有效的控制。非点源污染对水环境的影响已逐渐超过点源污染，成为水环境的重要污染来源，甚至是首要污染源(Chen et al.，2015)。我国非点源污染已成为水体污染的主要贡献者，尤其是农业化肥的大量流失加快了受纳水体富营养化进程，严重破坏了水生态平衡(常舰等，2017)。云南滇池、安徽巢湖、江苏太湖等众多流域人口密集、农业生产集约化程度高，流域内非点源污染负荷占总污染负荷的50%以上。第一次全国污染源普查也表明，农业生产排放的氮、磷污染物分别占我国入水污染物总量的57%、67%。严峻的非点源污染现状对流域生态及水环境健康造成了严重的威胁，极大程度地制约了经济社会的可持续发展(李明涛等，2013)。

1.1.2　非点源污染模型简介

非点源污染研究始于 20 世纪 60 年代，非点源污染具有空间差异大、分布范围广、影响因子复杂等特点，且其产生及输移涉及降雨径流，土壤侵蚀，污染物在流域内迁移、转化、沉积等多个过程，因此难以对其进行有效监测(张巍等，2008；夏军等，2012)。模型模拟是当前非点源污染定量化研究的常用方法与重要途径，通过数学方程实现对流域系统污染发生过程的定量描述，识别分析非点源污染主要来源、迁移路径和时空特性，实现对污染负荷量及其对水体影响的可靠预报，并实时评估土地利用变化、控制措施效果，从而为流域管理提供科学的决策依据(王晓燕等，2008)。

按建立途径和模拟过程的不同，通常将模型分为统计模型和机理模型两大类。其中，统计模型通过构建流域地形特征与污染物输出之间的简单经验公式，实现对非点源污染输入与输出关系的描述，其本质上属于黑箱模型范畴(胡雪涛等，2002)。常见的统计模型包括径流曲线数模型(简称 SCS 模型)、Green-Ampt 入渗模型、水文模型(hydrologic model)、通用土壤流失方程(the universal soil loss equation, USLE)等(金鑫，2005)。该类模型具有简单高效且数据需要少的特点，但在推广应用上表现出较大的局限性，在不同区域应用时通常模拟误差相对较大。与之相对应，机理模型是指通过一些数学公式实现对流域非点源污染发生的实际物理过程的准确描述及对流域内多个环境因子的精准重现。通常，机理模型包括降雨径流、土壤侵蚀以及污染物迁移转化等多个物理、化学、生物过程，具有模拟效果好且受时空限制小等特点。但机理模型结构复杂，在模型模拟过程中需要考虑大量参数，数据要求较高，运行成本较高(王少丽等，2007)。目前，常见的模型及其应用特点如表 1.1 所示。其中，SWAT 模型是由美国农业部(US Department of Agriculture, USDA)的农业研究中心开发的适用于流域尺度的水文模型；AGNPS 是由美国农业部开发的用于评价和预测小流域农业非点源污染发生的计算机模型，AnnAGNPS 是在 AGNPS 基础上拓展的农业非点源污染模拟计算机模型；HSPF 是由美国国家环境保护局开发的水文模拟模型。这四种模型是国内外运用较多的机理模型。

表 1.1　常见非点源污染模拟模型对比

空间尺度	模型名称	参数形式	模拟的主要过程及特征	时间尺度/步长	模型结构		
					水文	土壤侵蚀	污染物迁移
农田小区	CREAMS	集总式	模拟连续或离散的暴雨过程对农田径流、渗滤、蒸发、土壤侵蚀及化学物质的迁移转化的影响	长期连续/1d	SCS 模型、Green-Ampt 入渗模型、蒸散发模型	考虑溅蚀、冲蚀、河道侵蚀和沉积	氮磷、杀虫剂、简单污染物平衡

续表

空间尺度	模型名称	参数形式	模拟的主要过程及特征	时间尺度/步长	模型结构		
					水文	土壤侵蚀	污染物迁移
农田小区	GLEAMS	集总式	模拟连续或离散的暴雨过程对农田径流、渗滤、蒸发、土壤侵蚀、化学物质的迁移转化及农药垂直通量变化的影响	长期连续/1d	SCS 模型、Green-Ampt 入渗模型、蒸发	通用土壤流失方程	氮磷、农药及其地下迁移过程
	EPIC	集总式	可进行农田养分循环与平衡的动态模拟；评价农田作物生产力和水土资源管理策略实施的动态效果	长期连续/1d	SCS 模型、入渗、蒸发、融雪	改进的通用土壤流失方程(RUSLE)	氮磷负荷、复杂污染物平衡
流域	HSPF	集总式	对综合水文、水质过程的模拟，适用于连续或一次的暴雨过程；可模拟一般污染物或有毒有机污染物	长期连续/1min～1d	斯坦福水文模型	考虑雨滴溅蚀、径流冲刷和沉积作用	氮磷、农药、复杂污染物平衡
	SWRRB	集总式	模拟连续或一次降雨过程，适用于模拟乡村地区的水文过程、作物生长、泥沙沉积、污染物的迁移运动	长期连续/1d	SCS 模型、入渗、蒸发、融雪	RUSLE	氮磷负荷、复杂污染物平衡
	AnnAGNPS	分布式	对流域采用划分子流域的方法，子流域再被划分为许多矩形工作单元，适用于模拟流域径流过程、土壤侵蚀、化学物质的迁移转化	长期连续/1d	SCS 模型	RUSLE	氮磷和 COD 负荷、不考虑污染物平衡
	ANSWERS	分布式	采用均匀网格系统，模拟一次暴雨过程。适用于模拟农业流域的截留、渗透、地表储水、地表径流、壤中流、土壤侵蚀、泥沙输移、沉积等过程	暴雨期/1min	Green-Ampt 入渗模型、考虑降雨初损、入渗、坡面流和蒸发	考虑溅蚀、冲蚀和沉积	氮磷的复杂污染平衡
	SWAT	分布式	模拟不同土壤、土地利用和管理措施对流域内径流、泥沙、农业化学物质运移的影响等。适用于预测较大或中型流域	长期连续/1d	SCS 模型、入渗、蒸发、融雪	RUSLE	氮磷负荷、复杂污染物平衡

1.2 不确定性理论基础

1.2.1 不确定性来源

确定性与不确定性现象分别揭示和反映事物发展变化过程中的必然与偶然、清晰与模糊、精确与近似之间的关系。不确定性是确定性的反面，可以理解为不肯定性、不确知性，以及客观事物的变化性和主观描述的不准确性、随机性、偶然性。不确定性是客观事物具有的一种普遍性质，更多体现了人类对于复杂环境系统的认识能力不足。由于环境系统的复杂性和人类对环境系统认知的有限性，不确定性广泛地存在于各种社会现象、自然现象及工程实践中。人们认识到的不确定性主要包括随机性、模糊性、灰色性和未确知性四种(张巍等, 2008)。

(1) 随机性。由于所具有的条件不充分且存在偶然因素的干扰，现象或结果的出现呈现偶然性和随机性。

(2) 模糊性。复杂事物的界线不分明，不能给出确定的描述和确切的评定标准是模糊性的主要来源。

(3) 灰色性。事物具有复杂性，且人类的认知能力有限，只了解系统的部分信息或信息量所呈现的大致范围，这就是造成灰色性的主要原因。

(4) 未确知性，即纯主观认识上的不确定性。与灰色性相比，它具有较多的信息量，不但知道信息量的取值范围，还知道所求量在该区间的分布状态，由人们主观认知存在的差异性导致。

客观世界里，确定性是相对的，而不确定性是绝对的，世界是建立在大量不确定性基础上的，能够认识这一事实，是人类科学发展的重要里程碑。通常认为，由知识、信息匮乏而导致的认知不完备以及客观世界的随机性所带来的不确定性，会给决策带来一定的风险。但是除了特殊情况外，这些风险是可以预测和量化的，即可以根据过去的经验来推测未来的风险，因此可以将风险认为是一种可以估计的不确定性(李志一, 2015)。

1.2.2 不确定性理论

不确定性原理虽然体现了量子力学的特点，但又广泛存在于宏观世界当中，客观世界体现了大量的不确定性。可以说，客观世界中的绝大部分现象都是不确定的，所谓确定的、规则的现象，只是在一定的前提和特定的假设条件下发生。不确定性将长期存在，不会因为科技的发展而改变，也不会随着人的意志而转移。随着不确定性研究的深入，客观世界的不确定性特征越来越得到学术界的普遍认可。无论是在物理学、数学等自然科学领域，还是在哲学、经济学、社会学、心理学、认知学等社会科学领域，不确定性研究都具有重要意义。以下将从不确定性的来源、成因等方面讲述客观世界中存在的不确定性。

1. 客观世界的不确定性

1) 微观世界的不确定性原理

1927 年，德国物理学家维尔纳·海森堡提出不确定性原理，它表明粒子的位置与动量不可同时被确定，位置的不确定性与动量的不确定性遵守不等式：$\Delta x \Delta p \geqslant h/(4\pi)$，其中，$\Delta x$ 是位置标准差，Δp 是动量标准差，h 是普朗克常数。海森堡在发表论文时给出了该原理的论述，因此这一原理又称为海森堡不确定性原理(Heisenberg, 1927)。根据海森堡的表述，测量这一动作不可避免地搅扰了被测量粒子的运动状态，这种干扰必然会产生粒子运动的不确定性。同年，厄尔·肯纳德给出另一种表述，位置不确定性与动量不确定性是粒子的秉性，无法同时压抑至低于某极限关系式，与测量的动作无关。这样，对于不确定性原理，有两种完全不同的表述。追根究底，这两种表述等价，可以从其中任意一种表述推导出另一种表述。

长久以来，不确定性原理与另一种类似的物理效应(观测者效应)时常会被混淆在一起。观测者效应指出，对于系统的测量不可避免地会影响到该系统。为了解释量子不确定性，海森堡的表述所用的是量子层级的观测者效应。之后，物理学者渐渐发觉，肯纳德的表述所涉及的不确定性原理是所有类波系统的内秉性质，它之所以会出现于量子力学完全是因为量子的波粒二象性，实际表现出量子系统的基础性质，而不是对于当今科技试验观测能力的定量评估。在这里特别强调，测量不是只有试验观测者参与的过程，而是宏观物体与量子物体之间的相互作用。类似的不确定性关系式也存在于能量和时间、角动量和角度等物理量之间。不确定性原理是量子力学的重要结果，很多试验都会涉及关于它的一些问题。有些试验会特别检验这原理或类似的原理，例如，检验发生于超导系统或量子光学系统的"数字-相位不确定性原理"。对于不确定性原理的相关研究可以用来发展引力波干涉仪所需要的低噪声科技(Caves, 1981)。

因此，该不确定性原理实际上可归纳为测不准原理：一个微观粒子的某些物理量(如位置和动量，或方位角与动量矩，还有时间和能量等)，不可能同时具有确定的数值，其中一个量越确定，另一个量的不确定程度就越大。这不是说无法精确地测量粒子的状态，而是无法同时精确地获得粒子状态的各个量，追求某个状态量的精确是可以的，但会影响其他相关量的精确获得。不确定性原理的本质是测量一个量总要建立在对这个量施加影响的基础上，而无论如何也无法做到绝对精确，想精确测得一个量就要以牺牲另一个相关量的精确性为代价。不确定性原理反映的是微观粒子运动的基本规律，它不会因为科技的发展而改变。

2) 宏观世界的不确定性原理

从量子力学微观不确定性原理到宏观不确定性原理的过程,可通过著名的"薛定谔的猫"理论进行阐述。"薛定谔的猫"是奥地利物理学家薛定谔于 1935 年提出的思想试验,它描述了量子力学的真相:粒子的某些特性无法确定,直到测量外力迫使它们选择。整个试验是这样进行的:在一个盒子里有一只猫以及少量放射性物质。在 1h 内,大约有 50%的概率放射性物质将会衰变并释放出毒气杀死这只猫,剩下的 50%的概率是放射性物质不会衰变而猫将活下来。

根据经典物理学,在盒子里必将发生这两个结果之一,而外部观测者只有打开盒子才能知道里面的结果。但在量子力学的怪异世界里,猫到底是死是活都必须在盒子打开后,外部观测者"测量"具体情形才能知晓。当盒子处于关闭状态,整个系统则一直保持不确定性的状态,猫既是死的也是活的。这项试验旨在论证怪异的量子力学,当它从粒子扩大到宏观物体,显然,既死又活的猫是荒谬的,因此这使微观不确定性原理变成了宏观不确定性原理,且客观存在的不确定性不以人的意志为转移。

2. 主观认识不确定性

人类由于知识水平有限,认识手段缺乏,受信息资源、自然和社会环境等条件的制约,对客观事物的认识往往存在着主观上的不确定性,并且人类在认识世界的过程中进行了一系列的简化与假设,这些使得任何系统都无法避免不确定性,因此导致了主观认识不确定性的产生。

以流域非点源污染模拟为例,其主观认识不确定性包括以下几种。

(1) 受理论发展的限制,人们对水文及污染物迁移转化过程的认识还不全面,对产流、下渗、蒸散发等过程进行合理的简化不可避免,例如,将非均质的研究对象均质化,将多种要素归结为某一个主要因素而忽略其时空变异性,从而引入了较大的不确定性。

(2) 降雨发生的时间、地点、量级及分布均具有随机性,因此流域径流量变化和地表污染物的传输过程也会随着降雨而随机变化,对于这种随机性的表述存在着不确定性。

(3) 模型构建是通过经验公式或数学物理方程描述降雨径流、物质输移等过程,其中涉及的公式自身具有一定的前提假设和应用背景,而因前提假设或模型应用背景与真实过程不一致产生的不确定性也是不可忽略的。

3. 数据缺失导致的不确定性

受观测手段限制,数据缺失一直是环境研究面临的一大难题。与发达国家相比,中国的环境观测系统还很不完善,尤其是模型构建所需的气象、水文和水质等重要数据存在着量少、分散、不系统和公开程度低等缺陷。这些缺陷必然为环境污染模拟、预测和管理决策引入显著的不确定性或误差。

数据的不确定性源于数据本身，包括以下几种情况。

(1) 采集数据时存在操作错误，出现缺失值、干扰值等。

(2) 在试验过程中存在由周围环境的影响所导致的数据不确定。

(3) 在数据传输及处理过程中存在的失误导致不确定性数据的产生。

由于数据是科学决策的前期和基础，量化并减少数据自身误差对环境的管理决策至关重要。另外，不确定性分析还能为新数据的获取和整合提供指导(张巍等，2008)。

1.3　非点源污染模拟不确定性概述

同点源污染相比，非点源污染因其复杂性、随机性、不确定性、污染负荷时空差异显著性、滞后性等特点难以被监测和治理。自 20 世纪 70 年代以来，研究者开发了一系列流域水文模型并应用于非点源污染研究中，通过使用模型模拟量化非点源污染，分析其迁移转化规律以及时空分布特征。模型模拟成为研究流域非点源污染的有效方法之一，对于非点源污染防控以及水环境的保护具有重要的实际意义。但是流域水环境中污染物的产生及迁移受不同的随机因素影响较大，从而导致流域水文模型在模拟过程中存在较大的不确定性。因此，针对流域非点源污染模拟过程的不确定分析具有重要的研究价值。

1.3.1　非点源污染模拟不确定性来源

流域水文模型是对非点源现象及过程的一种数学描述，不确定性问题是在任何非点源污染模拟研究中所不可避免的。随着流域水文模型的广泛应用，非点源模拟和预测的不确定性已经引起了越来越多国内外学者的关注。由于非点源模型同水文模型在结构及部分机理上具有相似性，实际非点源模型不确定性研究中也参考了水文模型不确定性研究的相关成果。非点源模型的不确定性来源主要有三方面：模型参数的不确定性、模型结构的不确定性以及输入数据的不确定性。

流域水文模型模拟的不确定性研究主要以模型参数的不确定性为主。模型参数不确定性主要来源于自然的多变性、经验估计或观测值优化得到的参数值不能保证模型应用的精度、缺乏经验历史累积的数据或现有数据及预测结果可靠性的不足。余红等(2008)采用蒙特卡罗(Monte Carlo, MC)法分析了大宁河流域非点源污染的不确定性影响因素，结果表明非点源污染的不确定性具有周期性变化，且径流的不确定性较小，泥沙、营养物质的不确定性较大。Muleta 等(2005)运用极大似然不确定性估计(generalized likelihood uncertainty estimation,GLUE)方法对SWAT 模型的参数进行了不确定分析，研究认为模型对泥沙负荷的模拟具有较大不确定性，对径流量的不确定性较小。

模型结构的不确定性，即模型自身固有的不确定性，产生的原因包括：对流域实际过程的认识还不够深入，特别是对物理量之间的相关关系缺乏深刻了解，采用一些简单的关系来代替复杂的关系；由于实际过程过于复杂而在模型中采用了一些不正确的假设和简化；模型被应用于与模型条件不完全一致的环境中。对于模型结构的不确定性，一般通过开发适合实际情况的模型或是对已有模型进行改进来克服。

模型输入数据一般包括降水、气温等气象要素，数字高程模型、土壤类型及土地利用等空间数据，以及用来率定及验证的水文、水质等观测数据。输入数据是模型模拟不确定性的一个重要来源，主要是源于自然的多变性、测量的限制及现有数据的不足。模型参数、模型结构及输入数据的不确定性相互作用和影响，在模型模拟中相互叠加，导致模型模拟结果有较大的不确定性，影响模型模拟结果的可靠性。因此，对流域水文模型模拟结果进行不确定性分析，可以得到非点源污染模拟结果的置信区间。相比于确定性模型，不确定性分析结果不仅能为决策者提供更多的参考信息，而且能够给出非点源污染的风险水平并提供更好的决策支持，对非点源污染的预防与治理具有重要意义。

1.3.2　非点源污染模拟不确定性分析方法

在非点源污染模拟的过程中，不确定性具有不同的来源，因此在不确定性分析中，应采用不同的数学方法进行分析。模型输入数据(如泥沙量、流量、总氮负荷量、总磷负荷量、土地利用率等)的不确定性主要受观测手段的影响，多利用不同输入资料作为模型输入数据并量化其对模型输出(如径流量、非点源污染负荷)的影响。将非点源污染模拟不确定性研究涉及的数学方法分为敏感性分析和概率分析两大类，各种方法的原理及优缺点分别如下所述。

1. 敏感性分析

敏感性分析包括局部敏感性分析和全局敏感性分析两种。其核心是对输入输出进行响应分析，并根据各参数敏感性系数大小进行排序，为模型参数率定和进一步的不确定性分析提供经验。局部敏感性分析方法简单、计算量少，所以应用比较广泛。最常用的局部敏感性分析方法为莫里斯(Morris)分类筛选法。全局敏感性分析方法综合考虑各参数的作用，容易获得整个参数集的最优解，但其计算量巨大，在用于参数较多的复杂模型时比较困难。最常用的全局敏感性分析方法为多元线性回归法。

1) Morris 分类筛选法

Morris 分类筛选法及其修正方法是传统的局部敏感性分析方法。通过该方法可计算单个参数扰动时模型输出的变化率，判断参数变化对输出的影响程度。修正的 Morris 分类筛选法的特点是，利用 Morris 多个平均值判别，并且参数以固定步长变化。其优点是分析方法简单、计算量较小和应用广泛；缺点是只检验了单个参数的变化对模型结果的影响，没有考虑多个参数之间的相互作用。郝芳华等(2004)以洛河流域为研究区，对 SWAT 模型参数利用 Morris 分类筛选法进行敏感性分析，结果表明对污染负荷有较大敏感性的参数分别是 SCS 径流曲线系数、土壤可持水量和土壤蒸发补偿系数。桂新安(2007)以章溪河流域为例应用 Morris 分类筛选法对 AnnAGNPS 的 6 个主要参数进行敏感性分析，结果表明土壤饱和导水率、水土保持因子和 SCS 径流曲线系数对模型输出结果影响较大，水土保持因子对泥沙、总磷和总有机碳负荷的计算结果影响最大，均呈显著负效应；SCS 径流曲线系数对总氮负荷计算结果影响最大，呈显著正效应。

2) 多元线性回归法

客观世界中，一种现象的发生通常由多个因素变化引起，因此采用多个自变量进行预测或估计因变量更符合实际，而采用两个或两个以上自变量进行线性回归分析的方法称为多元线性回归法。多元线性回归法的优点是能够考虑多个参数之间的相互作用对模型结果的影响，有利于获得参数集的最优解。建立线性模型(郝改瑞等, 2018)：

$$y = \beta_0 + \sum_{i=1}^{n} \beta_i x_i + \varepsilon \tag{1.1}$$

式中，n 为参数个数；ε 为误差项；x_i 为参数；β_i 为线性回归系数(与参数 x_i 相对应)。

式(1.1)描述了 x_i 参数对模型响应 y 的贡献率，即基于线性回归分析方法获得的参数 x_i 的绝对灵敏度。因为建模时，模型参数具有不同的量纲，所以常采用式(1.2)计算参数的敏感度：

$$\beta_i^{(s)} = \beta_i \frac{S_{x_i}}{S_y} \tag{1.2}$$

式中，S_y 和 S_{x_i} 分别表示模型响应 y 和参数样本 x_i 的方差。

2. 概率分析

描述不确定性最常用的方法是概率分析方法。该方法一般根据模型输入参数的概率分布来确定模型输出的分布，最终用概率分布的形式来表达不确定性，可用于输入条件、参数、过程及输出结果等的不确定性分析。常用的方法包括一阶误差分析(first-order error analysis, FOEA)法、蒙特卡罗法、GLUE 法、Bootstrap 法、傅里叶振幅敏感性检验(Fourier amplitude sensitivity test, FAST)法等，以及它们的衍生方法。

1) 一阶误差分析法

一阶误差分析法也称为平均值的一次二阶矩(first-order second-moment, FOSM)法，源自泰勒在平均值附近的一系列展开式，只取一阶微分(Bobba et al., 2000)。一阶误差分析法的应用受三个因素的影响：①模型非线性的程度；②每个随机变量的误差分布；③误差的大小。该方法最大的特点是简单，仅需要计算变量的均值和方差；其缺点是采用线性方法逼近非线性模型，会使模型的合理性受影响。其具体计算步骤包括偏导数计算、标准偏差计算、每个不确定参数对输出方差的贡献和总方差的传播。Zhang 等(2001)在一阶误差分析的基础上，提出了改进一次二阶矩(advanced first-order and second-moment, AFOSM)法。AFOSM 法就是将功能函数在失事面上可能的失事演算点按泰勒级数展开，取其一阶展开式计算功能函数的期望值和方差，它保留了一次二阶矩法简单的特点，减少了一次二阶矩法的缺点。

李明涛(2011)以潮河流域为研究区，采用一阶误差分析法对 HSPF 模型参数进行了不确定分析，结果表明，模型的模拟变量均受到水文敏感参数的影响，其中泥沙量与总磷负荷量的不确定性参数基本一致，输出结果受不确定性影响程度从大到小依次为泥沙量、总磷负荷量、总氮负荷量、流量。余红等(2008)采用一阶误差分析法分析了大宁河流域不同类型土地利用的不确定性对 SWAT 模型输出结果的影响，表明在森林和草原上，径流过程对非点源污染负荷的不确定性影响最大；在种植过程中，主要的参数不确定性与径流过程和土壤性质有关。

2) 蒙特卡罗法

蒙特卡罗法又称为随机抽样技巧或统计试验方法，是一种基于"随机数"的计算方法，根据待求随机问题的变化规律、物理现象本身的统计规律，或者人为地构造一个合适的概率模型，依照该模型进行大量的统计试验，使某些统计参量正好是待求问题的解。蒙特卡罗法的基本思想是为了求解数学、物理、工程技术以及生产管理等方面的问题，建立一个概率模型或随机过程，使模型或过程的参数等于问题的解，通过对模型或过程的观察或抽样试验来计算所求参数的统计特征，最后给出所求解的近似值，而解的精确度可用估计值的标准误差来表示。可以把蒙特卡罗法归结为三个主要步骤：①获取输入参数概率分布的随机取样；②将所有参数取样值的组合输入模型，执行模型模拟；③对模型模拟结果进行统计分析。应用蒙特卡罗法必须考虑的两个重要因素是：①参数的概率分布；②模拟的次数。运用蒙特卡罗法解决不确定性问题非常关键的一步是确定随机参数的概率分布。可以通过收集和评价所有关于这些参数的有效数据、事实和理论，在缺乏有效数据时，也可通过理论和经验来选择经典概率分布。

马尔可夫链蒙特卡罗(Markov chain Monte Carlo, MCMC)法是一种动态的计算机模拟技术，它是根据任一多元理论分布，特别是以贝叶斯(Bayes)推断为中心的多元后验分布来模拟随机样本的一种方法。MCMC 法的基本思路是通过某种方法构造转移核，建立一个以平稳分布为目标分布的马尔可夫链，当马尔可夫链收敛后，从中选取足够多的样本来进行相应的操作。由此可见，在使用 MCMC 法时，转移核的构造是十分关键的。不同的 MCMC 法对应了不同的转移核构造方法。目前比较常用的 MCMC 法有两种：Metropolis-Hastings 算法和 Gibbs 采样法。但 MCMC 法较为复杂，对巨型数据的运算效率低，并且参数集维数的选择具有主观性等。

拉丁超立方抽样(Latin hypercube sampling, LHS)法是一种多维分层抽样方法，其具体做法是将每个变量的取值范围按假定的概率密度函数以等概率分为若干个互不重叠的区间间隔，对每个输入变量在每个间隔内的取值按各自的概率密度分布随机抽样，然后将抽样的结果在多个变量间进行随机配对组合，选出一个适当的组合，最后通过多元线性回归方程求出各变量的敏感性。这种方法是基于整个参数空间来确定参数敏感性，既保证了较高的计算效率，又考虑了参数间的相关性。

Shen 等(2008)应用蒙特卡罗法在大宁河流域进行 SWAT 模型参数不确定性分析，结果表明忽略模型参数的不确定性会低估非点源污染负荷，且发现模型输入和输出之间是非线性关系，不确定性的来源主要受到与径流相关的参数的影响。

3) GLUE 法

GLUE 法是一种基于贝叶斯理论的不确定性分析方法，它结合了模糊数学和区间敏感性分析方法的优点，首先给定先验参数分布并进行参数抽样，再对运行模型进行迭代计算，并构建似然函数分布，然后确定后验参数分布，得到某一置信水平下的模型不确定性。该方法不仅考虑到最优事实，而且避免了采用单一最优值进行计算带来的风险，但其缺点是要求似然函数随拟合程度的增加单调递增，可信度不高的参数似然度为 0。GLUE 法认为模型参数的组合会导致模型模拟效果不好，其计算过程如下：①通过随机取样在模型参数分布空间获得模型参数组合，并运行模型；②确定似然函数，并计算模拟值与实测值的似然值；③设置临界值，似然值低于该临界值的参数组，其似然值赋值为 0；高于临界值的参数组，对所有似然值重新进行归一化处理，按照归一化后的似然值大小得到参数的后验分布，进而分析模型参数的不确定性，求出模型预报结果在某置信度下的不确定性范围。Muleta 等(2005)利用 SWAT 模型对美国伊利诺伊州南部流域进行模拟，并采用 GLUE 法对模型不确定性进行分析，结果表明模型对径流模拟的不确定性影响较小，泥沙负荷模拟值的不确定性较大。Sun 等(2016)将 GLUE 法和拉丁超立方抽样法相结合，研究了 RZWQM2 模型输出响应的不确定性，分析了土壤特性、养分运输和作物遗传等相关参数的敏感性。

4) Bootstrap 法

Bootstrap 法是从原始数据中重复抽样产生统计推论的一种分类方法。其思想是用已知的经验分布代替未知总体分布，根据原始数据进行统计推断，不需要对未知总体做任何假定，通过对已有的样本采用有放回的抽样(每个样本被抽到的概率都相同)来产生伪随机数，从而对样本的总体特征做出推断。这种方法用以试验分析为基础的计算机增强仿真代替了复杂的分析技术，是一种非参数抽样技术。

Bootstrap 法从实际观察数据出发，不需要对观察数据做任何分布假设，完全从样本确定任何感兴趣的区间并进行抽样，因此比传统的不确定性分析方法更为优越。但 Bootstrap 法的不足之处是对原始样本有很大的依赖性，计算的准确性依赖于抽样样本对总体分布的代表性。可根据数据之间的相依结构构建 Bootstrap 法，基本过程是将模型表示为输入数据和模型参数的函数，在参数率定后，获取参数和模型的估计值；再定义模型的残差系列，并假设残差是独立的，在残差系列中进行有放回抽样，获取新的残差系列；将新残差系列与模型的估计值相加组成新的模型估计值；对由观测数据和新的模型估计值组成的 Bootstrap 样本进行参数率定，获取参数向量的 Bootstrap 估计量和模拟量；重复以上过程进行多次抽样；最终应用 Bootstrap 法获取的参数 Bootstrap 估计量来确定参数在置信水平 α 的置信区间，估计出未知参数的边缘分布。参数的不确定性对模型结果的不确定性贡献越大，说明落入置信区间的观测值越多，反之成立。Li 等(2010)在黑河流域上游的莺落峡小流域应用 Bootstrap 法对 SWAT 模型的参数不确定性进行量化，结果表明 9 个参数都有自己的不确定范围，其中 9 个边缘分布中有 6 个分布不均匀，而且参数不确定性对模拟结果的不确定性贡献较小，在校准和验证阶段只有12%~13%的观测径流数据落在 95%置信区间内。

5) 傅里叶振幅敏感性检验法

傅里叶振幅敏感性检验法是将与分布式模型有较强相关性的参数加以分组，以组为单位分析各参数对输出结果影响的一种较精确计算因素敏感性的方法。在筛选分类的基础上运用傅里叶敏感性检验法对相关性较好的一些参数计算敏感度，分析其对输出结果的影响程度，即模型输出结果对以上参数的敏感性。

傅里叶振幅敏感性检验法一般用于多个相关参数的敏感性检验，采用对大量相关性输入参数分组计算的方法得到敏感度值，是一种较精确计算敏感度与参数不确定性的方法。该方法的优点是对样本数量要求低，计算高效，定量化分析非线性系统，考虑了参数间的相互作用。一维空间下的灵敏度反映的是某参数的不确定性对模型输出结果的直接贡献，参数总灵敏度除了某参数的直接贡献还增加了该参数与其他参数作用的间接贡献。Francos 等(2003)在某欧洲流域研究 SWAT 模型输出结果的敏感性，首先采用 Morris 分类筛选法筛选出模型的输入参数数据集，然后采用傅里叶振幅感性检验法的方差分解来定量计算灵敏度，结果表明 SWAT 模型中参数 ESC-MPC、REVAPC、NEPRCO 分别对地表水循环、回流水量、硝酸盐的径流影响较大，农作物管理参数相对于土壤特性参数来说，对模型结果的输出影响较小。吴立峰等(2015)在新疆地区应用 Morris 分类筛选法和扩展傅里叶振幅敏感性检验法(EFAST)法，对 CROPGRO-Cotton 模型中三个灌水处理下不同输出结果(蒸发蒸腾量、最大叶面积指数、籽棉产量、地上干物质量、初花天数和成熟天数)的参数敏感性进行了分析，并比较了两种方法的相关关系，最后用 EFAST 法对输出结果进行不确定性分析。

1.3.3 非点源污染控制不确定性研究进展

非点源污染研究更偏向于污染防控，最常用的控制方法即最佳管理措施(best management practices, BMPs)。根据 BMPs 在实施中的差别，可将其分为工程型与管理型两大类(Qiu et al., 2014)。其中，工程型措施通常通过微景观改造控制非点源污染的传输，包括河岸带植被生态系统、滞留池、人工湿地和植草沟等，多实施于田间尺度；管理型措施通常通过政策进行推广，从源头进行污染输入的消减，包括合理施肥、农药管理、退耕还林和免耕等。大量农业 BMPs 已经通过如美国的最大月负荷总量(Total Maximum Daily Loads, TMDL)计划、欧盟的水框架指令(Europen water framework directive, EWFD)中的流域管理规划(river basin management plan, RBMP)等项目而广泛配置于流域体系内，这些 BMPs 的控制效果能否达到预期水平并帮助流域管理方案实现水环境的安全健康已经成为决策者最为关注的问题之一(Park et al., 2012)。

美国农业部于 2002 年成立 CEAP (Conservation Effects Assessment Project)项目，专门用于评估国家、区域及流域尺度下农业保护型措施的环境影响，确保政策、法案及工程项目的合理实施。BMPs 控制效率的准确评估可以说是决定非点源污染控制方案合理性的基础。目前通用的评估方法主要分为实地监测和模型模拟。较长时间序列的营养物质浓度和负荷的实地监测数据是最能够表征措施控制效率的依据，但存在着如下问题：①非点源污染产生及迁移的复杂性和随机性使得需要高精度、高密度的时空数据，数据的可得性是限制实地监测评估法广泛使用的主要瓶颈；②BMPs 作用效果的滞后性加大了对监测数据的要求，对监测方法的评估效果也会产生很大的影响；③年际间的气候变化、水文条件等扰动造成的流域水质变化使得区分措施的消减效果越发困难。模型模拟一般采用能够通过描述措施实施对非点源污染物质的产生和传输的影响而进行基于过程的评估，在流域管理的污染防治决策中更具有实践意义。根据模型的复杂性及应用尺度，可用于评估农业 BMPs 效果的模型可分为单个措施评估模型和流域水文模型。单个措施评估模型主要针对常用的工程型 BMPs 而研发，如 k-C*模型，即基于背景值的一级动力学模型,用于描述滞留型 BMPs(沉砂池、人工湿地等)的污染去除效果。k-C*模型涉及多个参数,其中污染物的去除率参数与水力负荷率具有很强的依赖关系。Park 等(2013)建立了二者间的指数型方程,这对评估过程中的参数估值具有一定的指导意义。针对岸边缓冲带,已有研究运用 REMM(riparian ecosystem management model)模拟不同缓冲带的长度、坡度、土壤类型及植被类型对非点源污染传输的影响,REMM 也被 USDA 作为项目实施中的推荐评估工具。同时,VFSMOD(vegetative filter strip model)作为预测植被过滤带对坡面地表径流中泥沙净化效果的田间尺度机制模型,于 2005 年被美国环境保护署(US Environment Protection Agency, USEPA)推广使用,并在非点源污染领域广泛应用于评估植被过滤带的去除效率。但 VFSMOD 的最初结构只考虑了径流与泥沙在过滤带系统和外部环境的交互作用,没有考虑营养盐与农药的去除机制。Kuo 等(2009)基于监测试验,将磷传输方程加入 VFSMOD 框架中,Sabbagh 等(2009)引入过滤带消减农药的经验回归方程,这些改进均提高了 VFSMOD 的适用性。但由于单个措施评估模型本身的特点为田间尺度适应性,涉及的参数很多,对输入数据的精度和密度也要求较高,因此限制了其在流域尺度下应用,且其描述污染物的去除机理方程较为复杂,在流域尺度下往往消耗大量运算资源。

　　流域水文模型则可用于分析空间下的多种最佳管理措施影响下的水文和水质响应特征,是现阶段应用较广的评估工具。常用的流域水文模型包括 SWAT、AGNPS、AnnAGNPS 和 HSPF 模型等。流域水文模型伴随非点源污染机理研究和计算机技术的兴起而逐渐发展,其着眼于污染物迁移转化过程的量化,使决策者可以更有针对性地制定管理方案。流域模型包括以下方式:①结合地理信息系统(geographic information system, GIS)技术,模拟土地利用类型改变方式的最佳管理措施,例如,Ouyang 等(2008)研究了长江上游土地利用情景被假定为退耕还林后的情况,流域模型结果表明当坡度大于 7.5°的农业用地被转变为森林后,有机氮和有机磷可分别减小 42.1%和 62.7%;②模型中用于评估的特定模块,例如,HSPF 模型中的 BMPRAC 模块使工程型 BMPs 的评估更为便利(Bicknell et al., 2001),使用者可直接调用 BMPs 的去除率,但这些推荐的去除率是基于数量有限的文献,在特定区域中的使用会导致不确定性甚至错误的评估结果;③识别措施实施所对应的模型内部关键参数,进行参数调整来模拟措施的控制效果。

　　由于非点源受降雨径流过程驱动,场次事件下的 BMPs 效果评估在流域管理中越发受到重视。大多流域水文模型的优点在于其具有模拟 BMPs 长期效益的能力,当关注场次事件下的措施效果时,必须考虑流域水文模型对于多场次降雨过程模拟的适用性。HSPF 模型的模拟时间尺度可设置为 1min 至 1d,其基于蓄积-通量的模拟方式可用于探究蓄满产流和超渗产流下的场次内水文和污染物过程变化,因此可被用于次降雨过程的措施削减效率研究。

　　不确定性是指客观事物联系和发展的过程中无序、或然、模糊、近似的属性，存在于自然科学技术的各个领域。BMPs 效果的不确定性主要源自两方面：①外部环境的扰动入流导致措施体系内物质能量平衡过程的不稳定性，例如，气候的时间变异性导致降雨等驱动因子的随机性，使得措施效果并非是设计时的固定值；②措施系统本身运行状况的功能也会出现浮动，如用于拦截污染物的植被，其繁殖与衰落会影响其消减污染物的能力，使得措施效果呈现出一定的概率分布属性。传统措施评估方法缺乏对这种不确定性机理的深入认识，会造成评估结果的可信度降低。

　　为保障措施的合理有效配置，美国 TMDL 计划已明确规定不确定性分析是措施配置的决策过程中不可或缺的步骤。目前针对措施评估过程中的不确定性研究较少，并没有一个明确要求的分析过程。总体来说，评估过程的不确定性与措施效果的不确定性相呼应，来源可以归类为系统输入和模型参数。输入措施系统的径流及污染物具有明显的变异性，主要源自降雨事件随机性，影响着措施出流的浓度与负荷。降雨是非点源污染驱动力因子，不同的降雨类型，包括降雨历时、降雨量、降雨强度等均会对非点源污染控制措施效果产生较大的影响。Hong 等 (2006) 利用蒙特卡罗方法模拟了降雨概率对管理措施效果的影响，结果表明较小的降雨监测误差也会导致措施效果的变化，当降雨量增加时，径流流速的增加导致管理措施的效率呈现下降的趋势。Woznicki 等 (2012) 指出，措施效果对于降雨量非常敏感，而极端气候会对单个措施的效果影响较大，部分目前高效的措施在未来的气候情景中往往会失效。孟凡德等 (2013) 则指出，未来的养分管理方案应根据降雨量等环境影响因子和修正因子进行合理的调整。Rodriguez 等 (2011) 指出，利用蒙特卡罗方法对外部信息进行合理的设置将更好地指导 BMPs 的选择。综上可以看出，运用不确定性分析的方法对降雨情景进行设置，再运用模型评估 BMPs 在各种情景下的响应，可以更好地理解外部系统对措施效果的影响。

　　另外，可用措施特征参数在评估过程中表征措施消减污染物的过程及影响因素，但由于观测数据的缺失、参数估值的主观性以及措施本身运行状况的不稳定性，评估结果的精度及可靠性不能得到保证。对流域模型评估而言，以 SWAT 模型为例，Panagopoulos 等 (2012) 首先利用敏感性分析方法识别了不同 BMPs(免耕 (non-tillage, NT)、灌溉、放牧改变、平衡施肥、等高种植 (contouring farming, CF)、带状种植等) 所对应的模型特征参数，主要集中在 SCS-CN(soil conservation service-curve number) 模型的径流模块以及土壤侵蚀模块，模拟结果表明由于这些参数不确定性的影响，措施效果呈现出很大的不确定性。Woznicki 等 (2014) 在 SWAT 模型评估措施的实践中，考虑了气象因子 (降雨、温度及 CO_2) 和措施特征参数联合作用下的不确定性，以及措施效率累积概率密度、变异系数等指标分析不确定性的时空 (季度与子流域) 分布特征。但是此类研究模拟与评估的时空尺度较大，对场次事件下的效果不确定性特征有待深入探讨。而未来气候变化的情景表明，高强度降雨事件的发生频率会增加，这也增强了场次事件下的评估措施效果的重要性。总体而言，目前对于措施效果评估的不确定性研究较少，未来的研究应该深入探讨场次事件下这种不确定性的时空分布特征，增强措施评估结果的置信度，降低流域管理的决策风险。

1.4　本书的总体框架

不确定性研究的意义在于诊断不确定性的来源、改进模型，以降低不确定性及科学评估各种灾害风险。虽然不确定分析的必要性在水文、生态、环境等学科得到广泛的认同，但是关于非点源模型的不确定性分析方面还有以下不足：①目前多是评估个别案例的不确定性，对于非点源污染模拟不确定性的本质和内在规律研究不够；②流域水文模型中不确定性来源众多，且存在相互影响，但目前多为单一不确定性因素分析，缺乏对多种不确定性来源的系统分析；③综合分析模型各种输出变量和状态变量的不确定性研究少，对模型的中间过程诊断不够，如何降低模型不确定性的研究则更少；④针对 BMPs 效果评估的不确定性研究较少。因此，亟需开展关于措施不确定性的系统研究，以增强措施评估结果的置信度，降低流域管理的决策风险。

针对非点源污染模拟不确定性的系统研究较少，导致非点源污染模拟过程缺乏系统指导。本书在作者对流域非点源污染机理研究和模型构建的基础上，进一步从模型输入数据、模型参数、模型结构、率定方法等角度系统开展对流域非点源污染不确定性的量化、表征和降低方法研究，形成了一套相对完整的流域非点源污染不确定性基础理论、技术方法与应用模式。本书总体框架安排如下。

第 1 章为绪论，从非点源污染控制的重要性出发，介绍非点源污染模拟研究进展，给出不确定性来源、理论研究和具体研究方法。

第 2 章在输入不确定性方面，首先针对单个不确定性来源，从空间数据和属性数据两个角度探讨输入数据空间分布变异性、多种空间输入数据间的不匹配性、属性输入数据不确定性等单个要素的影响；然后从多个输入数据的角度，探讨多种类、多尺度数据对非点源模拟结果的综合影响；最后给出输入数据不确定性的降低方法。

第 3 章在模型自身不确定性方面，首先阐明流域水文、泥沙参数的时间尺度动态变化特征；综合探讨模型参数数值分布假设、时空尺度假设等因素的影响，研究对比模型参数呈不同分布形态下的不确定性研究结果，阐明模型参数不确定性来源；其次对模型原代码中与磷迁移转化相关的部分进行适当修正，并比较改进后模型与原模型模拟结果的差异；最后给出模型自身不确定性的降低方法。

第 4 章在模型模拟不确定性的基础上，介绍流量、泥沙量、水质监测误差来源及不确定性表征方法，进而提出基于点-区间、区间-区间、分布-分布三种模型的率定方法，为不确定情景下的流域水文模型评价、率定、验证提供新的思路。

第 5 章系统分析措施效果的不确定性来源，阐述措施效果对措施特征参数不确定性的响应；识别不同类型场次事件对措施去除效率不确定性的影响，将措施效果作为不确定性的随机变量引入空间优化设计中，提出考虑不确定性的 BMPs 优化配置方法。

第 6 章为对流域非点源污染不确定性理论、方法与应用的总结及展望。

参 考 文 献

常舰, 俞洁, 王飞儿, 等. 2017. 流域非点源污染的最佳管理措施成本效益分析研究进展[J]. 浙江大学学报(农业与生命科学版), 43(2): 137-145.

陈磊. 2014. 流域非点源污染优先控制区识别方法及应用[M]. 北京: 中国环境出版社.

桂新安. 2007. 流域非点源分布式模型的应用及其不确定性研究[D]. 上海: 同济大学.

郝芳华, 任希贤, 张雪松, 等. 2004. 洛河流域非点源污染负荷不确定性的影响因素[J]. 中国环境科学, 24(3): 270-274.

郝改瑞, 李家科, 李怀恩, 等. 2018. 流域非点源污染模型及不确定分析方法研究进展[J]. 水力发电学报, 37(12): 56-66.

胡雪涛, 陈吉宁, 张天柱. 2002. 非点源污染模型研究[J]. 环境科学, 23(3): 124-128.

金鑫. 2005. 农业非点源污染模型研究进展及发展方向[J]. 山西水利科技, (1):15-17.

李明涛. 2011. 流域非点源污染模型的比较与不确定性研究[D]. 北京: 首都师范大学.

李明涛, 王晓燕, 刘文竹. 2013. 潮河流域景观格局与非点源污染负荷关系研究[J]. 环境科学学报, (8): 2296-2306.

李志一. 2015. 流域水环境多模型耦合模拟系统的不确定性分析研究[D]. 北京: 清华大学.

孟凡德, 耿润哲, 欧洋, 等. 2013. 最佳管理措施评估方法研究进展[J]. 生态学报, 33(5): 1357-1366.

王少丽, 王兴奎, 许迪. 2007. 农业非点源污染预测模型研究进展[J]. 农业工程学报, (5): 265-271.

王晓燕, 秦福来, 欧洋, 等. 2008. 基于 SWAT 模型的流域非点源污染模拟——以密云水库北部流域为例[J]. 农业环境科学学报, (3): 1098-1105.

吴立峰, 张富仓, 范军亮, 等. 2015. 不同灌水水平下 CROPGRO 棉花模型敏感性和不确定性分析[J]. 农业工程学报, 31(15): 55-64.

夏军. 2004. 水问题的复杂性与不确定性研究与进展[M]. 北京:中国水利水电出版社.

夏军, 翟晓燕, 张永勇. 2012. 水环境非点源污染模型研究进展[J]. 地理科学进展, 31(7): 941-952.

余红, 沈珍瑶. 2008. 大宁河流域非点源污染不确定性分析[J]. 北京师范大学学报(自然科学版), 44(1): 86-91.

张巍, 郑一, 王学军. 2008. 水环境非点源污染的不确定性及分析方法[J]. 农业环境科学学报,

27(4): 1290-1296.

Bicknell B R, Imhoff J C, Kittle Jr J L, et al. 2001. Hydrological Simulation Program-Fortran: HSPF Version 12 User's Manual[M]. California: AQUA TERRA Consultants.

Bobba A G, Singh V P, Bengtsson L. 2000. Application of environmental models to different hydrological systems[J]. Ecological Modeling, 125:15-49.

Caves C M. 1981. Quantum-mechanical noise in an interferometer[J]. Physical Review D Particles & Fields, 23(8): 1693-1708.

Chen Y, Song X, Zhang Z, et al. 2015. Simulating the impact of flooding events on non-point source pollution and the effects of filter strips in an intensive agricultural watershed in China[J]. Limnology, 16(2): 91-101.

Francos A, Elorza F J, Bouraoui F, et al. 2003. Sensitivity analysis of distributed environmental simulation models: Understanding the model behaviour in hydrological studies at the catchment scale[J]. Reliability Engineering & System Safety, 79(2): 205-218.

Heisenberg W V. 1927. Über den anschaulichen inhalt der quantentheoretischen kinematik und mechanik[J]. Zeitschrift für Physik, 33: 172-198.

Hong Y, Hsu K L, Moradkhani H, et al. 2006. Uncertainty quantification of satellite precipitation estimation and Monte Carlo assessment of the error propagation into hydrologic response[J]. Water Resources Research, 42(8): 2643-2645.

Kuo Y M, MuñozCarpena R. 2009. Simplified modeling of phosphorus removal by vegetative filterstrips to control runoff pollution from phosphate mining areas[J]. Journal of Hydrology, 378(3-4): 343-354.

Li Z, Shao Q, Xu Z, et al. 2010. Analysis of parameter uncertainty in semi-distributed hydrological models using bootstrap method: A case study of SWAT model applied to Yingluoxia watershed in Northwest China[J]. Journal of Hydrology, 385(1-4): 76-83.

Muleta M K, Nicklow J W. 2005. Sensitivity and uncertainty analysis coupled with automatic calibration for a distributed watershed model[J]. Journal of Hydrology, 306(1-4): 127-145.

Ouyang W, Hao F H, Wang X L, et al. 2008. Nonpoint source pollution responses simulation for conversion cropland to forest in mountains by SWAT in China[J]. Environmental Management, 41(1): 79.

Panagopoulos Y, Makropoulos C, Mimikou M. 2012. Decision support for diffuse pollution management[J]. Environmental Modelling & Software, 30(5): 57-70.

Park D, Roesner L A. 2012. Evaluation of pollutant loads from stormwater BMPs to receiving water using load frequency curves with uncertainty analysis[J]. Water Research, 46(20): 6881-6890.

Park D, Roesner L A. 2013. Effects of surface area and inflow on the performance of stormwater best management practices with uncertainty analysis[J]. Water Environment Research, 85(9): 782-792.

Qiu J, Shen Z, Chen L, et al. 2014. The Stakeholder preference for best management practices in the Three Gorges Reservoir Region[J]. Environmental Management, 54(5): 1163-1174.

Rodriguez H G, Popp J, Maringanti C, et al. 2011. Selection and placement of best management practices used to reduce water quality degradation in Lincoln Lake watershed[J]. Water Resources Research, 47(1): 99-112.

Sabbagh G J, Fox G A, Kamanzi A, et al. 2009. Effectiveness of vegetative filter strips in reducing pesticide loading: quantifying pesticide trapping efficiency[J]. Journal of Environmental Quality, 38(2): 762-771.

Shen Z, Hong Q, Yu H, et al. 2008. Parameter uncertainty analysis of the non-point source pollution in the Daning River watershed of the Three Gorges Reservoir Region, China[J]. Science of the Total Environment, 405(1): 195-205.

Sun M, Zhang X, Huo Z, et al. 2016. Uncertainty and sensitivity assessments of an agricultural-hydrological model(RZWQM2) using the GLUE method[J]. Journal of Hydrology, 534: 19-30.

Woznicki S A, Nejadhashemi A P. 2012. Sensitivity analysis of best management practices under climate change scenarios[J]. Jawra Journal of the American Water Resources Association, 48(1): 90-112.

Woznicki S A, Nejadhashemi A P. 2014. Assessing uncertainty in best management practice effectiveness under future climate scenarios[J]. Hydrological Processes, 28(4): 2550-2566.

Xiang C, Wang Y, Liu H. 2017. A scientometrics review on nonpoint source pollution research[J]. Ecological Engineering, 99: 400-408.

Zhang H , Yu S, Culver T B. 2001. The critical flow-storm approach for nitrate TMDL development in the Muddy Creek Watershed, Virginia[J]. Proceedings of the Water Environment Federation, (10): 498-527.

第 2 章　输入数据不确定性分析

输入数据是驱动模型运行的前提和基础，通常可将模型输入数据分为空间数据和属性数据。大部分模型的空间数据库主要包括数字高程模型(digital elevation model，DEM)、土地利用图、土壤类型图等。此外，为了便于确定流域和亚流域的出水口，从而准确划分亚流域，还需要流域水系图、流域行政区划图、流域内气象观测站位置图、雨量站网分布图等信息。属性数据则包括观测的气象数据序列(包括日降雨量、最高/最低气温、太阳辐射、风速和相对湿度等)、用于模型率定的流量、泥沙量以及污染物浓度等观测数据、不同土壤的物理化学属性数据、肥料组分、耕作和农药信息等。

输入数据的不确定性主要来源于三个方面：①输入资料的有限性，由于数据收集和信息公开等原因，部分输入数据的信息量难以支撑模型的运行和非点源污染定量化研究的需要，这个问题对时间序列数据较为明显；②数据精度较低，如DEM、土地利用、土壤等空间数据大部分是矢量图或栅格图，但限于信息采集技术和采样布点等限制，部分空间数据未必能准确描述下垫面数据的空间异质性；③空间数据生成方法的差异性，如大部分降雨数据序列来自雨量站，而模型需要输入降雨空间分布的数据，这种基于点数据推求面数据会造成对降雨时空分布描述的不确定性。

目前，研究者已经开始关注模型输入数据的不确定性问题，其中大部分研究关注降雨数据所带来的模拟不确定性，难点是如何量化多种输入数据不确定性的综合影响。本章主要从以下两方面开展：①从单个不确定性来源，分别探讨输入数据空间分布变异性、多种空间输入数据间的不匹配性、属性输入数据不确定性等单个要素的影响；②从多个输入数据的角度，探讨多种类、多尺度数据对非点源模拟结果的综合影响，同时开展多种输入数据空间匹配性研究。

2.1　基础数据收集及模型构建

2.1.1　模型选择

本节选用 SWAT 模型对大宁河流域巫溪段进行径流量、泥沙量及总磷负荷量的模拟，为后续不确定性降低方法研究提供基础。SWAT 模型在非点源污染模拟研究中得到了广泛应用，特别是在三峡库区的应用中取得了较好的效果(Shen et al.，2013；Zhang et al.，2014)。

SWAT 模型以日为步长，可以选择日、月或年等不同时间尺度的输出结果，适用于具有不同土壤类型、土地利用方式和管理条件的复杂大流域。该模型既可以模拟各个子流域在单位面积上的水、沙及污染物产量，也可以模拟河道在子流域出口处的水、沙及污染物产量。

SWAT 模型中为考虑流域的空间变异性，根据研究区 DEM 将流域首先划分成多个子流域，子流域的大小可以通过定义形成河流所需要的最小汇水面积来调整。根据子流域内的土地利用类型、土壤类型和坡度的差异，又将子流域进一步划分为多个水文响应单元(hydrologic response unit, HRU)。HRU 是子流域内具有相同植被覆盖、土壤类型和农田管理措施的陆面面积的集合。模拟过程中，模型首先计算各个 HRU 中的变量，然后将子流域中所有 HRU 的计算结果汇总，对每个子流域上的产流、产沙量及非点源污染物产量进行单独计算。SWAT 模型通过河网将流域中的各个子流域连接起来，由河道演算得到在流域出口处的径流量、泥沙量及污染物浓度。

从模型结构来看，SWAT 模型的主要子模型包括水文过程子模型、土壤侵蚀子模型和污染负荷子模型。各子模型的具体描述如下。

(1) 在水文过程子模型中，主要采用 SCS 法或 Green Ampt 方法对地表径流进行模拟，其中前者只需日降雨量，而后者需要详细的降雨历时数据。当缺乏降水过程资料而只有降雨总量资料时，可采用 SCS 法来进行降雨径流模拟。本节选用 SCS 法模拟地表径流量，该方法考虑了由土壤前期含水量、含水条件、土壤类型、植被覆盖和农业管理措施的不同而导致的降雨量和径流量的差异，用于计算不同土壤类型和土地利用条件下连续下垫面的径流量。

SCS 模型方程为

$$Q_{\text{surf}} = \frac{(R_{\text{day}} - I_a)^2}{R_{\text{day}} - I_a + S} \tag{2.1}$$

式中，Q_{surf} 为一天内的地表径流量，mm；R_{day} 为日降雨量，mm；I_a 为初始的损耗，包括表层土的储存、截留及径流产生前的入渗，mm；S 为迟滞因子，mm，它和土壤类型、土地利用类型、坡度、土壤含水量等有关。

(2) 在土壤侵蚀子模型中主要包括两个连续的过程：一个是土壤颗粒的剥蚀过程；另一个是泥沙在径流中的输移。在 SWAT 模型中，由降雨和径流引起的土壤侵蚀计算采用 MUSLE 模型。MUSLE 模型方程如下：

$$Q_{\text{sed}} = 11.8(Q_{\text{surf}} \cdot q_{\text{peak}} \cdot \text{area}_{\text{hru}})^{0.56} \cdot K_{\text{usle}} \cdot C_{\text{usle}} \cdot P_{\text{usle}} \cdot \text{LS}_{\text{usle}} \cdot \text{CFRG} \tag{2.2}$$

式中，Q_{sed} 为一天内的产沙量，t；Q_{surf} 为一天内的地表径流量，mm；q_{peak} 峰值径流量，mm；area_{hru} 为水文响应单元的面积，hm^2；K_{usle} 为土壤可侵蚀性因子；C_{usle}

为作物经营管理因子；P_{usle} 为土壤侵蚀防治措施因子；LS_{usle} 为地形因子；CFRG 为土壤的糙度因子。

(3) 在污染负荷子模型中，有溶解态氮污染负荷评估方法、地表径流中的有机氮评价方法、溶解态磷污染负荷评价方法和吸附态磷污染评估方法等。本节主要利用溶解态磷污染负荷模型和吸附态磷污染负荷模型。

① 溶解态磷污染负荷模型。

地表径流中的可溶性磷含量的计算公式为

$$P_{surf} = \frac{P_{solution,surf} \cdot Q_{surf}}{\rho_b \cdot depth_{surf} \cdot k_{d,surf}} \tag{2.3}$$

式中，P_{surf} 为地表径流输移的溶液磷的含量，kg/hm^2；$P_{solution,surf}$ 为地表 10mm 中溶液态磷的含量，kg/hm^2；Q_{surf} 为模拟日的地表径流量，mm；ρ_b 为表层 10mm 土壤的容积密度，mg/m^3；$k_{d,surf}$ 为磷的土壤分离系数，m^3/mg；$depth_{surf}$ 为地表表层的深度，mm。

② 吸附态磷污染负荷模型。

吸附于泥沙而被输送到河道中的磷计算公式为

$$sedP_{surf} = 0.001conc_{sedP} \cdot \frac{sed}{area_{hru}} \cdot \varepsilon_{P:sed} \tag{2.4}$$

式中，$sedP_{surf}$ 为随泥沙被地表径流输移到主河道的磷的含量，kg/hm^2；$conc_{sedP}$ 为地表 10mm 土壤中吸附在土壤颗粒上的磷含量，g/t；sed 为模拟日的泥沙产量，t；$area_{hru}$ 为水文响应单元(HRU)的面积，hm^2；$\varepsilon_{P:sed}$ 为氮的富集比。

2.1.2　数据库构建

选取三峡库区的一级支流大宁河流域上游巫溪段作为研究区。大宁河流域在三峡库区的位置和大宁河流域上游巫溪段的地理位置分布分别见图 2.1 和图 2.2。大宁河入长江的汇流口为巫峡口，位于三峡大坝上游约 125km 处，是受三峡水库蓄水影响比较显著的重要支流。河流地处峡谷地带，河床深切，平均坡降为 15‰，素有三峡库区"小三峡"美称。流域地处大巴山构造褶皱带、大巴山弧、传动褶皱带、川鄂湘黔隆起褶皱带的结合部位。流域境内全系沉积岩构成，地表出露地层从第四系到寒武系均有分布，大部分为各系石灰岩，其次为三迭统巴东组紫色砂泥岩，奥陶、志留、泥盆系砂页岩，上三迭统须家河组厚砂岩夹薄页岩及煤系，第四系更新统和全新统冲积、洪积、坡积、残积物及洞穴堆积物，其他地层出露甚少。流域内东、西、北部高，中、南部低，巫山山脉绵延于东南，地处大巴山弧形褶皱带，形成东北高而西南低的地势。流域处于北亚热带季风湿润性气候区，冬半年主要受北方干冷空气影响，夏半年主要受南方暖湿空气控制，气候温和，雨量充沛，日照充足，雨热同季，四季分明。多年均温为 18.4℃，最高为 19℃，最低为 17.8℃，极端最高气温为 41.8℃，极端最低气温为–6.9℃。多年平均降雨量为 1049.3mm，产水量为 36.12 亿 m³，最多年降雨量达 1356.0mm，最少年达 761.5mm，降水总量丰度较高，但时空分布不均。大宁河流域的水文站设在巫溪县境内，模拟率定在巫溪水文站控制流域汇水区内进行。该站控制流域面积为 2027km²，境内主要有东溪河、西溪河与后溪河，土地利用类型和主要作物与大宁河相似。

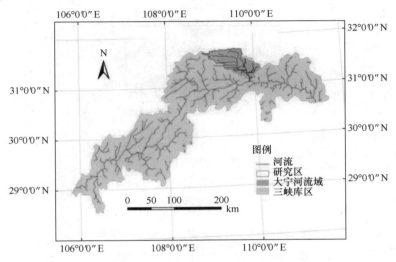

图 2.1　大宁河流域在三峡库区的位置示意图

图 2.2　大宁河流域(巫溪段)位置示意图

1. 空间数据库构建

1) DEM 图

可利用大宁河流域巫溪段的 DEM 图(图 2.3)提取流域高程、坡度、坡向和河网等信息。由图可知，研究区域内高程在 200～2605m，平均高程为 1294m，高程的标准偏差为 510m；由 DEM 提取的坡度在 0～67°，平均坡度为 24°，坡度的标准偏差为 12°。

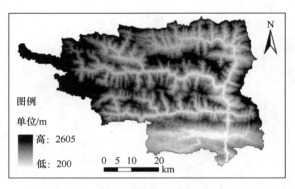

图 2.3   大宁河流域巫溪段 DEM 图

2) 土地利用图

选用 4 种不同时期的土地利用图数据，分别为 20 世纪 80 年代、1995 年、2000 年和 2007 年，如图 2.4 所示。其中，20 世纪 80 年代、1995 年、2000 年的数据由中国科学院资源环境科学与数据中心提供，它们分别是由 20 世纪 80 年代、1995 年、2000 年遥感影像 MSS/TM/ETM 经人工判读所得。2007 年的数据为利用 2007 年的遥感影像 TM 通过野外调查自行解译所得。不同时期的土地利用类型见表 2.1。在此基础上将不同时期的土地利用图作为输入数据，分别开展大宁河流域总磷负荷的模拟，并通过分析模拟值之间的差异判断使用不同土地利用图带来的不确定性。

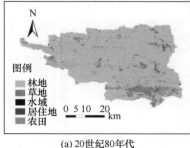

(a) 20世纪80年代

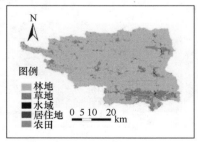

(b) 1995年

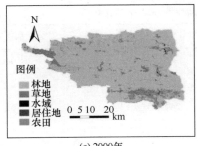

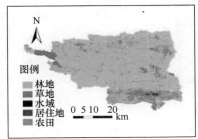

(c) 2000年　　　　　　　　　　　　　(d) 2007年

图 2.4　大宁河流域巫溪段不同时期的土地利用图

表 2.1　不同时期的土地利用类型统计　　　　　　　　(单位：km²)

土地利用类型	20 世纪 80 年代	1995 年	2000 年	2007 年
农田	622.5	588.3	613.3	811.1
林地	1496.8	1564.8	1498.1	1327.1
草地	294.5	261.5	302.0	267.2
水域	8.9	8.7	8.9	11.9
居住地	1.1	0.6	1.7	6.3

为了更方便地假设，将土地利用转移的终点统一设置为 2000 年，将 20 世纪 80 年代、1995 年、2000 年的土地利用面积变化以转移矩阵的方式展示，分别见表 2.2～表 2.4。通过比较可知，4 种不同时期的土地利用图总体上变异较小。对比 20 世纪 80 年代和 2000 年的土地利用图，可知这段时期内林地和草地之间有相对较多的转换；对比 1995 年和 2000 年的土地利用图，可知这段时期内农田和林地、林地和草地之间有相对较多的转换；对比 2007 年和 2000 年的土地利用图，可知这段时期内农田和林地之间有较多的转换。虽然前两种土地利用图的数据在模拟期之外，但由于它们与 2000 年的土地利用图差异较小，所以将其假设为不同解译技术水平下的两种土地利用图数据。

表 2.2　20 世纪 80 年代～2000 年土地利用面积变化转移矩阵

	农田	林地	草地	水域	居住地
农田	613.3	0.0	0.0	0.0	0.0
林地	8.7	1462.6	26.8	0.0	0.0
草地	0.0	34.3	267.7	0.0	0.0
水域	0.0	0.0	0.0	8.9	0.0
居住地	0.6	0.0	0.0	0.0	1.1

表 2.3　1995～2000 年土地利用面积变化转移矩阵

	农田	林地	草地	水域	居住地
农田	533.8	68.8	10.5	0.1	0.0
林地	36.9	1454.5	6.6	0.0	0.1
草地	16.1	41.3	244.3	0.1	0.2
水域	0.2	0.2	0.1	8.4	0.0
居住地	1.3	0.0	0.0	0.1	0.3

表 2.4　2000～2007 年土地利用面积变化转移矩阵

	农田	林地	草地	水域	居住地
农田	458.3	141.9	7.7	2.0	3.5
林地	304.4	1185.2	0.0	8.2	0.2
草地	47.2	0.0	253.0	0.7	1.1
水域	1.2	0.0	6.6	1.0	0.1
居住地	0.0	0.0	0.0	0.0	1.4

3) 土壤类型数据

对巫溪县农业科技委员会 1∶5 万比例尺精度的手绘土壤类型图,利用 ArcGIS 软件配准、数字化等处理,得到土壤类型矢量图(图 2.5),该土壤类型图共包含 78 种土壤类别。栅格化得到图 2.6,该图可用于 SWAT 模型模拟,由于篇幅所限,图中仅展示了研究区中 7 大类土壤的分布情况。不同土壤类型统计结果见表 2.5。

图 2.5　研究区土壤类型矢量图

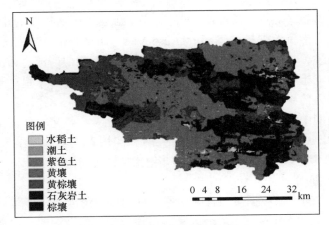

图 2.6　研究区土壤类型分布图

表 2.5　研究区土壤类型统计

土壤类型	面积/km²	占总面积比例/%
水稻土	36.84	1.52
潮土	4.39	0.18
紫色土	48.01	1.98
黄壤	1115.23	46.05
黄棕壤	624.65	25.79
石灰岩土	440.65	18.19
棕壤	152.23	6.29

2. 属性数据库构建

1) 土地利用属性数据库

SWAT 模型中关于土地利用和植被覆盖的数据通过 ".dbf" 文件进行存储和计算，根据 SWAT 模型用户手册提供的不同土地利用类型的属性资料，来具体确定不同土地利用类型的相关属性参数。

2) 土壤属性数据库

SWAT 模型中用到的土壤属性数据包括物理属性和化学属性两大类。土壤的物理属性决定了土壤剖面中水分和空气的运动状况，并且对 HRU 中的水循环起着重要的作用。物理属性数据是模型必需的输入数据，包括土层厚度、有机碳含量、土壤饱和水力传导率和有效可利用水量等数据。土壤的化学属性数据是模型可选的输入数据，主要用于给模型赋初始值。模型输入文件 ".sol" 定义了模型模拟所需要的土壤物理属性,".chm" 文件定义了土壤各层所需要的化学属性。

美国国家自然资源保护局(Natural Resources Conservation Service,NRCS)根据土壤的渗透属性,将在相同的降水和地表条件下具有相似产流能力的土壤归为一个水文组。影响土壤产流能力的属性主要包括季节性土壤含水量、土壤下渗速率和土壤饱和水力传导率。

SWAT 模型中涉及的土壤物理属性和化学属性参数较多,所需的研究区土壤参数主要来源于中国科学院南京土壤研究所和四川省土壤普查结果(《四川土种志》),同时参考土壤水特性软件 SPAW 相关结果进行补充。

3) 气象数据库

SWAT 所需的气象数据包括日降雨量、日均相对湿度、日最高/最低温度、日总辐射和日均风速等资料。当流域内某些气象数据难以获取时,可利用模型自带的天气发生器来生成和补充缺失数据。应用的气象站点信息及相关数据如表 2.6 所示,数据主要来源于中国气象局和水利部长江水利委员会。其中,巫溪气象站及巫溪(二)、徐家坝、万古、高楼、西宁、建楼、长安、龙门、塘坊等九个雨量站位于研究区内。

表 2.6　气象站点列表

编号	站点	纬度 N/(°)	经度 E/(°)	气象要素	时间/年
1	福田	31.22	109.72	降雨量	2000~2015
2	大昌	31.28	109.77	降雨量	2000~2015
3	龙门	31.33	109.51	降雨量	2000~2015
4	塘坊	31.41	109.38	降雨量	2000~2015
5	巫溪(二)	31.41	109.61	降雨量	2000~2015
6	双阳	31.47	109.84	降雨量	2000~2015
7	宁厂	31.47	109.62	降雨量	2000~2015
8	建楼	31.52	109.18	降雨量	2000~2015
9	西宁	31.57	109.52	降雨量	2000~2015
10	中良	31.58	109.03	降雨量	2000~2015
11	高楼	31.61	109.08	降雨量	2000~2015
12	徐家坝	31.64	109.66	降雨量	2000~2015
13	长安	31.65	109.40	降雨量	2000~2015
14	万古	31.47	109.35	降雨量	2000~2015

编号	站点	纬度 N/(°)	经度 E/(°)	气象要素	时间/年
15	重庆	29.58	106.47	降雨量、温度、湿度、风速	1998～2015
16	利川	30.28	108.93	降雨量、温度、湿度、风速	1998～2015
17	建始	30.6	109.72	降雨量、温度、湿度、风速	1998～2015
18	云阳	30.95	108.68	降雨量、温度、湿度、风速	1998～2015
19	奉节	31.02	109.53	降雨量、温度、湿度、风速	1998～2015
20	巴东	31.03	110.33	降雨量、温度、湿度、风速	1998～2015
21	巫山	31.07	109.87	降雨量、温度、湿度、风速	1998～2015
22	恩施	30.28	109.47	降雨量、温度、湿度、风速	1998～2015
23	巫溪	31.40	109.62	降雨量、温度、湿度、风速	1998～2015
24	开县	31.18	108.42	降雨量、温度、湿度、风速	1998～2015
25	镇平	31.90	109.53	降雨量、温度、湿度、风速	1998～2015
26	城口	31.95	108.67	降雨量、温度、湿度、风速	1998～2015
27	岚皋	32.32	108.60	降雨量、温度、湿度、风速	1998～2015
28	武汉	30.62	114.13	降雨量、温度、湿度、风速、辐射	1970～2015
29	宜昌	30.70	111.30	降雨量、温度、湿度、风速、辐射	1970～2015
30	安康	32.72	109.03	降雨量、温度、湿度、风速、辐射	1970～2015

由于国内地市级以下气象站点没有辐射的气象监测数据，所以把距离研究区较近的重庆、安康、宜昌、武汉等地市级以上气象站点的辐射资料也输入气象数据库中，从而保证气象基础数据资料的完整性。

4) 水文水质数据库

用于模型率定和验证的水文水质观测数据主要从水利部长江水利委员会、巫溪县环境保护局和巫溪水文站收集，包括 2000～2015 年巫溪水文站、宁厂水文站和宁桥水文站的日流量数据，2000～2015 年巫溪水文站月泥沙量数据，以及 2000～2015 年巫溪水文站 2 月、5 月、8 月的总磷负荷量监测数据。

2.1.3　模型参数的率定与验证

1. 参数的敏感性分析

选取与径流量、泥沙量和总磷负荷量相关的参数进行敏感性分析并按大小排序。对于径流量，模拟前 15 位敏感性参数；对于泥沙量和总磷负荷量，模拟前 5 位敏感性参数，详见表 2.7。

表 2.7 参数敏感性分析结果

项目	排序	参数	下限	上限	变化方式
径流量	1	SOL_AWC	0	1	v
	2	SOL_K	−20	30000	r
	3	ESCO	0	1	v
	4	GWQMN	0	5000	a
	5	CN2	−25	19	r
	6	CANMX	0	10	v
	7	SOL_Z	−25	25	r
	8	BLAI	0	1	v
	9	CH_K2	0	150	v
	10	SURLAG	0	10	v
	11	GW_DELAY	1	45	v
	12	CH_N2	0	1	v
	13	EPCO	0	1	v
	14	REVAPMN	0	500	v
	15	BIOMIX	0	1	v
泥沙量	1	SPCON	0.0001	0.05	v
	2	CH_COV	0	1	v
	3	CH_EROD	0	1	v
	4	USLE_P	0	1	v
	5	SPEXP	1	1.5	v
总磷负荷量	1	SOL_ORGP	0	400	v
	2	PPERCO	10	18	v
	3	PHOSKD	100	200	v
	4	RCHRG_DP	0	1	v
	5	SOL_LABP	−25	25	r

注：(1) r 表示在原参数值基础上乘以(1+调参结果)；

(2) v 表示原参数值被调参结果所取代；

(3) a 表示在原参数值基础上加上调参结果。

敏感性分析结果显示，对径流量模拟较为敏感的参数有：土壤层有效含水量 SOL_AWC、土壤饱和水力传导率 SOL_K、土壤蒸发补偿因子 ESCO、浅层地下水回流的阈值深度 GWQMN、径流曲线数 CN2、植被冠层最大蓄水量 CANMX、土壤剖面深度 SOL_Z、最大可能叶面积指数 BLAI、河道有效水力传导率 CH_K2、地表径流滞后时间 SURLAG 等；对泥沙量模拟较敏感的参数主要有：泥沙输移线性系数 SPCON、河道覆盖因子 CH_COV、河道侵蚀性因子 CH_EROD、通用土壤流失方程措施因子 USLE_P、泥沙输移指数系数 SPEXP 等；对总磷负荷量模拟敏感的前五位参数依次为：土壤中有机磷的初始浓度 SOL_ORGP、磷渗漏系数 PPERCO、磷土壤分离系数 PHOSKD、含水层渗透系数 RCHRG_DP 和土壤初始不稳定态磷浓度 SOL_LABP。

结合各敏感性参数的物理意义可以解释其具有高敏感性的原因。例如，土壤层有效含水量 SOL_AWC 对径流的模拟非常敏感，这是因为 SWAT 只模拟饱和水流，土壤层的有效含水量决定了饱和水流在土壤层中是否发生，从而影响了径流的产生；径流曲线数 CN2 对径流量的模拟也比较敏感，原因在于 CN2 值是一个无量纲的反映降雨前期流域特征的综合参数，与土壤的渗透性、土地覆被利用、前期土壤水分条件等因素密切相关，而这三者又均对水文过程有直接影响；河道覆盖因子 CH_COV 表示一定植被覆盖度下的河道冲刷量与没有植被覆盖河道冲刷量的比值，该比值直接影响了近河道河床表面的水流速度及其侵蚀能力，从而对土壤侵蚀泥沙的产生具有重要影响；对总磷模拟敏感性大的前五个参数均与磷浓度有直接联系，涵盖了磷的矿化、降解和吸附等过程，因此对总磷模拟具有较高的敏感性。

2. 参数的率定与验证

1) 率定方法

对模型参数进行率定和验证，目的是获取使模型模拟结果与观测值更加吻合的一套合理参数。通常将数据资料分为两部分：一部分用于模型参数的率定，即通过调整模型参数值、边界条件及限制条件等，使模型模拟值更接近于实测值；另一部分数据则用于模型的验证，即在模型参数校准完成后，通过应用参数率定时未使用的观测数据，对模型模拟结果进行对比分析与检验，从而评价模型在率定后的适用性。

本节采用 SWAT-CUP 程序中的 SUFI-2 方法来进行 SWAT 模型的参数率定和验证过程。该方法具有较高的参数率定效率，且在一定程度上考虑了输入数据的不确定性。SUFI-2 方法在参数的原初始范围内随机采样用于 SWAT 模拟，然后选取最佳参数值，并根据最佳参数值对参数范围进行更新以进行再次迭代率定。其具体算法如下：

(1) 定义目标函数；

(2) 给出参数值的初始范围和分布；

(3) 参数率定前期的敏感性分析；

(4) 根据经验和敏感性分析结果给出参数值的范围；

(5) 运行拉丁超立方抽样，生成 n 组参数(n 推荐取值为 500~1000)；

(6) 计算目标函数值；

(7) 计算评价标准结果并评判每组参数的效果；

(8) 计算参数的不确定性评价指标；

(9) 判断率定结果是否达到要求,如果达到要求,参数率定结束;若结果没有达到要求,则更新参数值的范围,重复步骤⑤~⑧。

2) 评价指标

本节选取相关系数 R^2 和 Nash-Sutcliffe 系数(E_{NS})作为评价指标。当模拟值和实测值相等时,相关系数 $R^2=1$ 表示模拟值与实测值吻合;当 $R^2<1$ 时,其值越小,表示数据吻合程度越低。对 E_{NS} 而言,其取值区间从$-\infty$到 1,当 $E_{NS}=1$ 时,表示模拟值与实测值吻合;当 $E_{NS}<1$ 时,其值越小表示吻合程度越低;当 $E_{NS}<0$ 时,表示模拟效果较差。

3) 参数率定及验证结果

以巫溪县提供的土壤类型图及其对应的属性数据库作为 SWAT 输入数据,所得到的模型率定与验证结果见表 2.8,所获得的参数最佳值见表 2.9。由表 2.8 可知,在率定期,巫溪水文站月平均径流量、月泥沙量和月总磷负荷量模拟结果同实测值的相关系数 R^2 均大于 0.74,E_{NS} 均大于 0.63;在验证期,除总磷外,R^2 均大于 0.66,E_{NS} 均大于 0.50。

表 2.8　1∶5 万土壤输入情景下 SWAT 模型参数率定与验证效果统计

项目	数据类型	R^2	E_{NS}
率定期	径流	0.85	0.74
	泥沙	0.74	0.63
	总磷	0.88	0.82
验证期	径流	0.77	0.68
	泥沙	0.66	0.50

注:总磷数据较少,故未进行验证。

表 2.9　1∶5 万土壤输入情景下参数率定结果

参数序号	参数及变化方式	参数最佳值	参数最佳值下限	参数最佳值上限
1	r__CN2.mgt	−0.1456	−0.1509	−0.1432
2	v__ALPHA_BF.gw	0.4600	0.4461	0.4619
3	v__GW_DELAY.gw	184.9264	183.9364	187.9046
4	v__CH_N2.rte	0.2479	0.2463	0.2487
5	v__CH_K2.rte	360.9023	360.8786	365.1856
6	v__SOL_AWC(..).sol	0.3770	0.3757	0.3808
7	r__SOL_K(..).sol	85.6910	85.1509	85.8863
8	r__SOL_Z(..).sol	1.4406	1.4079	1.4511
9	v__CANMX.hru	32.6518	32.1607	32.7585

续表

参数序号	参数及变化方式	参数最佳值	参数最佳值下限	参数最佳值上限
10	v__ESCO.hru	0.1736	0.1549	0.1806
11	v__EPCO.hru	0.6412	0.6396	0.6468
12	v__GWQMN.gw	1983.0634	1978.4351	2002.8589
13	v__REVAPMN.gw	159.2568	157.8762	159.4301
14	r__SLSUBBSN.hru	−0.1481	−0.1564	−0.1396
15	v__SURLAG.bsn	0.1477	0.1407	0.1533
16	v__TIMP.bsn	0.4392	0.4353	0.4456
17	v__RCHRG_DP.gw	0.4205	0.4203	0.4238
18	v__USLE_P.mgt	0.2344	0.2287	0.2357
19	a__SOL_BD(..).sol	0.2659	0.2646	0.2746
20	v__USLE_K(..).sol	0.1534	0.1515	0.1548
21	v__CH_COV1.rte	0.6429	0.6421	0.6472
22	v__SPCON.bsn	0.0042	0.0042	0.0043
23	v__SPEXP.bsn	1.3505	1.3502	1.3508
24	v__RSDCO.bsn	0.0329	0.0327	0.0336
25	v__PHOSKD.bsn	175.8176	175.5859	176.1319
26	v__PPERCO.bsn	16.4242	16.4129	16.4268
27	v__PSP.bsn	0.6422	0.6404	0.6423
28	v__K_P.wwq	0.0380	0.0380	0.0381
29	v__AI2.wwq	0.0125	0.0123	0.0125
30	v__RS2.swq	0.0805	0.0805	0.0811
31	v__RS5.swq	0.0838	0.0836	0.0843
32	v__SOL_ORGP(AGRL).chm	403.569031	384.645508	405.848328
33	v__SOL_ORGP(FRST).chm	58.290234	56.209972	59.442699
34	v__SOL_ORGP(PINE).chm	216.829910	203.676666	226.413483
35	v__SOL_SOLP(AGRL).chm	20.6807	17.7223	24.0640
36	v__SOL_SOLP(FRST).chm	90.7235	90.3621	91.0344
37	v__SOL_SOLP(PINE).chm	25.2265	23.9658	25.4640
38	v__ERORGP.hru	0.2233	0.2229	0.2350
39	v__ERORGP.hru	2.1247	2.1109	2.1907
40	v__ERORGP.hru	1.1025	1.0836	1.1104
41	v__ANION_EXCL.sol	0.0796	0.0745	0.0826
42	v__BIOMIX.mgt	0.5074	0.5044	0.5075
43	v__SHALLST.gw	46500.5625	46424.6406	46528.8594
44	v__TLAPS.sub	9.7851	9.7364	9.8940
45	v__NPERCO.bsn	0.9157	0.9140	0.9163

续表

参数序号	参数及变化方式	参数最佳值	参数最佳值下限	参数最佳值上限
46	v__SOL_ALB(..).sol	0.1120	0.1117	0.1134
47	v__SFTMP.bsn	−2.3332	−2.8793	−2.3177
48	a__GW_REVAP.gw	−0.0727	−0.0735	−0.0726
49	v__CH_ERODMO(..).rte	0.8045	0.8006	0.8060
50	v__CH_COV2.rte	0.9496	0.9490	0.9513

图 2.7 给出了该情景下巫溪水文站率定期、验证期模拟值与实测值的比较结果(为方便后续分析,后文简称该情景为"情景 B")。由率定验证结果可以看到,该情景下的径流模拟值与实测值在率定期和验证期均有较好的一致性。对泥沙而言,尽管个别月份模拟值的绝对误差较大(主要表现为高值相差较大),但由于实测值本身数值较大,总体相对误差较小。对总磷而言,由于监测数据较少(2000~2007 年仅有 14 个月总磷负荷量监测数据),模型则仅进行了率定而未验证;但率定期内总磷的模型表现与 Moriasi 等(2010)建议将 $E_{NS}=0.5$ 作为评价模拟效果可接受的下限相比,E_{NS} 较高(0.82),表明总磷模拟效果较好。总体来说,该情景条件下获得的径流、泥沙和总磷模拟效果均较好,其获得的参数及模拟结果可有效用于后期的研究。

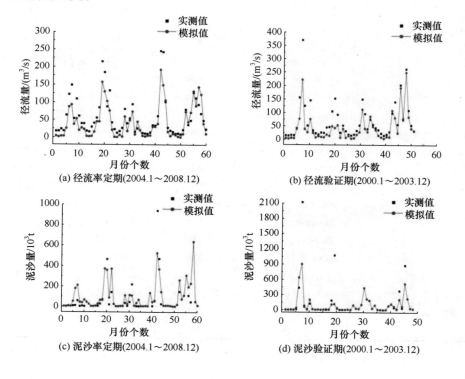

(a) 径流率定期(2004.1~2008.12)

(b) 径流验证期(2000.1~2003.12)

(c) 泥沙率定期(2004.1~2008.12)

(d) 泥沙验证期(2000.1~2003.12)

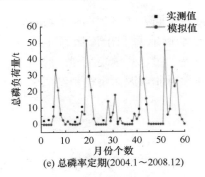

(e) 总磷率定期(2004.1～2008.12)

图 2.7　大宁河流域 SWAT 模型率定验证图

2.2　降雨数据的不确定性

降雨是流域内径流形成和污染物输移的驱动力。目前，很多研究已经开始关注降雨输入数据的不确定性问题。Kavetski 等(2006)提出了一种贝叶斯总体误差评估方法，应用 VIC 模型评价降雨输入数据对流域水文模型中的径流模拟不确定性的影响，通过北美 Potomac 流域的案例表明降水数据误差对水文过程线模拟的影响非常大，同时对模型参数有一定的影响。郝芳华等(2003)评价了降雨空间分布不均对 SWAT 模型产流量、产沙量模拟值不确定性的影响，研究表明降雨空间不均匀性对模型模拟结果影响较大。

降雨具有较大的时空变异性，尽管目前各国建立了很多雨量站，但仍是有限的观测点，而分布式水文模型则需要降雨空间输入数据，因此需要通过空间插值处理将雨量站测点数据生成降雨空间分布数据。在插值过程中，降雨时空变异性的需求与观测站的有限性之间的矛盾是非点源模拟结果不确定性的主要来源，其不确定性产生的原因包括站点数量的变化、插值方法的差异、观测数据的时间尺度、插值运算的空间尺度等方面。

2.2.1　分析方法

选取大宁河流域边界 30km 范围内的所有雨量站点的降雨数据作为 SWAT 模型的基本输入数据，包括巫溪、巫溪(二)、宁厂和西宁等共计 19 个雨量站点，其中流域内 10 个站点，流域外 9 个站点。在保持其他输入信息和参数不变的前提下，分别利用形心法(centroid)、泰森多边形(Thiessen polygon)法、逆距离加权(inverse distance weighted，IDW)法、析取克里金法(disjunctive Kriging)和协同克里金法(co-Kriging)计算每个子流域的面雨量，统计分析不同情景下获得的流域面雨量及其差异，从而量化研究区降雨空间分布的不确定性。然后，通过在各子流域形心处虚拟雨量站点，并将不同方法得到的子流域面雨量作为该虚拟雨量站的降雨数据(便于 SWAT 能自动读取每个子流域新生成的降雨数据)，进一步利用 SWAT 模型模拟径流量、泥沙量、总磷负荷量、吸附态氮和溶解态氮负荷量，从而分析降雨空间分布变异性对非点源污染模拟结果的影响。各降雨量插值计算方法介绍如下。

1. 形心法

形心法为大部分流域模型自带的降雨插值方法，其核心思想是自动选取离子流域中心最近的雨量站点，作为本子流域的降雨输入数据，优点是数据需求量小、操作简单，但其缺点是依赖雨量站的临界度，对其他雨量站的数据利用率低。

2. 泰森多边形法

泰森多边形法是以流域内各雨量站所控制的面积为权重，按面积加权平均值推求流域面平均降雨量的方法，其计算公式为

$$\overline{P} = \frac{P_1F_1 + P_2F_2 + \cdots + P_nF_n}{F} = \sum_{i=1}^{n} P_i \frac{F_i}{F} z(x_0) = \sum_{i=1}^{n} \lambda_i z(x_i) \tag{2.5}$$

式中，$\overline{P}$ 为流域某时段平均降雨量，mm；n 为流域内雨量站的个数；P_i 为流域内第 i 个雨量站同时段的降雨量，mm；F_i 为第 i 个雨量站所在泰森多边形的面积，km^2；F 为流域面积，km^2。

本节中泰森多边形的生成和面雨量的计算分别采用 ArcGIS 空间分析工具集中泰森多边形和属性计算工具实现。

3. 逆距离加权法

逆距离加权法是基于相近相似的原理：两个物体离得越近，它们的性质越相似；反之，离得越远则相似性越小。它以插值点与样本点间的距离为权重进行加权平均，离插值点越近的样本点赋予的权重越大(刘俊杰，2017)。其核心公式如下：

$$z(x_0) = \sum_{i=1}^{n} \lambda_i z(x_i) \tag{2.6}$$

式中，$z(x_0)$ 为未测点的估计值，$z(x_i)$ 为周围观测点的观测值；n 为已知观测点的总数；λ_i 为各观测点的权重，采用式(2.7)计算：

$$\lambda_i = \left[d(x_i, x_0) \right]^{-p} \bigg/ \sum_{i=1}^{n} \left[d(x_i, x_0) \right]^{-p} \tag{2.7}$$

式中，$d(x_i, x_0)$ 为第 i 个观测点与估计点间的距离，该值随着观测点与预测值之间距离的增加而减小；p 为指数，用来控制权重随距离变化的速度，当指数增加时，

距离远的观测点的权重会下降。研究中，p 的取值一般为 1、2、3，以 2 最为常用。

4. 克里金法

克里金法是建立在地质统计学基础上的一种插值方法，它与逆距离加权法一样，也是一种局部估计的加权平均方法。克里金法根据待估点邻域内若干信息样本数据以及它们实际存在的空间结构特征，对每一样本值分别赋予一定的权重系数，从而得到一种线性、无偏的最优估计值及相应的估计方差。当原始数据不服从简单分布(高斯分布或对数正态分布等)时，一般采用析取克里金法进行非线性估值，插值方法同式(2.6)，其加权系数 λ_i 是根据无偏估计和方差最小来确定的，可由克里金线性方程组获得，见式(2.8)：

$$\begin{cases} \sum_{i=1}^{n} \lambda_i(u)\gamma(u_\alpha - u_i) + \mu = \gamma(u_\alpha - u), \\ \sum_{i=1}^{n} \lambda_i(u) = 1, \end{cases} \quad \alpha = 1, 2, \cdots, n \quad (2.8)$$

式中，u 为拉格朗日参数；$\gamma(u_\alpha - u_i)$、$\gamma(u_\alpha - u)$ 分别为向量 $u_\alpha - u_i$、$u_\alpha - u$ 的半变异函数值。

5. 引入高程信息的协同克里金法

对多个具有空间相关性的空间变量进行估算的克里金方法可以归类为协克里金方法。它不仅结合了空间相关性，也充分考虑了变量间的相关性。该方法取一个主要变量作为目标变量，同时选取另外一个或多个变量作为次要变量。当研究区域内的高程信息随处可知并变化平稳时，可将高程信息作为次要变量引入协同克里金方法，其表达式为

$$z(x) = \sum_{i=1}^{n} \lambda_i z_{ui} + \lambda\left[y(x) - m_y + m_z \right] \quad (2.9)$$

式中，$z(x)$ 为 x 点处插得的降雨量；z_{ui} 为第 i 个雨量站的实测降雨量；$y(x)$ 为 x 点处的高程；n 为实测雨量站个数；m_y 和 m_z 分别为高程和降雨的全局平均值；λ_i 和 λ 均为协同克里金插值的权重系数，可由下列 $(n+2)$ 个线性方程组求解获得：

$$\sum_{i=1}^{n} \lambda_i r_{zz}(x_i - x_j) + \lambda r_{zy}(x_j - x) + \mu(x) = r_{zz}(x_j - x), \quad j = 1, 2, \cdots, n$$

$$\sum_{i=1}^{n} \lambda_i r_{yz}(x - x_i) + \lambda r_{yy}(0) + \mu(x) = r_{zy}(0), \quad \sum_{i=1}^{n} \lambda_i + \lambda = 1 \quad (2.10)$$

式中，$\mu(x)$ 为考虑权重系数约束条件的拉格朗日算子；$r_{yz}(x - x_i)$ 为位置 x 与 x_i 处

降雨与高程信息的交叉变异函数值。

表 2.10 给出了不同雨量赋值方法在 SWAT 模型应用中的优缺点。

表 2.10　不同雨量赋值方法在 SWAT 模型应用中的优缺点

编号	方法	优点	缺点
1	形心法	SWAT 自带方法，简单	自动选取离子流域中心最近的雨量站点，对雨量站的数据利用率低
2	泰森多边形法	充分利用雨量站数据，是目前最为常用的插值方法，简单直观	将空间性质均匀化，未考虑空间变异性
3	逆距离加权法	充分利用降雨数据，考虑了空间数据变异性、未知点与控制点距离的变化，引入权重	未考虑地形高度的影响，未深刻发掘区域化变量的变异本质；只考虑已知样本点与未知点的距离远近
4	析取克里金法	考虑数据的空间相关性，可提供非线性插值	插值曲面通常比真实曲面平滑，极值误差较大
5	协同克里金法	通过变异函数和结构分析，考虑了已知样本点的空间分布及与未知样本点的空间方位关系；考虑了地形及气候因素的影响	方法较为复杂，运算时间冗长

2.2.2　研究结果

1. 降雨空间分布及其不确定性分析

1) 流域降雨量的空间变异性分析

各雨量站 2000~2007 年的年累积降雨量统计结果见表 2.11。由表可知，大宁河流域内降雨的空间差异较大，年累积降雨量介于 1005mm 和 1938mm 之间，其中建楼站的年均降雨量最大，徐家坝站最小，二者差别高达 933mm；同时，流域内降雨的时间差异也较大，同一站点不同年份的年累积降雨量标准差(standard deviation, SD)为 151~445mm。其中，建楼站的标准差最大而巫山站标准差最小。

表 2.11　各雨量站的年累积降雨量　　　　（单位：mm）

年份	雨量站名称																		
	长安	徐家坝	高楼	建楼	双阳	塘坊	龙门	巫溪(二)	西宁	福田	万古	中良	大昌	城口	巫溪	奉节	巫山	云阳	开县
2000	1478	1142	2106	2454	1511	1598	1365	1106	1107	1089	1811	1133	990	1638	1111	1165	1126	1319	1573
2001	1123	1074	1330	1457	1138	1044	918	683	813	939	1242	678	801	1000	729	970	875	764	1089
2002	1113	961	1361	1536	1338	1285	1299	1065	1032	1338	1490	979	1160	1081	1082	1281	1068	1131	1101
2003	1334	1191	1776	2371	1716	1796	1572	1557	1536	1589	2014	1285	1443	1629	1445	1466	1200	1506	1393
2004	1194	810	1481	1916	1312	1447	1346	975	1125	1229	1524	1267	1199	1213	1029	1101	1042	1269	1523
2005	1610	1133	1858	2255	1406	1441	1153	1135	1457	1057	1772	1679	1034	1389	1193	889	913	1079	1156

续表

年份	雨量站名称																		
	长安	徐家坝	高楼	建楼	双阳	塘坊	龙门	巫溪(二)	西宁	福田	万古	中良	大昌	城口	巫溪	奉节	巫山	云阳	开县
2006	946	673	1250	1324	947	1102	911	756	999	996	1197	958	797	890	790	767	777	930	974
2007	1435	1058	2024	2192	1497	1618	1475	1166	1475	1358	1944	1719	1253	1201	1254	1080	1165	1276	1395
均值	1279	1005	1648	1938	1358	1416	1255	1055	1193	1199	1624	1212	1084	1255	1079	1090	1021	1159	1276
标准差	222	180	334	445	237	260	243	269	264	220	309	357	224	277	235	221	151	235	223

采用不同方法获取的多年平均降雨量分布结果见图 2.8～图 2.12。每种方法均输入 19 个雨量站点的日降雨量进行插值，时间从 2000 年 1 月 1 日至 2007 年 12 月 31 日，共 2922 天，因此每种方法需插值 2922 次。日降雨量的插值结果与年均降雨量插值结果相似，不再赘述。

图 2.8 是采用 SWAT 自带的形心法求得的各子流域降雨量分布图。由图可知，尽管输入了 19 个降雨站点数据，但形心法中 SWAT 模型仅利用了高楼、中良、建楼、万古、塘坊、西宁、巫溪和巫溪(二)8 个雨量站点的数据，从而导致子流域降雨量的变异性较大，降雨量从东至西呈阶梯状递增，且多个子流域仅用一个站点的数据进行赋值。例如，第 7 号子流域内原本有长安和徐家坝两个雨量站，但第 7 号子流域形状狭长，其形心位置距离第 5 号子流域内的西宁雨量站更为接近，使得第 7 号子流域的降雨量由该流域外的西宁雨量站赋值得出，从而导致模拟结果存在一定的误差。无论从降雨数据的利用效率还是从降雨数据的空间分布变异性来看，形心法的结果都不甚理想。

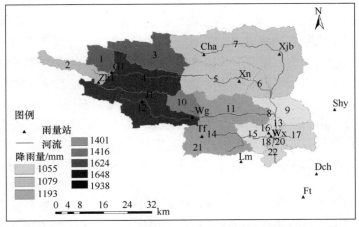

图 2.8　用形心法获取的 2000～2007 年平均降雨量分布图[①]

---

① 图 2.8 中数字表示子流域编号，其他类似图中数字含义同此。

　　图 2.9 是采用泰森多边形法求得的各子流域降雨量分布图。由图可知，与形心法相比，泰森多边形法利用了流域内所有 10 个雨量站，外加流域外双阳、大昌和龙门共 13 个雨量站的降雨数据，并根据不同泰森多边形占某一子流域的面积比值对该子流域的面雨量进行了剖分，从而在一定程度上考虑了降雨空间分布的影响。例如，在形心法中，第 7 号子流域的降雨量仅由西宁站赋值得出，而在泰森多边形法中，第 7 号子流域的面降雨量由长安、徐家坝和西宁三个雨量站点按其泰森多边形所占该流域面积的权重进行赋值，不仅更好地利用了雨量站数据，也更多地考虑了降雨分布变异性对非点源污染模拟结果的影响。

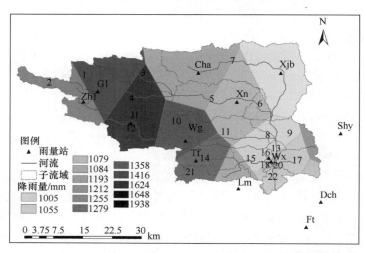

图 2.9　用泰森多边形法获取的 2000～2007 年平均降雨量分布图

　　图 2.10～图 2.12 是分别采用逆距离加权法、析取克里金法和协同克里金法获得的各子流域年均降雨量分布图，图例均以 50mm 作为一个降雨等值线梯级来显示降雨分布的情况。本节在利用析取克里金法进行插值时，由于研究区原始降雨数据不服从简单分布，因此首先将降雨数据进行对数转换，经过对数转换的降雨值比较符合正态分布，使得析取克里金法插值的精度能够得到保证；在进行协克里金法插值时，由于原始降雨数据和雨量站点高程数据均不服从正态分布，首先将降雨数据和高程数据进行对数转换，同时根据降雨量-高程数据的 QQ 图呈抛物线这一结果，基于二次多项式进行拟合建模，从而获取降雨量的协同克里金法插值结果。

　　以上三种方法都充分利用了流域内外所有 19 个雨量站的数据，在降雨数据的利用效率上均优于形心法和泰森多边形法。整体而言，大宁河流域的年均降雨分布是由东向西逐渐升高、南北分布较为均匀，即降雨自上游向下逐渐减小。上述三种方法得到的插值结果和整体变化趋势比较相近，局部插值结果的等雨量线形状略有不同。利用逆距离加权法插值得到的大宁河流域平均面雨量为 1342.34mm，各栅格降雨量介于 1005.16mm 和 1937.92mm 之间；利用析取克里金法插值得到的流域平均面雨量为 1350.62mm，各栅格降雨量介于 1007.20mm 和 1934.43mm 之间；利用引入高程变量的协同克里金法插值得到的流域平均面雨量为 1342.31mm，各栅格降雨量介于 1069.69mm 和 1734.16mm 之间。总体而言，析取克里金法插值

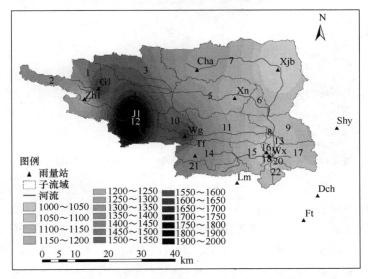

图 2.10　用逆距离加权法获取的 2000～2007 年平均降雨量分布图

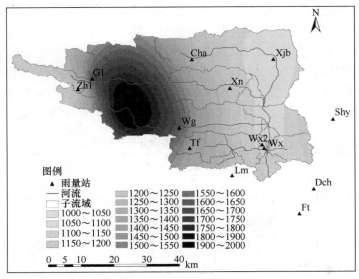

图 2.11　用析取克里金法获取的 2000～2007 年平均降雨量分布图

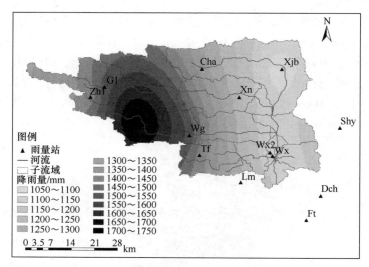

图 2.12　用协同克里金法获取的 2000～2007 年平均降雨量分布图

得到的流域平均降雨量最大，而协同克里金法得到的降雨量取值区间最窄，这主要是因为利用析取克里金法进行插值时将小于零的插值结果自动赋值为零，从而增大了流域面雨量均值。将图 2.10 和图 2.11、图 2.12 进行比较可以看出，采用逆距离加权法在流域降雨量最大值和最小值附近得到的等雨量线比协同克里金方法得到的等雨量线更为密集，单个站点对其周围局部的插值结果影响更大，较易出现局部团聚现象。

　　不同降雨量插值方法获取的流域降雨量平均值、标准差、不均匀系数 η、流域最大点与最小点降雨量的比值系数 α 和流域面降雨变异系数 CV 的结果见表 2.12。由 η、α 和 CV 的结果可知，形心法的点面折减程度最大、降雨的离散程度最大、雨量的分布最不均匀；而引入高程变量的协同克里金法的点面折减程度最小、降雨离散程度最小、降雨的分布也最为均匀，这主要是因为协同克里金法引入了高程修正变量，减弱了降雨插值结果的离散程度和降雨分布的变异性。

表 2.12　多年平均降雨量分布统计结果

方法	最大值 /mm	最小值 /mm	平均值 /mm	标准差 /mm	不均匀系数 η	比值系数 α	变异系数 CV
形心法	1938.00	1055.00	1304.00	285.00	0.673	1.486	0.219
泰森多边形法	1938.00	1055.00	1333.51	263.37	0.688	1.453	0.198
逆距离加权法	1937.92	1005.16	1342.34	207.79	0.693	1.444	0.155
析取克里金法	1934.43	1007.20	1350.62	252.35	0.698	1.432	0.187
协同克里金法	1734.16	1069.68	1342.31	186.06	0.774	1.292	0.139

2) 子流域降雨量的不确定性分析

通常，模型会将流域分成多个子流域开展水文、污染物的精细模拟。子流域数目是根据定义河网最小集水面积的阈值来决定的，给出的阈值越大，划分的子流域数目越少。子流域划分个数对模型模拟结果有一定的影响。综合前期研究成果(Gong et al., 2010)，考虑模型模拟精度与模型计算效率，在划分 HRU 时将土地利用、土壤类型和坡度阈值均设置为 0，以排除这三个因素的干扰，并将汇水面积阈值设为 5000hm²，最终将研究区划分为 22 个子流域(图 2.13)，各子流域面积及其所占总面积比例见表 2.13。

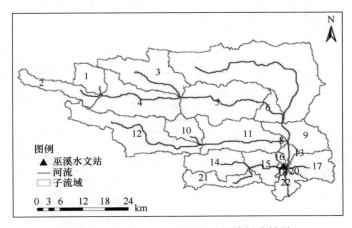

图 2.13　大宁河流域巫溪段子流域划分结果

表 2.13　子流域面积及其所占总面积比例

流域编号	面积/km²	占总面积比例/%	流域编号	面积/km²	占总面积比例/%
1	65.8	2.7	12	253.0	10.4
2	79.0	3.3	13	18.7	0.8
3	191.0	7.9	14	111.3	4.6
4	203.9	8.4	15	70.4	2.9
5	237.5	9.8	16	8.2	0.3
6	47.5	2.0	17	89.6	3.7
7	550.3	22.7	18	6.6	0.3
8	4.5	0.2	19	0.3	0
9	108.8	4.5	20	0.4	0
10	62.4	2.6	21	78.3	3.2
11	188.4	7.8	22	45.9	1.9

将流域面雨量插值结果按子流域进行剖分，利用 ArcGIS 地统计和栅格计算

模块获取不同降雨量赋值方法，以得到每个子流域面平均降雨量，并计算不同雨量分布情况下导致的每个子流域的降雨变异系数 CV，从而量化因降雨分布不均匀而导致的子流域面雨量的不确定性大小，结果见表 2.14。由表 2.14 可以看出，由不同雨量插值方法获得的各子流域平均面雨量均不相同。以第 1 号子流域为例，采用形心法和析取克里金法计算得到的降雨量相差 229.1mm，相对误差达 13.9%，可见降雨分布的变异性对各子流域降雨量的赋值影响较大。各子流域平均面雨量的标准差在 14.15~162.24mm，变异系数 CV 在 0.010~0.098。其中第 4 号子流域的 CV 最大，说明其降雨不确定性最大；第 14 号子流域的 CV 最小，说明其降雨不确定性最小。以上结果能从图 2.10~图 2.12 中第 4 号子流域内降雨等值线密集而第 7 号子流域内降雨等值线稀疏反映出来。

表 2.14　不同方法获得的各子流域多年平均降雨量及其变异系数

子流域	降雨量/mm					平均值/mm	标准差/mm	CV
	形心法	泰森多边形法	逆距离加权法	析取克里金法	协同克里金法			
1	1648.0	1549.3	1501.4	1418.9	1457.7	1515.0	79.46	0.052
2	1401.0	1231.0	1385.5	1222.2	1393.8	1326.7	81.94	0.062
3	1648.0	1552.7	1501.1	1600.8	1507.2	1561.9	56.05	0.036
4	1938.0	1454.9	1609.4	1721.2	1582.7	1661.2	162.24	0.098
5	1193.0	1276.3	1293.9	1322.7	1319.2	1281.0	47.18	0.037
6	1193.0	1390.2	1178.4	1106.8	1142.8	1202.2	98.60	0.082
7	1193.0	1118.3	1175.8	1151.0	1189.0	1165.4	27.77	0.024
8	1055.0	1055.0	1110.6	1079.1	1110.4	1082.0	24.86	0.023
9	1055.0	1118.2	1150.6	1109.1	1138.2	1114.2	33.00	0.030
10	1624.0	1638.1	1554.4	1669.7	1552.3	1607.7	46.77	0.029
11	1416.0	1300.0	1296.9	1280.5	1291.6	1317.0	49.95	0.038
12	1938.0	1729.8	1645.7	1675.3	1607.5	1719.3	116.44	0.068
13	1055.0	1055.0	1086.5	1073.2	1107.2	1075.4	19.86	0.018
14	1416.0	1402.9	1382.6	1379.4	1383.9	1393.0	14.15	0.010
15	1055.0	1102.1	1147.4	1149.5	1178.4	1126.5	43.29	0.038
16	1055.0	1055.0	1070.6	1069.4	1102.7	1070.5	17.44	0.016
17	1079.0	1100.5	1136.7	1130.7	1145.5	1118.5	24.88	0.022
18	1079.0	1055.0	1076.5	1088.3	1109.2	1081.6	17.60	0.016
19	1055.0	1055.0	1078.7	1085.3	1104.8	1075.8	19.01	0.018
20	1079.0	1055.0	1078.9	1089.7	1105.5	1081.6	16.48	0.015
21	1416.0	1347.9	1345.8	1352.3	1367.6	1365.9	26.17	0.019
22	1079.0	1070.2	1119.2	1131.5	1136.8	1107.3	27.49	0.025

2. 非点源模拟结果不确定性分析

1) 模型拟合效果分析

利用不同雨量赋值方法获得的径流量、泥沙量和总磷负荷量的 SWAT 模拟率定效果见表 2.15。径流量模拟结果的 E_{NS} 为 0.830~0.934，以协克里金方法获得的模拟结果为最佳；泥沙量模拟结果的 E_{NS} 为 0.750~0.826，以泰森多边形法的模拟结果为最佳；总磷负荷量模拟结果的 E_{NS} 为 0.660~0.721，以逆距离加权法的模拟结果为最佳。

表 2.15　不同雨量赋值方法的 SWAT 模拟率定效果结果统计

参数	形心法	泰森多边形法		逆距离加权法		析取克里金法		协同克里金法	
		E_{NS}	inc/%	E_{NS}	Inc/%	E_{NS}	inc/%	E_{NS}	inc/%
径流量	0.830	0.915	10.24	0.922	11.08	0.927	11.69	0.934	12.53
泥沙量	0.750	0.826	10.13	0.819	9.20	0.804	7.20	0.775	3.33
总磷负荷量	0.660	0.713	8.03	0.721	9.24	0.704	6.67	0.716	8.48

注：inc 表示其他雨量赋值方法与形心法的模拟结果相比，其 E_{NS} 提高的比例。

以 SWAT 模型自带的形心法的模拟结果作为比较标准可知，其他降雨赋值方法对模型模拟效果均有不同的提高。其中，径流量模拟效果改善率为 10.24%~12.53%，改善率从大到小依次排序分别为协同克里金法、析取克里金法、逆距离加权法和泰森多边形法。结合表 2.15 中流域面雨量变异系数相关结果可知，变异系数的排序与 E_{NS} 一致，说明较大的流域面雨量离散程度会影响径流量的模拟效果；反之，流域面雨量离散程度较小时，会获得较为理想的流量模拟效果。

泥沙量模拟效果改善率介于 3.33% 和 10.13% 之间，以泰森多边形法的改善率最大，协克里金法的改善率最小。这与流量结果不一致，可能是因为影响泥沙产出的因素除了降雨以外，还包括土壤类型、土地利用类型等，而基于形心法率定得到的与泥沙相关的最佳参数，与更为精确的逆距离加权法、克里金等雨量赋值方法不太匹配，从而导致较为精确的雨量赋值方法反而获得稍欠理想的泥沙模拟效果。

总磷负荷量模拟效果改善率介于 6.67% 和 9.24% 之间，其中获得最佳模拟效果的是逆距离加权法，其次为协同克里金法、泰森多边形法和析取克里金法。

因此，尽管采取不同雨量插值方法对径流量、泥沙量和总磷负荷量的模拟效果改善程度不一致，但其模拟效果均优于 SWAT 模型自带的形心法。特别是逆距离加权法和克里金插值法，其方法本身对流域面雨量的描述较为精确，因此能获得较好的非点源模拟结果，这与 Fu 等(2011)基于 MIKE SHE 模型，采用逆距离加权法和克里金法研究降雨分布变异性对地下水模拟结果影响得到的结论较为一致。

2) 模拟结果不确定性分析

依据不同的降雨赋值方法得到的流域雨量分布特征不同，这给模拟结果带来一定的不确定性，通过年均模拟结果的标准差和 CV，能量化其不确定性大小。

巫溪水文站不同年份的径流量、泥沙量、总磷负荷量、吸附态氮负荷量和溶解态氮负荷量模拟结果见表 2.16。由表可知，不同年份的流量模拟平均值介于 34.82m³/s(2006 年)和 65.46m³/s(2003 年)之间，标准差介于 0.88m³/s(2004 年)和 8.72m³/s(2005 年)之间，CV 介于 0.016 和 0.092 之间，多年平均 CV 为 0.065，这说明输入信息的不匹配性对于流量的模拟影响较小。

表 2.16　基于不同雨量赋值方法的 SWAT 模拟不确定性结果

参数	年份	2000	2001	2002	2003	2004	2005	2006	2007	多年均值
径流量 /(m³/s)	平均值	61.33	35.93	40.79	65.46	49.42	60.31	34.82	63.09	51.39
	标准差	1.01	1.96	1.10	1.98	0.88	8.72	3.21	8.71	3.44
	CV	0.016	0.055	0.027	0.030	0.018	0.145	0.092	0.138	0.065
泥沙量 /10³t	平均值	3435.6	90.9	1175.0	2651.3	2125.7	3175.0	1006.2	3277.1	2117.1
	标准差	413.7	12.8	68.3	34.9	171.3	959.1	241.0	972.1	359.1
	CV	0.120	0.141	0.058	0.013	0.081	0.302	0.240	0.297	0.156
总磷量/t	平均值	154.1	5.7	127.5	166.3	81.3	111.6	82.6	123.8	106.6
	标准差	12.8	0.8	18.1	9.9	9.7	31.8	20.2	27.3	16.3
	CV	0.083	0.147	0.142	0.060	0.120	0.285	0.245	0.221	0.163
吸附态氮负荷量/t	平均值	1452.2	25.9	667.9	872.7	518.8	677.9	312.6	640.5	646.1
	标准差	415.5	7.7	152.5	125.6	134.3	236.0	94.9	184.2	168.8
	CV	0.286	0.296	0.228	0.144	0.259	0.348	0.304	0.288	0.269
溶解态氮负荷量/t	平均值	4376.7	151.8	2310.2	3058.3	2268.2	2752.8	1830.1	2584.0	2416.5
	标准差	880.3	36.1	459.6	402.6	409.0	781.7	478.6	615.0	507.9
	CV	0.201	0.238	0.199	0.132	0.180	0.284	0.262	0.238	0.217

泥沙量模拟平均值在 2003 年有最大值 6853×10³t，在 2001 年有最小值 90.9×10³t，标准差介于 12.8×10³t(2001 年)和 972.1×10³t(2007 年)之间，CV 介于 0.013 和 0.302 之间，多年平均 CV 为 0.156，是径流量的 2 倍多，可见降雨分布的变异性对泥沙模拟的影响大于对流量的影响。

巫溪水文站总磷负荷量的模拟平均值介于 5.7t(2001 年)和 166.3t(2003 年)之间，标准差介于 0.8t(2001 年)和 31.8t(2005 年)之间。断面的多年平均 CV 为 0.163，各年的 CV 介于 0.060(2003 年)和 0.285(2005 年)之间，比泥沙量 CV 略高，说明降雨分布的变异性对总磷负荷模拟的影响也不容忽视。

吸附态氮负荷量模拟标准差介于 7.70t(2001 年)和 415.5t(2000 年)之间，各年的断面平均 CV 在 0.0144(2003 年)和 0.348(2005 年)之间，断面的多年平均 CV 为 0.269，说明降雨分布的变异性对吸附态氮负荷模拟的影响较泥沙总磷而言更大。

溶解态氮负荷量模拟值的变化趋势与吸附态氮相似，标准差介于 36.1t(2001 年)和 880.3t(2000 年)之间，各年的平均 CV 在 0.132(2003 年)和 0.284(2005 年)之间，多年平均 CV 为 0.217，比径流量、泥沙量和总磷负荷量大，而比吸附态氮负荷量小。

2.3　高程数据的不确定性

DEM 是地表形态高程属性的数字化表达，能够反映一定分辨率的局部地形特征，可在一定算法的帮助下实现自然水系的自动提取。多项关于 DEM 精度对水文模拟影响的研究均指出，分布式水文模型对 DEM 水平分辨率很敏感，特别是在计算坡度和提取其他参数过程中(Wang et al., 2015)。对非点源污染模拟而言，DEM 的精度对模拟结果的不确定性有很大的影响。Chaplot(2005)考察了不同分辨率(从 20m 至 500m)的 DEM 对美国 Lower Walnut Creek 流域非点源污染负荷的影响，结果表明 50m 是该流域模拟所需最大网格尺寸，DEM 分辨率对泥沙和氮负荷的模拟结果影响显著。Zhang 等(2014)以香溪河为研究区，得到了 SWAT 模型模拟径流量、泥沙量、总磷负荷量、溶解氧、氨氮负荷量、硝态氮负荷量及总氮负荷量的恰当 DEM 精度。Lin 等(2013)就 DEM 精度变化对 SWAT 模型输出结果的影响进行了研究，结果表明 DEM 精度变化对总磷和总氮负荷量的模拟结果有很大程度的影响，对泥沙量呈现轻微影响，而对径流量的影响较小；在研究中，应综合考虑研究目的、模型要求选择恰当的精度以降低模拟结果的不确定性。该研究结果与 Shen 等(2013)的研究结果一致。Wang 等(2015)的研究则关注了 DEM 精度对 HSPF 模型的影响，结果表明，DEM 精度对模型结果不确定性的贡献很大，对污染物(总磷、总氮、硝态氮、氨氮)的影响大于水文要素(径流)，并指出应最大可能地获取高精度空间数据以降低模拟结果的不确定性。

2.3.1　分析方法

在使用 SWAT 模型进行模拟时，通常基于某种 DEM 进行流域特征参数的提取。流域水环境模拟的准确度依赖于输入模型的流域特征参数，而 DEM 分辨率及其测量的准确性影响了诸如坡度、坡向、水沙运移方向、汇流网络、流域界线等流域特征参数的提取，DEM 分辨率大，能产生坡度坦化，削弱洪峰量，还可导致河道内侵蚀率的降低，从而影响河道中的径流量、泥沙量和污染物负荷量的模拟，因此 DEM 的误差对模拟结果的不确定性具有重要影响。关于 DEM 对水文模拟影响的研究较多，而对水质模拟影响的研究较少，本章将分析 DEM 分辨率对总磷负荷量模拟的影响。

　　本节选用两种不同来源的 DEM，一种是由国家基础地理信息中心提供的 1∶25 万 DEM(NFGIS DEM)，精度为 86m；另一种是由日本经济产业省和美国国家航空航天局(National Aeronautics and Space Administration, NASA)合作提供的先进星载热发射和反射辐射仪全球数字高程模型(advanced spaceborne thermal emission and reflection radiometer global DEM，ASTER GDEM)，精度为 30m。

　　国家基础地理信息中心的 1∶25 万 DEM 于 1998 年 11 月制作完成，是三个全国 1∶25 万数据库之一，覆盖了全国陆地和海域范围，是构造"数字中国"基础数据框架的重要组成部分，可以为区域规划、生态环境的治理和开发、测绘遥感、防洪救灾、国防建设、灾害监测、工程建设、土地管理、农林规划、科研教育和国家宏观管理决策等提供空间信息支持。该 DEM 以地形图为基本信息源，由于地形图自误差的存在，以及地形图制图时对等高线的综合取舍和 DEM 栅格分辨率的影响，NFGIS DEM 实际包含的地形信息及地形描述精度存在着一定的不确定性，降低了 DEM 分析与应用结果的可信性。

　　ASTER GDEM 是根据 NASA 的新一代对地观测卫星 Terra 的详尽观测结果制作完成的，这一全新地球数字高程模型包含 ASTER 传感器搜集的 130 万个立体图像。ASTER 于 1999 年 12 月 18 日随 Terra 卫星发射升空，一个日本和美国的技术合作小组负责该仪器的校准确认和数据处理。ASTER 是唯一的高分辨解析地表图像传感器，其主要任务是通过 14 个频道获取整个地表的高分辨解析图像数据——黑白立体照片。在 4 到 16 天之内，当 ASTER 重新扫描到同一地区，它具有重复覆盖地球表面变化区域的能力。

　　ASTER GDEM 数据的缺陷主要表现为以下几点。①云的影响：在某些地区，尤其是在一些重复数据较少的区域，如果有云遮挡，又没有替代数据，就可能会产生明显的异常值；②边界堆叠：会导致 DEM 数据显示为直线、坑、隆起、大坝或其他异常的几何形状，影响局部地区数据的精度和使用；③没有进行内陆水域掩蔽：导致绝大多数的内陆湖泊高程并不稳定，因此利用 ASTER GDEM 数据不能准确提取水体分布信息。

　　研究区高程和坡度统计见表 2.17。为研究 DEM 分辨率对模拟结果的影响，本节利用 ArcMap 的 ArcToolbox 中重采样工具(Resample)，将上述两种不同来源的 DEM 分别重采样生成不同分辨率的新 DEM(表 2.18)，分别利用其进行 SWAT 模拟。

表 2.17 研究区高程和坡度统计

统计量	高程/m	坡度/(°)
标准偏差	510	12
平均值	1294	24
最大值	2605	67
最小值	200	0

表 2.18 重采样生成的 DEM 的分辨率 （单位：m）

NFGIS DEM	—	—	—	—	—	—	90	120	150	180
ASTER GDEM	30	40	50	60	70	80	90	120	150	180

2.3.2 研究结果

1. NFGIS DEM 模拟结果

将国家基础地理信息中心 1：25 万的 DEM 分别重采样生成 90m、120m、150m 和 180m 分辨率后进行总磷(TP)负荷量模拟，统计情况见图 2.14。图中，实线表示总磷年负荷量模拟结果的平均值，误差线表示模拟结果的标准差，柱状图

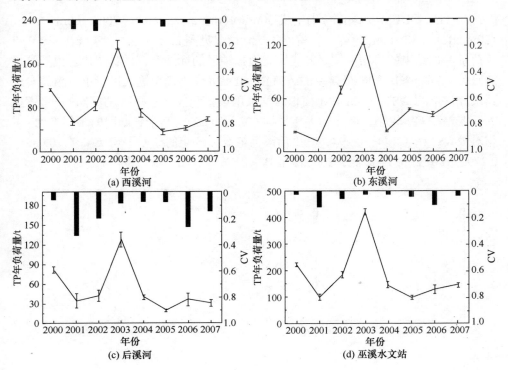

(a) 西溪河

(b) 东溪河

(c) 后溪河

(d) 巫溪水文站

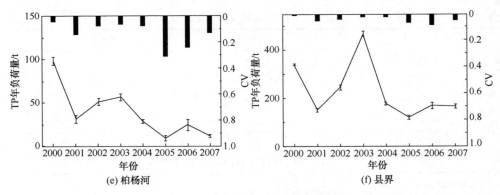

图 2.14　基于不同分辨率的 NFGIS DEM 模拟总磷负荷量的结果统计

表示模拟结果的变异系数 CV。西溪河、东溪河、巫溪水文站和县界处 TP 年负荷量模拟值的标准差和 CV 较小，断面的多年平均 CV 在 0.022~0.055；后溪河和柏杨河 TP 负荷量模拟值的标准差和 CV 相对较大，断面的多年平均 CV 分别为 0.152 和 0.136。对于各年的断面平均 CV，2001 年和 2006 年相对较高，平均值都为 0.120；其余各年在 0.038~0.080。

2. ASTER GDEM 模拟结果

ASTER GDEM 重采样分别生成 30m、40m、50m、60m、70m、80m、90m、120m、150m 和 180m 分辨率后模拟的统计情况见图 2.15。图中，实线代表 TP 年负荷量模拟结果的平均值，误差线代表模拟结果的标准差，柱状图代表模拟结果的 CV。本部分采用 30m 分辨率的 ASTER GDEM 作为模型输入进行了重新调参，其余分辨率的 ASTER GDEM 模拟时均采用该套参数。东溪河 TP 年负荷量模拟的标准差和 CV 较小，断面的多年平均 CV 为 0.039；其余各断面的多年平均 CV 相对较大，在 0.144~0.294，其中后溪河最高。各年的断面平均 CV 在 0.082~0.279，其中 2003 年最低，2006 年最高。

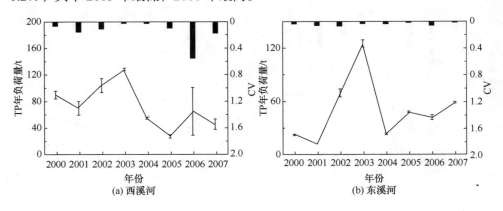

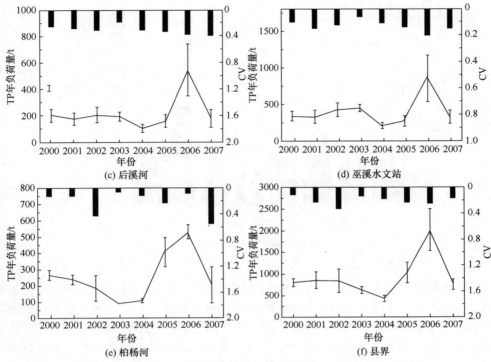

图 2.15 基于不同分辨率的 ASTER GDEM 模拟总磷负荷量的结果统计

分别选取一个支流断面(后溪河)和一个干流断面(巫溪水文站)来说明不同分辨率 DEM 模拟的差异,见图 2.16。图中最右侧为采用 90m 分辨率的 NFGIS DEM 模拟的结果。通过比较可知利用 ASTER GDEM 模拟的部分年份的 TP 年负荷量过高,主要原因是在高分辨率下的参数并不适用于低分辨率。

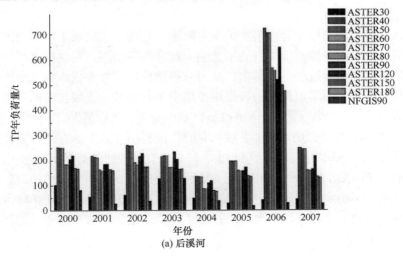

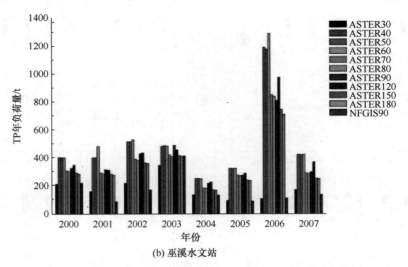

(b) 巫溪水文站

图 2.16　后溪河与巫溪水文站基于 ASTER GDEM 的 TP 模拟

　　对于相同分辨率的 NFGIS DEM 和 ASTER GDEM，两者模拟的 TP 年负荷量仍然差别较大。本结论与 Nishigaki(2018)的研究结果相一致，可能的原因在于改变 DEM 分辨率时采用的重采样技术的不足。随着 DEM 分辨率的降低，TP 年负荷量的模拟效果并无一致的变化趋势。可见并非 DEM 的分辨率越高，模拟效果就越好，而花费额外的成本获取高精度输入数据，不仅需要耗费更多的模型运行时间，而且未必能获得更好的模拟效果，这与国内外相关研究的结论一致(Garland et al., 2017；宋兰兰等，2018)。

2.4　土地利用数据的不确定性

　　土地利用类型图可作为模型的关键空间输入数据，它反映了流域内的土地利用分布情况。不同土地利用类型的水文响应特征各不相同，对模拟过程中坡面径流深、蒸散发等物理过程造成影响，从而对模型模拟结果造成影响。对土地利用类型图对非点源污染模拟影响的研究主要集中于研究某一流域长时间尺度下，由于人类活动等因素使得土地利用-植被覆盖发生变化，而对蒸发、径流等水循环要素产生的影响(魏冲等,2014)。学者对不同的土地利用方式下非点源污染物的状况研究表明，林地面积与产沙量呈负相关，与总氮、总磷的负荷量呈正相关(宋兰兰等, 2018)。廖谦(2011)探讨了 DEM、土地利用类型图分辨率交互作用对非点源污染模拟结果及不确定性的影响，结果表明，土地利用图分辨率的变化使得流域农田、林地、草地、水域和居住地等面积发生转移变化，而对流域非点源污染模拟结果产生影响。

　　根据不同土地利用图进行各分区出口处 TP 年负荷量的模拟，统计情况见图 2.17。图中，实线代表 TP 年负荷量模拟结果的平均值，误差线代表模拟结果的标准差，柱状图代表模拟结果的 CV。由图可见，根据不同土地利用图进行模拟时的标准差和 CV 较小，各断面的多年平均 CV 在 0.013～0.063，各年的断面平均 CV 在 0.020～0.052。各次模拟差异较小的主要原因在于不同土地利用图之间变化较小。经过对 SWAT 模拟结果分析可知，不同的土地利用类型对应的 HRU 上单位面积 TP 产量差别较小，所以总体上由土地利用图引起的不确定性较小。

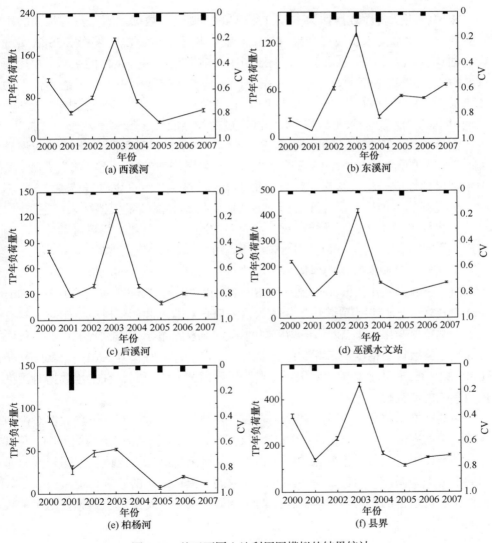

图 2.17　基于不同土地利用图模拟的结果统计

本结论与 Durand 等(2015)的研究有一定的差别,该研究中土地利用图的敏感性和不确定性较大,原因在于其通过改变全部的农田类型以分析敏感性,通过使用混淆矩阵来产生不同的农田类型组合以研究不确定性,由此引起的土地利用变化较大,从而导致污染物的输出量差别较大。

2.5　土壤数据的不确定性

土壤空间及属性数据作为 SWAT 模型的重要输入数据之一,具有很强的空间变异性,对水文水质模拟结果有较大影响。具体来说,模型采用 SCS 法实现径流估算。该曲线是土壤渗透性、土地利用和前期土壤水分条件的函数。在运用 SCS 法进行径流估算的过程中,根据不同土壤在相似暴雨和植被覆盖条件下的径流潜力,将其分为 A、B、C、D 四类土壤水文单元,以实现对土壤渗透性的归纳。同时,当水分进入土壤后,水分可通过植物吸收或土壤蒸发从土壤中损失,也可渗透土壤,不同的土壤结构(容重、质地、含水量、田间持水量等)将对该过程产生较大的影响。SWAT 模型对泥沙的模拟采用修正的通用土壤流失方程,其中土壤可蚀性因子将直接对泥沙量模拟结果产生影响。由土壤自身特性决定,不同土壤类型的可蚀性因子存在着差异,从而使得其对泥沙量模拟结果产生影响。在营养物模拟过程中,土壤结构及土壤自身的碳、氮、磷含量都将对营养物、输移产生影响。因此,土壤数据对 SWAT 模型的模拟有着较大的影响。

国内外针对输入数据的模拟不确定性研究已取得了较多的成果,但主要关注于 DEM 分辨率变化(Lin et al., 2013;Shen et al., 2013;Zhang et al., 2014;Wang et al., 2015)、土地利用/覆盖情景变化等输入信息对非点源污染模拟的影响,鲜有关于土壤数据变化对非点源污染物模拟的影响研究(魏冲等,2014)。已有研究也仅限于探究土壤数据的精度及来源变化对水文模拟的影响(陈祥义等,2016;Mukundan et al., 2010),未见土壤属性变化对非点源污染模拟影响研究,且土壤数据对污染负荷影响的研究也未见报道。

因此,本节将从土壤数据精度、来源及参数值等三方面探讨土壤数据对模型模拟结果的影响。具体思路是:收集并整理了 1∶5 万的高精度土壤类型图,并以此为基准探讨空间分辨率变化的影响;在此基础上将高精度土壤类型图与国内通用的土壤类型图进行对比,阐明不同来源数据对模拟结果的影响;最后进一步分析土壤属性数据的影响,重点对比土壤实测值、模型率定值和土壤志数据库中数据的不同。

2.5.1　土壤空间数据精度的影响

土壤数据对流域相关特征的准确描述是实现模型准确模拟的前提和基础，土壤精度的变化对其描述流域特征产生直接影响。目前，国内进行非点源污染模拟研究的土壤数据主要来源于中国科学院资源环境科学数据中心，该数据比例尺为1∶100 万，数据源为 1980～1995 年进行的第二次全国土地调查。与国外的研究中常用的 1∶2.4 万比例尺相比，土壤数据的精度较低[国外研究中最常用的土壤数据来源为美国土壤调查地理数据库(SSURGO)]。因此，基于最新收集的研究区1∶5 万比例尺的高精度土壤数据，对土壤精度变化对模型结果的影响进行探究。研究设置 5 个比例尺梯度变化：1∶5 万、1∶10 万、1∶25 万、1∶50 万和 1∶100万，以期获取较为全面的精度变化对模拟的影响结果。

1. 研究方法

为获取不同比例尺精度的土壤图，利用 ArcGIS 软件的重采样工具，采用的双线性内插法(Bilinear)对 1∶5 万比例尺的土壤图进行重采样，分别生成分辨率1∶10 万、1∶25 万、1∶50 万和 1∶100 万比例尺的土壤图。

2. 结果与讨论

将 1∶5 万、1∶10 万、1∶25 万、1∶50 万和 1∶100 万比例尺的土壤图作为模型输入，在不改变参数的条件下，得到径流量、泥沙量、总磷负荷量的模拟结果。不同比例尺的土壤图对应的精度的数据并没有进行参数的重新率定，目的是避免模型参数不确定性的影响。为方便后文分析描述，以上不同比例尺的输入情景分别对应于情景 B_1、B_2、B_3、B_4、B_5。

1) 空间数据精度对模拟结果的影响

利用模拟所得的径流量、泥沙量、总磷负荷量的模拟值，计算模型模拟效果，并对不同输入情景得到的模拟结果的差异进行定量分析，选用相对误差 Re 为评价指标。结果如表 2.19 所示。

表 2.19　不同精度土壤类型图对径流量、泥沙量和总磷负荷量模拟影响统计表

影响对象	比例尺	模拟效果(E_{NS})	年均值	Re 绝对值
径流量/(m³/s)	1∶5 万	0.710	42.995	—
	1∶10 万	0.710	42.988	0.020
	1∶25 万	0.710	42.988	0.023
	1∶50 万	0.711	42.989	0.046
	1∶100 万	0.712	42.981	0.103

续表

影响对象	比例尺	模拟效果(E_{NS})	年均值	Re 绝对值
泥沙量/10³t	1∶5 万	0.548	1016.60	—
	1∶10 万	0.548	1017.00	0.095
	1∶25 万	0.548	1016.60	0.100
	1∶50 万	0.548	1014.30	0.215
	1∶100 万	0.550	1013.37	0.385
总磷负荷量/10³t	1∶5 万	0.826	73.90	—
	1∶10 万	0.825	73.77	1.101
	1∶25 万	0.823	73.22	2.459
	1∶50 万	0.818	71.45	4.450
	1∶100 万	0.804	68.19	9.052

相对误差公式如下：

$$Re = \frac{P_1 - P_i}{P_1} \times 100\% \tag{2.11}$$

式中，P_1 为情景 B_1(即土壤类型图比例尺为 1∶5 万时)得到的模拟结果；P_i 为由其他情景得到的模拟结果。Re 用于定量土壤类型图精度变化对模拟结果的影响。

将不同比例尺的土壤图作为模型输入，划分得到子流域个数均为 22 个，HRU 个数分别为 3447 个、5256 个、6716 个、8047 个及 7661 个。HRU 个数随土壤数据精度降低而增加，原因在于采用重采样方法降低土壤精度，使得各类土壤斑块更为离散，如图 2.18 所示。在每个子流域内，将其内部相似的土地利用、管理措施和土壤属性组合划分为一个 HRU。精度降低后的土壤图中，土壤斑块离散，导

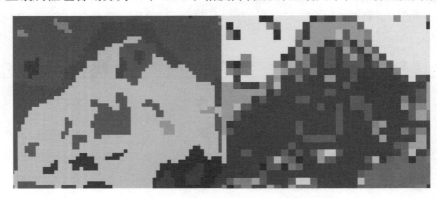

图 2.18　土壤经重采样处理的局部放大图

致 HRU 个数更多。不同比例尺的土壤图包含的各类土壤比例如表 2.20 所示。可以看到，各类土壤比例变化本身所占比例较小的土种，包括水稻土、紫色土、石灰岩土及棕壤的比例随精度降低而降低，而流域内所占比例较大的潮土、黄壤及黄棕壤则随土壤图精度降低而增加。该土壤比例变化趋势由重采样方法的原理所决定。

表 2.20　不同比例尺的土壤类型图包含的各类土壤比例统计结果

土壤类型	占总面积比例/%				
	1∶5 万	1∶10 万	1∶25 万	1∶50 万	1∶100 万
水稻土	1.521	1.516	1.507	1.474	1.383
潮土	0.181	0.184	0.187	0.192	0.216
紫色土	1.982	1.970	1.962	1.935	1.892
黄壤	46.050	46.239	46.450	47.116	48.196
黄棕壤	25.790	25.853	26.051	26.373	26.919
石灰岩土	18.194	17.984	17.650	16.851	15.543
棕壤	6.286	6.256	6.192	6.059	5.851

注：占总面积比例加和若不为 100%是数值修约所致，下同。

从模拟结果来看，在其他模型输入相同的情况下，随着土壤图比例尺的减小，流量模拟效果指标从 0.710 增大到 0.712，模拟年均值基本呈逐渐降低的趋势。分析流量模拟效果随土壤图比例尺减小而增大的原因，可能是 SWAT 的空间模拟结果是通过将 HRU 的空间分布与其模拟输出进行连接后栅格化获得的，小比例尺土壤图作为模型输入时的 HRU 个数多于大比例尺土壤图时的，由此使得模拟结果更为精细，效果反而更好。通过逐月数据分析可以看到，小比例尺土壤图作为模型输入时，对丰水期的流量高值捕捉能力低于大比例尺土壤图的，这也是小比例尺土壤图的流量年均值模拟值较低的主要原因。土壤数据比例尺由 1∶5 万降低至 1∶100 万，流量模拟的误差绝对值变化为 0.020%~0.103%。总的来看，土壤图比例尺变化对流量模拟结果的影响较小，所得的模拟差异不显著，这表明土壤信息的差别被模型在处理过程中所综合和掩盖，没有在流量模拟的过程中得到体现。分析原因，主要是 SWAT 模型对流量的计算采用 SCS 径流曲线数法。采用该方法对地表径流进行估算时，决定性参数只有当天的降雨量参数 R_{day}(mm)和 CN 值，由于降雨在不同土壤模拟时保持不变，故只有 CN 值的变化才能引起地表径流的变化，而模拟中初始 CN 值的确定主要由土地利用方式和土壤水文组的组合所决定，在土地利用方式不变的情况下，土壤水文组属性是流量变化的主导因素。

然而，土壤水文组将不同土壤按透水性高低划分为 4 组(A、B、C、D)，使得原来很多种有差别的土壤归为同一种水文组，如此对土壤属性的综合归类很大程度上概括了土壤属性信息，降低了土壤精度，使得模拟对土壤精度信息敏感度较低，导致了不同土壤图比例尺时的径流模拟结果非常相似。该研究结果与陈祥义等(2016)的研究结果相一致。

对泥沙量模拟而言，随土壤类型图比例尺的降低，泥沙量模拟效果基本不变，年均值呈减小趋势，而误差绝对值为 0.095%～0.385%。总的来看，土壤类型图比例尺的变化对泥沙量的模拟影响大于流量。这是由于影响产沙的因素除了降雨产的径流外，还包括土壤可蚀性、地面坡度坡长、植被覆盖度、土地利用和水土保持措施等。分析泥沙量模拟年均值随比例尺缩小而降低的原因：根据彭月等(2009)针对三峡库区重庆段不同的土壤侵蚀稳定性的研究可以看到，该地区棕壤侵蚀稳定性最低，黄壤及黄棕壤多呈轻微侵蚀状态；而土壤数据精度降低后，研究区内棕壤所占比例的降低，黄壤、黄棕壤所占比例的增加，使得研究区整体土壤可蚀性因子降低，由此使泥沙模拟量随土壤精度降低而减少。

对总磷负荷量模拟而言，随土壤类型图比例尺的减小，其模拟效果有较明显的降低趋势，年均值模拟值呈减小趋势，误差绝对值为 1.101%～9.052%。可以看到，土壤类型图由 1∶25 万降低为 1∶50 万时的模拟效果出现较大波动，而由 1∶50 万降低为 1∶100 万时的波动更为明显。相较于径流量、泥沙量，土壤图比例尺的变化对总磷负荷量的模拟结果的影响较大。分析原因，可能是误差的放大作用，即使在径流量、泥沙量模拟相对误差较小的情况下，其也会导致总磷负荷量模拟误差较大。

因此，对同一土壤类型图而言，其比例尺的变化对径流量、泥沙量和总磷负荷量的影响较小；随着土壤图比例尺的减小，其模拟结果均受到不同程度影响，其中对径流量的影响较小，对泥沙量次之，而对总磷负荷量影响较大。

2) 数据精度对模拟结果不确定性的影响

提取 SWAT-CUP 率定过程中获得的多组模型模拟值，选取其中模拟效果满足 $E_{NS}>0.5$ 的各组模拟值进行不确定性的分析。选用标准差和 CV 作为评价指标，对模拟结果的不确定性加以量化。

其中，选择 CV 的原因是：CV 更适用于表征不同量纲或数据组之间相差较大情况下的数据组离散程度，其数值大小不仅受到变量离散程度的影响，而且受到变量均值水平大小的影响。CV 能够更为客观地反映数据的离散程度绝对值。其公式如下：

$$CV = \frac{SD}{\overline{X}} \tag{2.12}$$

式中，SD 为模拟值标准差；$\overline{X}$ 为平均值。

　　不同土壤图的比例尺对径流量、泥沙量和总磷负荷量模拟不确定性的影响如表 2.21 所示。可以看到，随土壤图比例尺减小，径流量模拟的标准差为 0.1348～0.1360m³/s，CV 为 0.0048；CV 表征不确定性大小，结果为不同比例尺条件下流量模拟不确定性大小相同，即土壤图数据精度对模拟结果不确定性影响很小。不同比例尺条件下，泥沙量模拟标准差为 1800～2167t，CV 为 0.0170～0.0218，且在 1∶100 万时达到最小，即在此条件下的泥沙量模拟不确定性最小。总磷负荷模拟标准差为 142.09～161.79kg，CV 为 0.0293～0.0307，且在 1∶10 万时达到最小，表明此条件下的总磷模拟不确定性最小。

　　因此，土壤数据精度变化对径流量、泥沙量和总磷负荷量模拟结果不确定性的影响均较小，其根本原因可能是由于模型对土壤信息的概化处理。

表 2.21　土壤数据精度对径流量、泥沙量和总磷负荷量模拟不确定性影响统计

数据类型		土壤图比例尺				
		1∶5 万	1∶10 万	1∶25 万	1∶50 万	1∶100 万
径流量	标准差	0.1355	0.1355	0.1360	0.1353	0.1348
	CV	0.0048	0.0048	0.0048	0.0048	0.0048
泥沙量	标准差	2167	2164	2155	1974	1800
	CV	0.0214	0.0218	0.0218	0.0199	0.0170
总磷负荷量	标准差	161.79	159.62	157.59	152.13	142.09
	CV	0.0302	0.0293	0.0296	0.0307	0.0302

2.5.2　土壤空间数据来源的影响

1. 研究方法

1) 基础数据介绍

　　1∶100 万比例尺的土壤类型图是国内最常见的土壤数据来源。三峡库区大宁河流域(巫溪段)土壤分布如图 2.19 所示，具体的土壤类型统计结果见表 2.22。

表 2.22　研究区 1∶100 万土壤类型统计

土壤类型	代号	面积/km²	占总面积比例/%
黄棕壤	HUZR	641.5	26.5
黄褐土	HUHT	409.5	16.9
紫色土	ZST	350.7	14.5
黄棕壤性土	HUZRXT	297.9	12.3

土壤类型	代号	面积/km²	占总面积比例/%
黄壤	HUR	265.4	11.0
棕壤	ZR	202.0	8.3
石灰岩土	SHYT	111.4	4.6
暗黄棕壤	AHUZR	97.1	4.0
山地灌丛草甸土	SDCGCDT	27.4	1.1
酸性粗骨土	SXCGT	10.7	0.4
黄色石灰土	HUSSHT	8.5	0.4

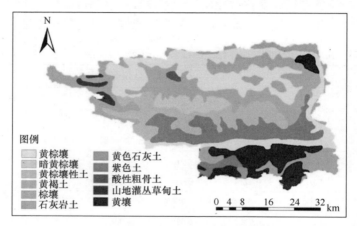

图 2.19　大宁河流域(巫溪段)土壤类型图(中国科学院地理科学与资源研究所)

对比国内通用与研究区农业部门提供的土壤图可以看到，两种不同来源的土壤图在土壤种类、分布、占比三方面均存在显著差异。从土壤类型来看，国内通用的中国科学院土壤图中包含的黄褐土、黄色石灰岩、酸性粗骨土和山地灌丛草甸土不包含在当地农业部门提供的土壤图中；从同类土壤的比例来看，紫色土在不同来源的土壤图中所占比例分别为 14.5%和 1.98%，石灰岩土所占比例分别为4.6%和 18.19%，差异明显。这可能是土种命名、归类过程中的个人主观影响而导致的不同。从土壤类型分布来看，两个土壤图同样存在较大的差异。国内通用的中国科学院土壤图的土种分布呈板块状，而当地农业部门提供的土壤图的土种分布则较为离散。总体来看，两种来源的土壤数据差异显著。

参考中国科学院南京土壤研究所相关资料及《中国土种志》制作了与土壤图相匹配的土壤属性数据库，并以化学属性参数的默认值为初始输入。

2) 模型效果评估

对模型进行率定、验证，方法与评价指标与 2.1.3 小节相同。以中国科学院土壤数据作为模型输入情景时 SWAT 模型参数的率定和验证结果见表 2.23，通过率定验证获取的模型参数最佳值及参数最佳范围见表 2.24。由表 2.23 可知，参数率定期巫溪水文站月平均径流量、月泥沙量和月总磷负荷量模拟结果同实测值的相关系数 R^2 均大于 0.77，E_{NS} 系数均大于 0.56；验证期 R^2 均大于 0.83，E_{NS} 系数除总磷外，其余均大于 0.51。

表 2.23　SWAT 模型参数率定和验证结果

时期	数据类型	R^2	E_{NS}
率定期	径流量	0.90	0.71
	泥沙量	0.77	0.64
	总磷负荷量	0.83	0.56
验证期	径流量	0.85	0.67
	泥沙量	0.83	0.51

表 2.24　参数率定结果

参数序号	参数及变化方式	参数最佳值	最佳值下限	最佳值上限
1	r__CN2.mgt	−0.0387	−0.0392	−0.0186
2	v__ALPHA_BF.gw	0.4029	0.4003	0.4031
3	v__GW_DELAY.gw	231.1998	230.9017	235.3504
4	v__CH_N2.rte	0.2014	0.2011	0.2016
5	v__CH_K2.rte	1.5580	1.4957	1.6326
6	v__SOL_AWC(..).sol	0.5743	0.5702	0.5805
7	r__SOL_K(..).sol	7.0773	4.4092	8.3620
8	r__SOL_Z(..).sol	0.3523	0.3508	0.3580
9	v__CANMX.hru	71.9339	71.9227	72.0756
10	v__ESCO.hru	0.7486	0.7464	0.7491
11	v__EPCO.hru	0.7440	0.7409	0.7445
12	v__GWQMN.gw	1015.2800	1012.8244	1025.2891
13	v__REVAPMN.gw	122.4411	121.6102	123.0603
14	r__SLSUBBSN.hru	−0.4320	−0.4369	−0.4264
15	v__SURLAG.bsn	11.5005	11.4824	11.5898
16	v__TIMP.bsn	0.2235	0.2206	0.2247
17	v__RCHRG_DP.gw	0.8831	0.8816	0.8857
18	v__USLE_P.mgt	0.3617	0.3595	0.3620
19	a__SOL_BD(..).sol	0.8204	0.8204	0.8217
20	v__USLE_K(..).sol	0.0634	0.0629	0.0637

续表

参数序号	参数及变化方式	参数最佳值	最佳值下限	最佳值上限
21	v__CH_COV1.rte	0.4509	0.4392	0.4533
22	v__SPCON.bsn	0.0049	0.0049	0.0050
23	v__SPEXP.bsn	1.1372	1.1368	1.1373
24	v__RSDCO.bsn	0.0931	0.0929	0.0932
25	v__PHOSKD.bsn	34.4200	33.2828	35.7712
26	v__PPERCO.bsn	14.1225	14.1155	14.1441
27	v__PSP.bsn	0.6817	0.6813	0.6819
28	v__K_P.wwq	0.0029	0.0028	0.0030
29	v__AI2.wwq	0.0114	0.0114	0.0114
30	v__RS2.swq	0.0546	0.0545	0.0546
31	v__RS5.swq	0.0288	0.0288	0.0291
32	v__SOL_ORGP(AGRL).chm	177.2016	176.4453	177.4211
33	v__SOL_ORGP(FRST).chm	117.1635	116.2006	118.0703
34	v__SOL_ORGP(PINE).chm	173.4292	172.5862	186.4044
35	v__SOL_SOLP(AGRL).chm	16.6499	16.5009	16.7025
36	v__SOL_SOLP(FRST).chm	33.9314	33.4844	34.2618
37	v__SOL_SOLP(PINE).chm	68.5201	68.2778	69.1921
38	v__ERORGP.hru	0.0107	0.0102	0.0219
39	v__ERORGP.hru	1.6132	1.6122	1.6273
40	v__ERORGP.hru	3.3352	3.3293	3.3543
41	v__ANION_EXCL.sol	0.4329	0.4283	0.4346
42	v__BIOMIX.mgt	0.5708	0.5688	0.5753
43	v__SHALLST.gw	30175.6660	29865.0273	30329.3594
44	v__TLAPS.sub	0.8863	0.8675	0.9014
45	v__NPERCO.bsn	0.6841	0.6832	0.6848
46	v__SOL_ALB(..).sol	0.1545	0.1536	0.1550
47	v__SFTMP.bsn	−2.9225	−3.0618	−2.7859
48	a__GW_REVAP.gw	−0.0690	−0.0700	−0.0687
49	v__CH_ERODMO(..).rte	0.9017	0.9012	0.9018
50	v__CH_COV2.rte	0.4530	0.4520	0.4551

图 2.20 给出了该情景下巫溪水文站率定期、验证期模拟值与实测值的比较结果(为方便后续分析,后文简称"情景 A")。由图可以看到,以该套数据资料作为模型输入对 SWAT 模型进行参数的率定与验证效果良好,其获得的模拟结果可有效用于后期的研究。

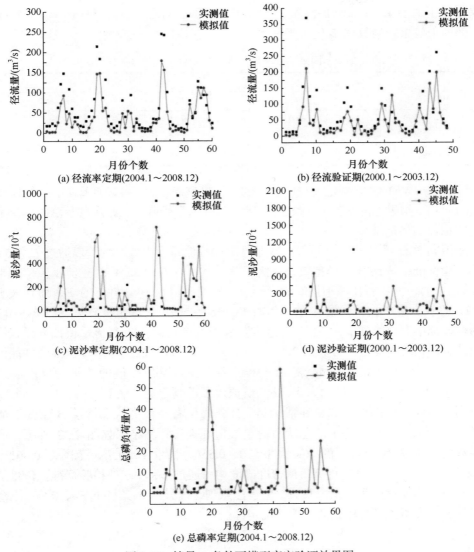

图 2.20 情景 A 条件下模型率定验证效果图

2. 结果与讨论

1) 空间数据来源对模拟结果的影响

两情景下所得的径流量、泥沙量和总磷负荷量的模拟效果如表 2.25 所示，由表可知，情景 A、B 条件下的径流量模拟的 E_{NS} 分别是 0.69、0.71；泥沙量模拟的 E_{NS} 分别是 0.54、0.55；总磷负荷量模拟的 E_{NS} 分别是 0.56、0.83。以 E_{NS} 作为模型模拟效果的判断标准可以看到，情景 B 条件下获得的径流量和泥沙量的模拟效果略优于情景 A，E_{NS} 分别提高了 2.9%和 1.85%。对总磷负荷量模拟来说，情景 B 的模拟效果较情景 A 有较大程度的改善，E_{NS} 提高了 46.43%。

表 2.25　不同来源土壤输入情景下 SWAT 模拟效果统计

数据类型	情景 A	情景 B	
	E_{NS}	E_{NS}	Inc / %
径流量	0.69	0.71	2.90
泥沙量	0.54	0.55	1.85
总磷负荷量	0.56	0.83	46.43

提取 SWAT-CUP 率定过程中获得的多组模型模拟值，分别计算 E_{NS} 表征模型模拟效果，结果如图 2.21~图 2.23 所示，其分别为径流量、泥沙量及总磷负荷量的模拟评估指标结果。

由图 2.21 可以看到，情景 A、B 条件下的径流量模拟效果均可以通过 $E_{NS}>0.5$ 的检验标准，情景 B 的模拟效果略优于情景 A。以 $E_{NS}>0.7$ 作为径流量模拟效果"满意"的标准，对比两种情景的模型效果发现，情景 B 条件下的 E_{NS} 值均大于 0.7，且较为集中；而情景 A 条件下的 E_{NS} 较为分散，区间宽度较宽，以 $E_{NS}>0.7$ 为检验标准时，通过率为 40.7%，这表明情景 B 较情景 A 在径流量模拟方面表现更佳，在精度上更具优势。图 2.22 是情景 A、B 条件下的泥沙量模拟准确度评价指标分布图，可以看到，情景 A、B 的多组泥沙量模拟值的效果均可以通过 $E_{NS}>0.5$ 的检验标准，且均大于 0.6，模拟效果可判定为"满意"。由分布图可以看到，对泥沙量的模拟效果在情景 A、B 条件下各有优劣，以情景 B 略优于情景 A。情景 A、B 条件下的总磷负荷量模拟准确度评估结果如图 2.23 所示。可以看到，情景 A 条件下的 E_{NS} 为 0.520~0.556，情景 B 的 E_{NS} 范围为 0.661~0.839，两种情景的总磷负荷量模拟准确度均可通过 $E_{NS}>0.5$ 的检验标准。情景 B 在模拟准确度上显著高于情景 A，但也注意到，情景 B 的条件下 $E_{NS}>0.5$ 变化范围较大，表明其具有较大的模拟不确定性。

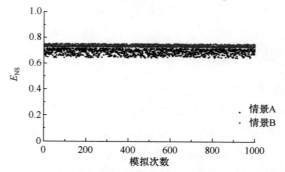

图 2.21　不同来源土壤输入情景下径流量模拟效果评估

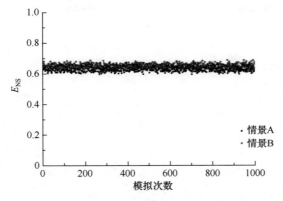

图 2.22　不同来源土壤输入情景下泥沙量模拟效果评估

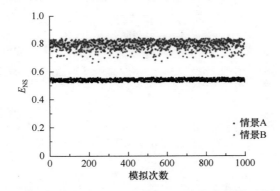

图 2.23　不同来源土壤输入情景下总磷负荷量模拟效果评估

以两种不同来源的土壤类型图作为模型输入得到的径流量、泥沙量和总磷负荷量的年均模拟结果，以及年降雨量分布如图 2.24 所示。由图可知，对年均流量模拟而言，情景 A 条件下获得的模拟值为 10.0(2001 年)~60.26m³/s(2008 年)，情景 B 条件下的模拟值为 16.03(2001 年)~71.36m³/s(2008 年)，情景 B 获得的年均流量模拟值高于情景 A，且其对流量峰值的模拟能力好于情景 A。对年均泥沙量模拟而言，情景 A 获得的模拟值为 21.34×10⁴(2001 年)~260.97×10⁴t(2008 年)，情景 B 的泥沙量模拟值为 28.19×10⁴ (2001 年)~207.29×10⁴t(2008 年)。从年均模拟值来看，泥沙模拟在情景 B 获得的年均模拟值低于情景 A。总磷负荷模拟在情景 A 条件下为 2.49(2001 年)~115.35t (2008 年)，情景 B 条件下则为 3.42t(2001 年)~157.59t(2008 年)，情景 B 获得的模拟均值高于情景 A。

综合以上分析可以看到，农业科技委员会的数据提高了模型模拟精度，同时提高了径流量及总磷负荷量的模拟值。空间数据精度的提高并不是模型效果改善的唯一或关键因素。不同来源土壤数据的处理方式是不同的，对比土壤类型分布

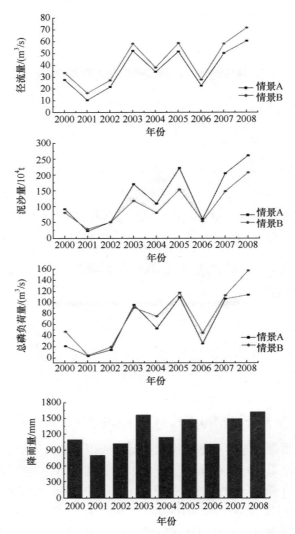

图 2.24　不同来源土壤图对应的径流量、泥沙量和总磷负荷量年均模拟结果及年降雨量分布

及土壤类型比例可知，两种来源的土壤数据的差异显著。因此模拟精度的提高可能源自土壤图对流域特征描述准确度的提高；此外，农科委提供的土壤数据土种类别多、板块离散程度高，使得情景 B 的 HRU 个数明显多于情景 A。SWAT 模型的调参通常是基于 HRU 进行的，从这个层面来说，情景 B 的调参较情景 A 是更为精细的，最终使得模型精度得到提高，相应的模拟值得到提高。

2) 空间数据来源对模拟结果不确定性影响

对提取 SWAT-CUP 率定过程中获得的多组模型模拟值进行不确定性分析。为了全面地对比分析不同来源对模拟不确定性的影响，在大宁河流域内进一步选择不同大小的汇水区，以探讨影响在不同尺度流域的差异性。考虑到各汇水单元的特殊性，选择 6 号、7 号、8 号、13 号及 22 号共 5 个亚流域出口进行不确定分析。其中，6 号、7 号、8 号、13 号和 22 号分别为西溪河、东溪河、后溪河、巫溪水文站所在流域和大宁河流域巫溪段的总出口。后溪河(8 号)位于大宁河流域一级水功能区内，从污染控制角度来看，应给予重点考虑与保护；分别统计以上汇水区在两种情景下的径流量、泥沙量和总磷负荷量的模拟结果，并计算多组模拟值的标准差及变异系数 CV，对其不确定性大小加以量化。

(1) 径流量。

计算不同汇水区径流量模拟结果的不确定性大小(多月平均)，如表 2.26 所示。由表可知，情景 A 条件下，不同汇水区径流量模拟的平均值为 9.63～42.31m³/s，标准差为 0.243～1.214m³/s；情景 B 条件下，径流量模拟的平均值为 11.79～48.96m³/s，标准差为 0.090～0.682m³/s。

从同一汇水区对比两种情景的不确定性大小(以 13 号亚流域出口为基础)可以看到，情景 A 的径流量模拟平均值小于情景 B，而模拟值的标准差大于情景 B。对 CV 而言，情景 A 的 CV 为 1.104，情景 B 的 CV 为 0.557，情景 A 大于情景 B，这表明情景 A 的模拟不确定性大于情景 B。

表 2.26　不同土壤输入情景下径流量模拟不确定性结果(多月平均)

模拟值	6 号汇水区		7 号汇水区		8 号汇水区		13 号汇水区		22 号汇水区	
	情景 A	情景 B	情景 A	情景 B	情景 A	情景 B	情景 A	情景 B	情景 A	情景 B
平均值	14.84	17.51	9.96	11.79	9.63	10.70	36.19	42.03	42.31	48.96
标准差	0.489	0.214	0.343	0.090	0.243	0.140	1.104	0.557	1.214	0.682
CV	0.037	0.014	0.039	0.011	0.031	0.015	0.034	0.016	0.032	0.017

不同汇水区的情况如图 2.25～图 2.29 所示，其分别对应 6 号、7 号、8 号、13 号和 22 号汇水区的逐月径流量模拟结果统计。图中，虚线代表月径流量模拟结果的平均值，误差线是模拟结果的标准差，柱状图代表模拟结果的 CV。

由图 2.25 可知，以 6 号汇水区为评估点，情景 A 条件下的径流量模拟平均值为 0.661(2008 年 2 月)～68.866m³/s(2007 年 6 月)，对应取得最小的标准差为 0.007m³/s (2008 年 2 月)和最大的标准差为 2.023m³/s(2007 年 6 月)，CV 为 0.006 (2006 年 5 月)～0.103(2006 年 8 月)。情景 B 条件下的径流量模拟平均值为 0.342(2006 年 1 月)～78.508m³/s(2007 年 6 月)，标准差为 0.006(2006 年 12 月)～1.358m³/s(2007 年 6 月)，CV 为 0.004(2004 年 3 月)～0.077(2005 年 12 月)。总的

来说，6 号汇水区在情景 A 条件下的径流量模拟不确定性大于情景 B。

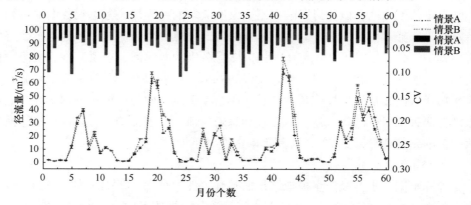

图 2.25　6 号汇水区不同土壤输入情景下的径流量模拟结果统计(2004.1～2008.12)

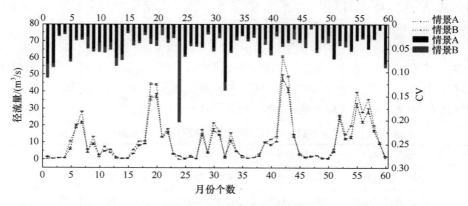

图 2.26　7 号汇水区不同土壤输入情景下的径流量模拟结果统计(2004.1～2008.12)

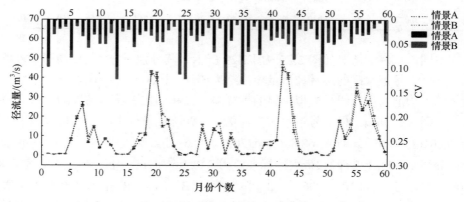

图 2.27　8 号汇水区不同土壤输入情景下的径流量模拟结果统计(2004.1～2008.12)

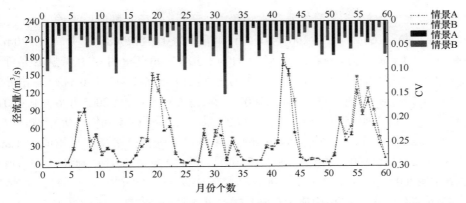

图 2.28　13 号汇水区不同土壤输入情景下的径流量模拟结果统计(2004.1～2008.12)

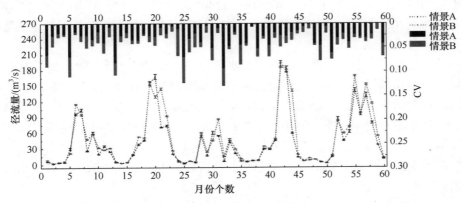

图 2.29　22 号汇水区不同土壤输入情景下的径流量模拟结果统计(2004.1～2008.12)

由图 2.26 可知,7 号汇水区在情景 A 条件下的径流量模拟平均值为 0.484(2005年 2 月)～48.151m³/s(2007 年 6 月),标准差为 0.007(2007 年 11 月)～1.897m³/s(2007年 6 月), CV 为 0.004(2007 年 11 月)～0.121(2006 年 8 月);在情景 B 条件下的径流量模拟平均值为 0.081(2005 年 12 月)～61.049m³/s(2007 年 6 月),标准差为 0.001(2006 年 1 月)～0.539m³/s(2005 年 8 月), CV 为 0.001(2008 年 3 月)～0.170(2005年 12 月)。总的来说, 7 号汇水区在情景 A 条件下所得径流量模拟的不确定性大于情景 B。

由图 2.27 可知,8 号汇水区在情景 A 条件下的径流量模拟平均值为 0.351(2008年 2 月)～44.557m³/s(2007 年 6 月),标准差为 0.004(2007 年 11 月)～1.206m³/s(2007年 7 月), CV 为 0.002(2008 年 11 月)～0.098(2005 年 1 月);在情景 B 条件下的径流量模拟平均值为 0.157(2006 年 1 月)～47.783m³/s(2007 年 6 月),标准差为 0.002(2004 年 3 月)～0.990m³/s(2007 年 6 月), CV 为 0.003(2007 年 3 月)～0.088(2005年 12 月)。总的来说,8 号汇水区在情景 A 条件下的径流量模拟不确定性大于情景 B。

由图 2.28 可知，13 号汇水区在情景 A 条件下的径流量模拟平均值为 1.526 (2008 年 2 月)～168.257m³/s(2007 年 6 月)，标准差为 0.018(2008 年 2 月)～4.900m³/s (2007 年 6 月)，CV 为 0.005(2008 年 11 月)～0.107(2006 年 8 月)；在情景 B 条件下的径流量模拟平均值为 0.639(2006 年 1 月)～179.888m³/s(2007 年 6 月)，标准差为 0.017m³/s(2006 年 12 月)～3.321m³/s(2007 年 6 月)，CV 为 0.004(2005 年 6 月)～0.072 (2005 年 12 月)。总的来说，13 号汇水区在情景 A 条件下的不确定性大于情景 B。

由图 2.29 可知，22 号汇水区在情景 A 条件下的径流量模拟平均值为 1.826 (2008 年 2 月)～190.889m³/s(2007 年 6 月)，标准差为 0.014(2008 年 2 月)～5.206m³/s(2007 年 6 月)，CV 为 0.001(2008 年 11 月)～0.095(2006 年 8 月)；在情景 B 条件下的径流量模拟平均值为 0.651(2006 年 1 月)～187.398m³/s(2007 年 6 月)，标准差为 0.011(2007 年 1 月)～4.464m³/s(2007 年 6 月)，CV 为 0.002(2007 年 1 月)～0.056(2005 年 12 月)。总的来说，22 号汇水区在情景 A 条件下的径流量模拟不确定性大于情景 B。

总的来看，对于不同情景、不同汇水区的径流量模拟不确定性，情景 B 小于情景 A。对比情景 A、B 率定所得的参数值范围发现，对径流量模拟影响最为敏感的参数包括 SOL_AWC、SOL_K 以及 CN2，其参数的最佳上下限宽度均是情景 A 大于情景 B。由此说明，缩小模型参数，尤其是关键参数的取值范围是降低模型模拟不确定性的重要方法。对同一情景的不同汇水区来说，随汇水区面积增加，其模拟不确定性(CV)呈逐渐增大的趋势，分析其原因可能是流域上下游关系所引起的误差的传递效应。

(2) 泥沙量。

不同汇水区的泥沙量模拟不确定性(多月平均)结果如表 2.27 所示。由表可知，在情景 A 条件下，不同汇水区泥沙量模拟的平均值为 136080(22 号汇水区)～26783t(8 号汇水区)，标准差为 1174(8 号汇水区)～3508t(22 号汇水区)；情景 B 条件下，泥沙量模拟的平均值为 17498(7 号汇水区)～99567t(22 号汇水区)，标准差为 1116(6 号汇水区)～3364t(13 号汇水区)。情景 A、B 条件下的 CV 分别为 0.044～0.201 及 0.035～0.135。以 13 号亚流域出口为基础可以看到，情景 B 的泥沙量模拟不确定性小于情景 A。

表 2.27 不同土壤输入情景下泥沙量模拟不确定性结果(多月平均)

模拟值	6 号汇水区		7 号汇水区		8 号汇水区		13 号汇水区		22 号汇水区	
	情景 A	情景 B	情景 A	情景 B	情景 A	情景 B	情景 A	情景 B	情景 A	情景 B
平均值	37837	23852	32839	17498	26783	31941	112310	87588	136080	99567
标准差	1583	1116	1265	2067	1174	1824	3299	3364	3508	3277
CV	0.057	0.042	0.201	0.135	0.068	0.075	0.047	0.040	0.044	0.035

不同汇水区的情况如图 2.30～图 2.34 所示。由图 2.30 可知，6 号汇水区在情景 A 条件下的泥沙量模拟平均值为 232(2008 年 2 月)～283261t(2007 年 6 月)，标准差最小为 7t(2004 年 2 月)、最大为 12284t(2005 年 8 月)，CV 为 0.005(2005 年 11 月)～0.138(2008 年 3 月)；在情景 B 条件下的泥沙量模拟平均值为 52(2006 年 1 月)～200476t(2007 年 6 月)，标准差为 2(2006 年 1 月)～11577t(2007 年 6 月)，CV 为 0.020(2004 年 4 月)～0.115(2005 年 12 月)。总的来说，6 号汇水区在情景 A 条件下所得结果的不确定性大于情景 B。

由图 2.31 可知，7 号汇水区在情景 A 条件下的泥沙量模拟平均值为 0.0001(2008 年 1 月)～263360t(2007 年 6 月)，对应取得的标准差最小为 0.0001t、最大为 8730t，CV 为 0.005(2006 年 1 月)～1.445(2005 年 2 月)；在情景 B 条件下的泥沙量模拟平均值为 0.0002～182644t(2007 年 6 月)，标准差为 0.00006(2005 年 12 月)～29544t(2008 年 4 月)，CV 为 0.002(2004 年 3 月)～0.624(2006 年 2 月)。总的来说，7 号汇水区在情景 A 条件下的泥沙量模拟不确定性大于情景 B。

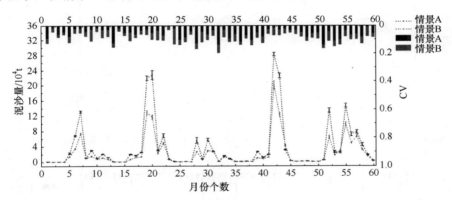

图 2.30　6 号汇水区不同土壤输入情景下的泥沙量模拟结果统计(2004.1～2008.12)

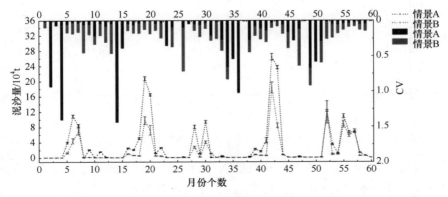

图 2.31　7 号汇水区不同土壤输入情景下的泥沙量模拟结果统计(2004.1～2008.12)

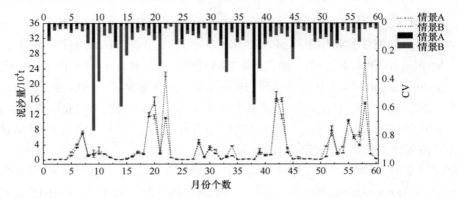

图 2.32　8 号汇水区不同土壤输入情景下的泥沙量模拟结果统计(2004.1~2008.12)

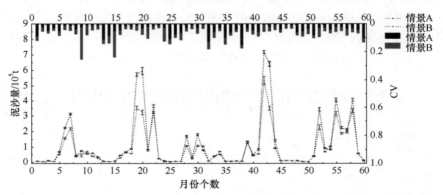

图 2.33　13 号汇水区不同土壤输入情景下的泥沙量模拟结果统计(2004.1~2008.12)

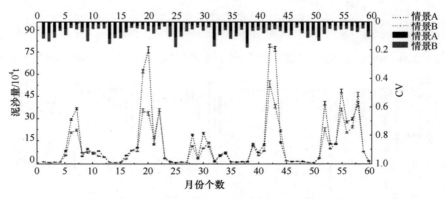

图 2.34　22 号汇水区不同土壤输入情景下的泥沙量模拟结果统计(2004.1~2008.12)

由图 2.32 可知，8 号汇水区在情景 A 条件下的泥沙量模拟平均值为 0.3(2005年 2 月)~157368t(2007 年 7 月)，标准差为 0.007(2005 年 2 月)~11632t(2005年 8 月)，CV 为 0.005(2005 年 11 月)~0.529(2007 年 2 月)；在情景 B 条件下的泥

沙量模拟平均值为 43(2005 年 12 月)～260894t(2008 年 10 月),标准差为 1.699(2006 年 1 月)～11122t(2007 年 6 月), CV 为 0.019(2007 年 1 月)～0.625(2004 年 9 月)。总的来说, 8 号汇水区在情景 B 条件下的泥沙量模拟不确定性大于情景 A。

由图 2.33 可知, 13 号汇水区在情景 A 条件下的泥沙量模拟平均值为 484 (2008 年 2 月)～712637t (2007 年 6 月), 标准差为 19(2004 年 2 月)～21839t(2005 年 8 月), CV 范围为 0.012(2006 年 7 月)～0.154(2007 年 2 月); 在情景 B 条件下的泥沙量模拟平均值为 203(2006 年 1 月)～531968t(2007 年 6 月), 对应取得的标准差最小为 8t、最大为 25904.19t, CV 最小值为 0.017、最大值为 0.229。总的来说, 13 号汇水区在情景 B 条件下的泥沙量模拟不确定性小于情景 A。

由图 2.34 可知, 22 号汇水区在情景 A 条件下的泥沙量模拟平均值为 376(2008 年 2 月)～788513t(2007 年 6 月), 标准差为 21(2008 年 2 月)～20727t(2005 年 8 月), CV 为 0.008(2005 年 11 月)～0.150(2007 年 2 月); 在情景 B 条件下的泥沙量模拟平均值为 129(2006 年 1 月)～530427t(2007 年 6 月), 标准差为 9(2008 年 2 月)～22684t(2007 年 6 月), CV 为 0.018(2005 年 6 月)～0.096 (2004 年 9 月)。总体来看, 22 号汇水区在情景 B 条件下的泥沙量模拟不确定性小于情景 A。

基于以上分析发现, 对于不同汇水区的泥沙量模拟不确定性, 情景 B 小于情景 A。与流量类似, 对泥沙量影响最为敏感的参数 SPCON 和 CH_COV 的范围均是情景 B 小于情景 A, 由此对应使得情景 B 条件下的模拟结果不确定性小于情景 A。缩小参数的范围可以使模拟结果不确定性得到降低。

对同一情景的不同汇水区分析可以看到, 两种情景下, 泥沙量模拟不确定性均以 7 号汇水区最大, 22 号最小。泥沙量模拟的影响因素较径流量模拟更为复杂, 出现随汇水区面积增大而呈现反向或波动变化, 这可能是由于不同汇水区土壤类型差别显著, 每一汇水区的不确定性除受误差传递影响以外还更大程度地受土壤数据影响。

(3) 总磷负荷量。

由于两种情景所得的总磷负荷量结果有明显差别, 选取模拟效果排名前 200 位的模拟值进行分析, 即实现保证一定精度前提下的模拟不确定性。以不同空间位置的汇水区为评估点的总磷模拟结果不确定性(多月平均)如表 2.28 所示。由表可知, 情景 A 条件下, 不同汇水区总磷负荷量模拟平均值为 778(8 号汇水区)～6439t(22 号汇水区), 标准差为 17(8 号汇水区)～123t(22 号汇水区), CV 为 0.03～0.05; 情景 B 条件下, 模拟平均值为 2136(8 号汇水区)～8104t(22 号汇水区), 标准差为 159(8 号汇水区)～626t(13 号汇水区), CV 为 0.06～0.09。以 13 号亚流域出口为基础对比两种情景的模拟不确定性大小可以看到, 与径流量与泥沙量不同, 情景 B 条件下的总磷负荷量模拟不确定性大于情景 A。

表 2.28　不同土壤输入情景下总磷负荷量模拟不确定性结果(多月平均)

模拟值	6号汇水区		7号汇水区		8号汇水区		13号汇水区		22号汇水区	
	情景A	情景B	情景A	情景B	情景A	情景B	情景A	情景B	情景A	情景B
平均值	2654	2972	2123	3854	778	2136	5385	8020	6439	8104
标准差	51	290	41	297	17	159	107	626	123	589
CV	0.04	0.09	0.05	0.08	0.05	0.09	0.04	0.07	0.03	0.06

　　不同汇水区的逐月的总磷负荷量模拟不确定性统计结果如图 2.35～图 2.39 所示。

　　由图 2.35 可知，6 号汇水区在情景 A 条件下的总磷负荷量模拟平均值为 0.47(2006 年 1 月)～22800t(2005 年 7 月)，标准差为 0.034(2006 年 1 月)～1297t(2007 年 6 月)，CV 为 0.019(2005 年 8 月)～0.495(2006 年 8 月)；在情景 B 条件下的总磷负荷量模拟平均值为 0.31(2006 年 1 月)～19691t(2008 年 4 月)，最小标准差为 0.022t，最大标准差为 5350t，CV 为 0.027(2007 年 12 月)～0.375(2004 年 9 月)。总体来看，6 号汇水区在情景 A 条件下的总磷负荷量模拟不确定性小于情景 B。

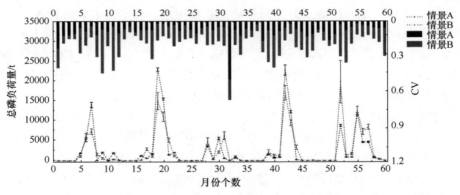

图 2.35　6 号汇水区不同土壤输入情景下的总磷负荷量模拟结果统计(2004.1～2008.12)

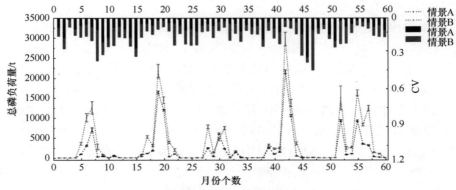

图 2.36　7 号汇水区不同土壤输入情景下的总磷负荷量模拟结果统计(2004.1～2008.12)

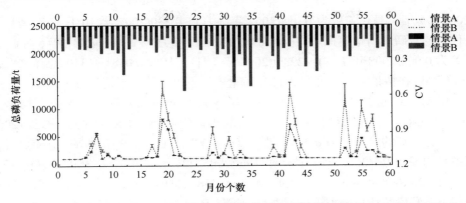

图 2.37　8 号汇水区不同土壤输入情景下的总磷负荷量模拟结果统计(2004.1～2008.12)

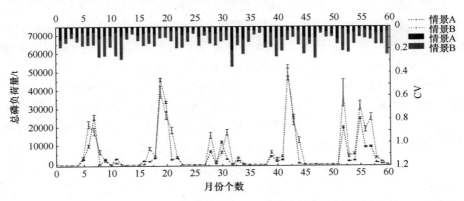

图 2.38　13 号汇水区不同土壤输入情景下的总磷负荷量模拟结果统计(2004.1～2008.12)

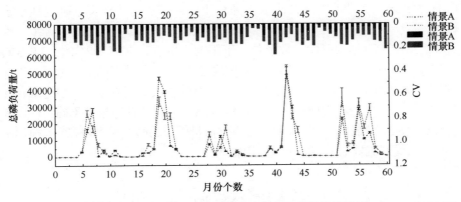

图 2.39　22 号汇水区不同土壤输入情景下的总磷负荷量模拟结果统计(2004.1～2008.12)

由图 2.36 可知，7 号汇水区在情景 A 条件下的总磷负荷量模拟平均值最小为 0.12t(2006 年 1 月)、最大为 21503t(2007 年 6 月)，标准差为 0.01(2006 年 1 月)～

520t(2004 年 7 月)，CV 为 0.018(2004 年 3 月)~0.330(2007 年 10 月)；在情景 B 条件下的总磷负荷量模拟平均值为 0.02(2005 年 12 月)~29666t(2007 年 6 月)，标准差为 0.002(2008 年 1 月)~2986t(2008 年 4 月)，CV 为 0.038~0.340。总体来看，7 号汇水区在情景 A 条件下的总磷负荷量模拟不确定性小于情景 B。

由图 2.37 可知，8 号汇水区在情景 A 条件下的总磷负荷量模拟平均值为 0.15(2006 年 1 月)~7284t(2005 年 7 月)，标准差为 0.006(2006 年 1 月)~532t(2007 年 6 月)，CV 的最小值为 0.020、最大值达 0.329；在情景 B 条件下的总磷负荷量模拟平均值为 0.1(2006 年 1 月)~13196t(2005 年 7 月)，标准差为 0.01(2006 年 1 月)~2142t(2008 年 4 月)，CV 为 0.036~0.458。总体来看，8 号汇水区在情景 A 条件下的总磷负荷量模拟不确定性小于情景 B。

由图 2.38 可知，13 号汇水区在情景 A 条件下的总磷负荷量模拟平均值为 2(2006 年 1 月)~49723t(2007 年 6 月)，最小标准差为 0.05t，最大标准差为 2126t，CV 为 0.016(2007 年 1 月)~0.209(2006 年 8 月)；在情景 B 条件下的总磷负荷量模拟平均值为 2(2006 年 1 月)~49688t(2007 年 6 月)，标准差最小为 0.06t(2006 年 1 月)、最大为 7407t(2008 年 4 月)，CV 为 0.026(2008 年 2 月)~0.205(2004 年 12 月)。总体来看，13 号汇水区在情景 A 条件下的总磷负荷量模拟不确定性小于情景 B。

由图 2.39 可知，22 号汇水区在情景 A 条件下的总磷负荷量模拟平均值为 3(2006 年 1 月)~51257t(2007 年 6 月)，标准差为 0.07(2006 年 1 月)~2235t(2007 年 6 月)，CV 为 0.018(2005 年 8 月)~0.125(2004 年 4 月)；在情景 B 条件下的总磷负荷量模拟平均值为 3(2006 年 1 月)~50558t(2007 年 6 月)，标准差为 0.13(2006 年 1 月)~5494t(2008 年 4 月)，CV 为 0.021(2006 年 12 月)~0.180(2008 年 12 月)。总体来看，22 号汇水区在情景 A 条件下的总磷负荷量模拟不确定性小于情景 B。

对比总磷负荷量敏感的参数最佳上下限宽度发现，SOL_ORGP、PPERCO、PHOSKD、RCHRG_DP 以及 SOL_SOLP 均是情景 B 条件下的参数宽度大于情景 A。根据对不确定性大小的原因分析可知，较宽的参数范围将导致模拟结果存在较大不确定性。此外，与泥沙量类似，不同汇水区的总磷负荷量模拟不确定性以 8 号汇水区最大，22 号最小。上述表明了总磷负荷量模拟的影响因素众多，其模拟不确定性不仅仅受到流域上下游的传递作用影响。

2.6　不同输入数据的匹配性

近年来，针对输入信息的不确定性研究主要关注于 DEM 分辨率变化、土地利用/覆被情景变化等单一输入信息变化对非点源负荷模拟结果的影响，鲜有关于多种输入信息空间尺度不匹配性综合影响的研究。

　　DEM、土地利用、土壤类型作为非点源模型的重要输入信息，对水文水质模拟结果有较大影响。但受到信息获取和遥感解译技术等方面的限制，目前研究常用的 DEM、土地利用、土壤类型图分辨率不一致，因此采用不同分辨率的空间图形作为模型的输入信息，会给模拟结果带来一定的不确定性。本节通过研究 SWAT 模型的空间输入图形不匹配性对模拟结果的影响，探寻适合大宁河流域非点源污染模拟的输入信息组合，为进一步提高该流域非点源污染模拟精度提供参考。

2.6.1　分析方法

1. 重采样方法

　　利用 ArcGIS 重采样工具，采用双线性内插法将上述 SWAT 模型的输入图形分别重采样生成其他分辨率的新图形(表 2.29)。考虑到研究结果的普适性，采用了全国通用的 1∶100 万土壤类型图，相比于 DEM 和土地利用图分辨率的变化，土壤类型图分辨率的变化对模拟结果的影响微乎其微，且本节所采用的初始土壤类型图分辨率已经较低(1∶100 万)，因此不再对土壤类型图进行分辨率的调整。

表 2.29　重采样生成的 DEM、土地利用图和土壤类型图的分辨率

类型	图形分辨率			
DEM	1∶5 万	1∶10 万	1∶25 万	1∶100 万
土地利用图	—	1∶10 万	1∶25 万	1∶100 万
土壤类型图	—	—	—	1∶100 万

2. 正交试验设计

　　正交试验设计是一种研究多因素试验问题的重要数学方法，即用正交表来安排试验，并利用正交表的特点对试验结果进行计算分析，从而找出较优的试验方案，它对于多因素、多水平的试验具有设计简便、节省试验单元且统计效率高等特点。由于包含三类主要输入图形，而每类图形又有多个不同的分辨率，为减少重复研究并利于后续数据分析，采用正交试验设计方法，利用 SPSS 软件 "Orthogonal Design" (正交设计模块)对 SWAT 模型的多种输入图形进行设计组合。输入图形的三因素四水平试验表如表 2.30 所示，获取研究组合见表 2.31。

表 2.30　输入图形的三因素四水平表

水平	因素		
	DEM	土地利用	土壤类型
1	1：5 万*	—	—
2	1：10 万	1：10 万*	—
3	1：25 万	1：25 万	—
4	1：100 万	1：100 万	1：100 万*

*为初始输入图形分辨率。

表 2.31　不同分辨率的空间图形组合

类型	组合 1	组合 2	组合 3	组合 4	组合 5	组合 6	组合 7	组合 8	组合 9	组合 10	组合 11	组合 12
DEM	1：5 万	1：5 万	1：5 万	1：10 万	1：10 万	1：10 万	1：25 万	1：25 万	1：25 万	1：100 万	1：100 万	1：100 万
土地利用	1：10 万	1：25 万	1：100 万	1：10 万	1：25 万	1：100 万	1：25 万	1：100 万	1：10 万	1：25 万	1：100 万	
土壤类型	1：100 万	1：100 万	1：100 万	1：100 万	1：100 万	1：100 万	1：100 万	1：100 万	1：100 万	1：100 万	1：100 万	1：100 万

注：组合 1 为调参所用基础数据。

3. 评价指标

以上面十二种不同分辨率的图形组合作为模型的输入，通过获取模拟结果并比较结果的相对误差 Re 和变异系数 CV，来研究不同分辨率输入组合对流域特征参数、产流产沙量以及非点源污染负荷模拟结果的影响。

相对误差公式见式(2.11)。

本节采用最佳模拟值作为计算 Re 的基准，是因为模拟结果的不确定性还包括模型结构自身带来的不确定性，如果和实测值比较，则无法单独获取输入信息的改变带来的影响，而用最佳模拟值进行比较，则可以忽略其他不确定性，仅观察输入变化的影响。变异系数 CV 的计算方法详见式(2.12)。

2.6.2　研究结果

1. 模拟结果误差分析

采用不同输入组合得到的径流量、泥沙量、总磷负荷量、吸附态氮负荷量和溶解态氮负荷量的多年平均值及其相对误差见表 2.32。结果显示，DEM 和土地利用图分辨率的变化对各非点源污染负荷模拟结果的影响略有差异。其中，DEM 对非点源污染负荷的模拟结果影响较大，对土地利用图的影响较小。

表 2.32　DEM 和土地利用图对径流量、泥沙量和总磷负荷量等模拟的影响

DEM		径流量/(m³/s)			泥沙量/10⁴t			总磷负荷量/t			吸附态氮负荷量/t			溶解态氮负荷量/t		
		1：10万	1：25万	1：100万	1：10万	1：25万	1：100万	1：10万	1：25万	1：100万	1：10万	1：25万	1：100万	1：10万	1：25万	1：100万
1：5万																
	年均值	44.29	44.29	44.29	3494	3498	3514	146.3	164.6	147.4	857.3	760.6	763.2	2687.1	2702.1	2697.5
	Re绝对值	0.000	0.007	0.003	0.000	0.104	0.544	0.00	14.61	1.15	0.00	0.24	0.40	0.00	0.61	0.43
1：10万																
	年均值	44.19	44.19	44.19	3506	3510	3526	136.4	139.8	136.0	754.4	752.9	756.7	2676.8	2674.5	2689.4
	Re绝对值	0.22	0.22	0.22	1.02	0.99	1.09	7.40	4.47	7.64	0.65	0.66	0.75	0.77	0.62	0.73
1：25万																
	年均值	44.13	44.14	44.14	4167	4670	4684	164.6	137.2	148.8	787.0	791.0	795.8	2736.3	2713.2	2729.7
	Re绝对值	0.37	0.35	0.35	19.18	33.57	33.85	10.26	9.04	3.33	4.30	4.51	5.23	1.99	1.43	1.80
1：100万																
	年均值	43.37	43.37	43.38	3659	3661	3683	124.4	125.2	126.5	741.6	739.0	744.5	2619.3	2624.4	2650.2
	Re绝对值	2.09	2.09	2.08	6.89	6.89	7.42	15.80	15.10	14.05	3.47	3.54	3.44	2.20	2.03	1.95

对径流量而言，在相同分辨率的土地利用图前提下，随着 DEM 分辨率的降低，径流量模拟值逐渐减小，而模拟结果误差则呈现先增大再减小的趋势，例如，当土地利用图分辨率分别为 1：10 万和 1：25 万时，径流量模拟值均从 $44.29\text{m}^3/\text{s}$ 增加到 $44.37\text{m}^3/\text{s}$，误差绝对值均从 0 增大到 2.09%。这主要是因为较低的分辨率降低了地形数据的空间异质性，使流域内高程的变化趋于不明显，影响了流域特征参数的提取。DEM 分辨率对流域地形参数的影响如表 2.33 所示，DEM 分辨率的降低导致流域面积和河道平均坡度减小，对 SCS 模型中决定径流量的主要参数 CN2 值的变化有一定影响，从而使模拟径流量越来越小。同时，研究区地势高峻，约有 41%的地区坡度在 35°以上，有 32%的地区坡度在 25°～35°，20%的地区坡度在 15°～25°，7%的地区坡度在 5°～15°。从参数的物理意义角度来看，高分辨率 DEM 所得到的空间参数更能反映流域地形的实际情况。获取高分辨率的 DEM 所需的处理工作量也较大，从参数物理意义和模拟精度角度来看，其更适合大宁河流域流量的模拟。在相同 DEM 分辨率前提下，随着土地利用图分辨率的降低，流量模拟结果几乎没有变化，仅当 DEM 分辨率为 1：100 万时，年均流量的模拟值增加了 $0.01\text{m}^3/\text{s}$，说明土地利用类型的变化对流量模拟影响较小。

表 2.33　不同 DEM 分辨率下的流域地形参数统计表

DEM 分辨率	流域平均高程/m	流域面积/km²	子流域数目	平均坡度/(°)	地形指数
1：5 万	1286.70	2348.27	20	26.90	5.77
1：10 万	1286.69	2346.48	20	26.86	6.07
1：25 万	1286.67	2312.04	20	26.51	6.92
1：100 万	1285.42	2297.46	20	23.46	7.79

对泥沙量而言，随着 DEM 分辨率的降低，模拟值和相对误差均有所增加，呈先增大后减小的趋势；随着土地利用分辨率的降低，模拟值和相对误差逐渐增大，这是因为当土地利用图分辨率变化时，流域内农田、林地、草地、水域和居住地的面积也随之变化。由表 2.34 可知，当土地利用图分辨率降低时，除林地和居住地面积有所减少外，其他土地利用类型面积均有所增加。林地转化为农田，导致更少的下渗率和更大的地表径流，从而增大了径流量和泥沙量的模拟结果。当 DEM 和土地利用图分辨率分别为 1：25 万和 1：100 万时，有最大模拟值 4684kt，此时相对误差也达到最大值 33.85%。

表 2.34 不同年份的土地利用类型统计 (单位：km²)

土地利用类型	1：10 万	1：25 万	1：100 万
农田	622.88	623.37	623.37
林地	1431.93	1431.32	1430.66
草地	347.33	347.38	347.71
水域	11.61	11.61	11.66
居住地	4.35	4.35	4.24
合计	2418.08	2418.02	2417.64

对总磷负荷量而言，其模拟值随 DEM 和土地利用图分辨率的降低呈波动变化趋势，介于 124.4～164.6t，当 DEM 和土地利用图分辨率分别为 1：5 万和 1：100 万时，获得的模拟值较为精确，此时相对误差最小，仅为 1.15%。图 2.40 是不同输入组合的多年总磷负荷量模拟结果，从图中可知，对多数组合而言，总磷负荷量大的年份，其相对误差较小，反之亦然。然而，总磷模拟结果规律性不强，与泥沙负荷量也无明显关系，这是因为总磷的模拟受多个影响因子共同作用，具有高土壤侵蚀强度的区域不一定是磷素流失的高危险区或潜在关键源区，只有与高危险性的磷素流失"源"因子(如土壤有效磷含量、磷肥施用率等)同时存在，才会对农业非点源污染磷素流失产生很大的影响，磷素流失率也高。

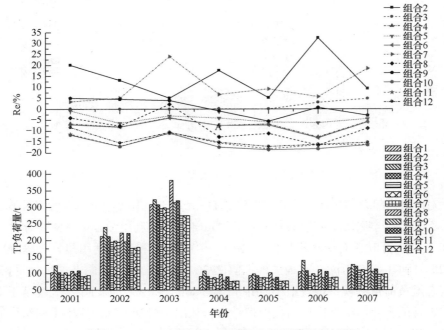

图 2.40 基于不同输入组合的总磷负荷量模拟结果图

对吸附态氮而言，其模拟值随 DEM 和土地利用图分辨率的降低波动变化，介于 739.0 至 857.3t 之间。当 DEM 和土地利用图分辨率分别为 1∶5 万和 1∶25万时，获得的模拟值较为精确，此时相对误差最小，仅为 0.24%。和总磷负荷量相比，吸附态氮负荷量的模拟误差均较小，为 0.24%～5.23%。图 2.41 是基于不同输入组合的多年吸附态氮负荷量模拟结果，从图中可直观看出，同一年中不同组合的模拟结果相差不大；在 2003 年，吸附态氮负荷量最大，此时其相对误差也较大。对于 DEM 分辨率相同但土地利用分辨率不同的三种组合(如组合 4、组合 5 和组合 6)，其相对误差的变化趋势一致，且相对误差也非常接近，说明 DEM分辨率直接影响到吸附态氮负荷量的模拟结果及其变化趋势，而土地利用分辨率的影响则较小。

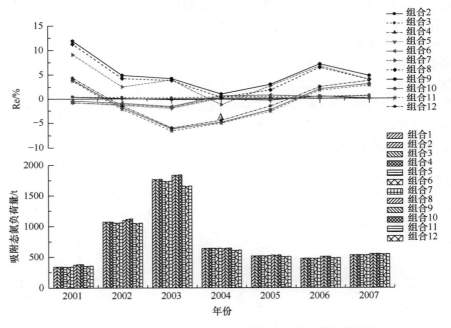

图 2.41　基于不同输入组合的总吸附态氮负荷量模拟结果图

对溶解态氮负荷量而言，其模拟值随 DEM 和土地利用图分辨率的降低波动变化，变化趋势与吸附态氮负荷量一致。当 DEM 和土地利用图分辨率分别为 1∶100万和 1∶10 万时，有最小模拟值 2619.3t；当 DEM 和土地利用图分辨率分别为1∶25 万和 1∶10 万时，有最大模拟值 2736.3t。和总磷及吸附态氮负荷量相比，溶解态氮负荷量的模拟误差最小，介于 0.43% 至 2.20% 之间。图 2.42 是基于不同输入组合的多年溶解态氮负荷量模拟结果，从图中可知，同一年中不同组合的模拟结果相差不大；在 2003 年，吸附态氮负荷量最大，此时其相对误差也较大。

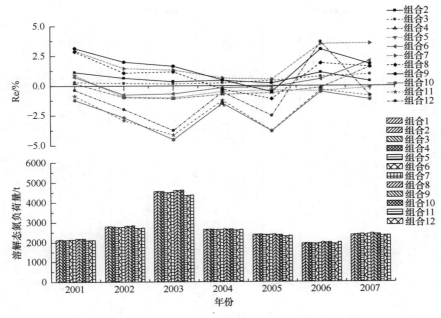

图 2.42　基于不同输入组合的溶解态氮负荷量模拟结果图

此外, 在用同一组合作为模型输入信息(即相同分辨率的 DEM 和土地利用图)时, 径流量模拟值的相对误差最小, 吸附态氮和溶解态氮负荷量模拟值的相对误差较大, 而泥沙量和总磷负荷量模拟值的相对误差最大, 这是因为误差的放大作用, 即使在径流量模拟相对误差较小的情况下, 也会导致泥沙和营养负荷误差较大。

2. 模拟结果正交影响

DEM 和土地利用图对 SWAT 模拟的正交影响分析结果见表 2.35～表 2.37。选取 DEM 和土地利用图作为单因素自变量, 径流量、泥沙量、总磷量、吸附态氮负荷量和溶解态氮负荷量模拟结果的相对误差作为因变量进行分析。由表 2.35 可知, 不同水平的 DEM 分辨率对各因变量的影响均不一样, 表中"均数"一列表示自变量对因变量的影响程度, 其绝对值越大说明影响越大。对径流量而言, 不同水平的 DEM 分辨率对模拟误差影响强弱依次为: 1∶100 万>1∶25 万>1∶10 万>1∶5 万, 即当 DEM 分辨率为 1∶100 万时, 其对径流量模拟误差的影响最大, 而当 DEM 分辨率为 1∶5 万时, 其对模拟误差的影响最小; 当 DEM 分辨率分别为 1∶25 万和 1∶5 万时, 对泥沙量模拟误差的影响分别为最大和最小; 当 DEM 分辨率分别为 1∶100 万和 1∶25 万时, 其对总磷负荷量模拟误差的影响分别为最大和最小。DEM 分辨率对吸附态氮负荷量模拟误差的影响与泥沙量一致, 当分

表 2.35　DEM 对模拟结果影响的单因素统计量表

DEM	径流量			泥沙量			总磷负荷量			吸附态氮负荷量			溶解态氮负荷量		
	均数	95%置信区间 下限	上限	均数	95%置信区间 下限	上限	均数	95%置信区间 下限	上限	均数	95%置信区间 下限	上限	均数	95%置信区间 下限	上限
1:5万	0.001	-0.009	0.011	0.216	-5.576	6.008	5.233	-4.876	15.343	0.15	-0.214	0.514	0.347	-0.277	0.971
1:10万	-0.22	-0.23	-0.21	0.24	-5.552	6.031	-6.506	-16.616	3.603	-0.396	-0.760	-0.032	-0.130	-0.754	0.495
1:25万	-0.353	-0.363	-0.343	28.867	23.076	34.659	0.821	-9.288	10.931	4.556	4.192	4.920	1.552	0.928	2.177
1:100万	-2.087	-2.097	-2.077	6.527	0.736	12.319	-14.983	-25.093	-4.874	-0.853	-1.217	-0.489	-1.713	-2.337	-1.088

表 2.36　土地利用对模拟结果影响的单因素统计量表

土地利用图	径流量				泥沙量				总磷负荷量				吸附态氮负荷量				溶解态氮负荷量			
	均数	95%置信区间 下限	上限	P值	均数	95%置信区间 下限	上限	P值	均数	95%置信区间 下限	上限	P值	均数	95%置信区间 下限	上限	P值	均数	95%置信区间 下限	上限	P值
1:10万	-0.669	-0.678	-0.66	0.000	6.37	1.355	11.386	0.000	-3.236	-11.991	5.518	0.049	0.642	0.327	0.957	0.000	-0.118	-0.658	0.423	0.001
1:25万	-0.666	-0.675	-0.657	0.217	10.033	5.017	15.048	0.361	-3.348	-12.103	5.407	0.928	0.683	0.368	0.998	0.024	-0.191	-0.732	0.350	0.248
1:100万	-0.689	-0.668	-0.651	—	10.484	5.469	15.5	—	-4.992	-13.747	3.763	—	1.268	0.953	1.583	—	-0.351	-0.189	0.892	—

表 2.37　目标检验结果的方差分析表

来源	径流量			泥沙量			总磷负荷量			吸附态氮负荷量			溶解态氮负荷量		
	离差平方和	均方	P值	离差平方和	均方	P值	离差平方和	均方	P值	离差平方和	均方	P值	离差平方和	均方	P值
DEM	8.21	2.76	0.000	1664.2	554.7	0.000	706.0	235.3	0.049	56.03	18.68	0.000	16.44	5.48	0.001
土地利用	0.00	9.90	0.217	40.7	20.4	0.361	7.73	3.87	0.928	0.98	0.49	0.024	0.69	0.35	0.248
误差	0.00	4.97	—	100.8	16.8	—	307.2	51.2	—	0.40	0.07	—	1.17	0.20	—
总值	8.29	—	—	1805.7	—	—	1021.0	—	—	66.38	—	—	18.31	—	—

辨率分别为 1：25 万和 1：5 万时，对吸附态氮负荷量的影响分别达到最大和最小；DEM 分辨率对溶解态氮负荷量模拟误差的影响与流量一致，在 DEM 分辨率为 1：100 万时，其对溶解态氮负荷量模拟误差的影响最大，而当 DEM 分辨率为 1：5 万时，其对径流量模拟误差的影响最小。这是因为吸附态氮主要随泥沙进入河道，因此与流域产沙量的变化较为一致；溶解态氮主要以溶解态硝氮和氨氮的形式进入河道，因此受流域产流量的影响较大；总磷负荷除了部分以溶解态磷酸盐形式进入河道外，很大一部分以吸附态磷、无机磷和有机磷的形式随泥沙进入水体，因此总磷既受流域产流量的影响，也受流域产沙量的影响，具有较大的不确定性。

土地利用对径流量、泥沙量、总磷负荷量、吸附态氮负荷量和溶解态氮负荷量模拟误差的影响见表 2.36，由表 2.36 可知，不同分辨率水平的土地利用图对以上各非点源污染负荷的影响强弱顺序一致，均为 1：100 万>1：25 万>1：10 万，说明土地利用图分辨率越低，对非点源污染负荷模拟误差的影响越大。

表 2.37 给出了将径流量、泥沙量、总磷负荷量、吸附态氮负荷量和溶解态氮负荷量作为检验目标的方差分析结果。由表可知，在 0.05 检验水平条件下，DEM 分辨率对径流量、泥沙量和总磷负荷量模拟误差均有显著性影响(P 值分别等于 0.000、0.000、0.049、0.000 和 0.001，均小于 0.05)。从 DEM 分辨率影响的离差平方和与总值离差平方和的比例可得知，DEM 分辨率对径流量、泥沙量、总磷荷量、吸附态氮负荷量和溶解态氮负荷量的影响分别占总影响(此处总影响包括 DEM、土地利用和误差的影响)的 99.0%，92.2%、69.1%、84.4%和 89.8%；而土地利用图分辨率对以上三种因变量的影响较小(除吸附态氮外，其余负荷的 P 值均大于 0.05)。综合单因素影响检验和方差统计表结果及可利用资源，若要在三峡库区大宁河流域获取较为精确的非点源污染负荷模拟结果，土地利用图的分辨率越大则效果越好。针对径流量、泥沙量和吸附态氮负荷量的模拟，DEM 分辨率为 1：5 万时模拟结果更理想；针对总磷负荷量模拟，DEM 分辨率为 1：25 万时的模拟结果比较理想；针对溶解态氮负荷量模拟，DEM 分辨率为 1：10 万时能取得较好的模拟结果。

3. 模拟结果不确定性分析

采用不同的空间图形输入组合会给模拟结果带来一定的不确定性，通过年均模拟结果的标准差和 CV，能量化其不确定性大小。

不同年份的径流量模拟结果见表 2.38。由表可知，不同年份的径流量模拟平均值为 31.58～68.27m³/s，径流量标准差为 0.257～0.537m³/s，均为 2006 年最低，2003 年最高，可见径流量的模拟平均值越大，其标准差也越大。径流量的 CV 均较小，为 0.007～0.011，多年平均 CV 仅为 0.008，说明输入信息的不匹配性对径流量模拟结果的影响较小。

表 2.38 基于不同输入组合的径流量模拟结果不确定性

年份	2001	2002	2003	2004	2005	2006	2007
平均值/(m³/s)	34.73	40.93	68.27	49.91	40.07	31.58	42.51
标准差/(m³/s)	0.372	0.363	0.537	0.449	0.289	0.257	0.291
CV	0.011	0.009	0.008	0.009	0.007	0.008	0.007

采用不同输入组合得到的泥沙量、总磷负荷量、吸附态氮负荷量和溶解态氮负荷量模拟的统计结果见图 2.43。图中的实线代表总磷年负荷量模拟结果的平均值，误差线代表模拟结果的标准差，柱状图代表模拟结果的变异系数 CV。由图可知，泥沙量模拟值变化趋势与径流量相似，在 2003 年有最大值 6853t，在 2006 年有最小值 2256t，标准差为 226.3(2006 年)～859.2t(2003 年)。而泥沙的 CV 相比径流量则增大了 14 倍左右，多年平均 CV 为 0.115，可见输入信息的不匹配性对泥沙量模拟的影响远远大于对径流量的影响。

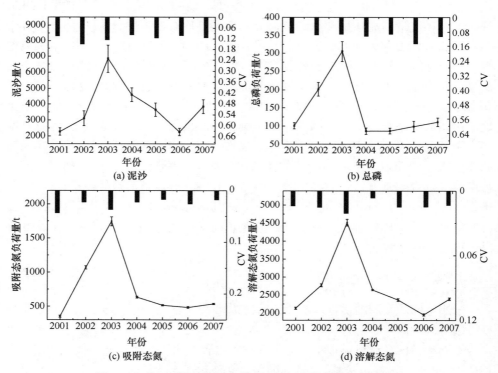

图 2.43 基于不同输入组合的非点源污染负荷模拟结果统计

巫溪水文站总磷负荷量的模拟值为 86.2(2004 年)～305.1t(2003 年)，标准差为 7.94(2005 年)～28.08(2003 年)，断面的多年平均 CV 为 0.103，比泥沙量模拟值略低。各年的断面平均 CV 在 0.086~0.146，是径流量 CV 的 13 倍左右，其中 2001 年最低，2006 年最高，说明输入信息的不匹配性对总磷负荷量模拟的影响亦不容忽视。

吸附态氮负荷量的模拟值为 351.2(2001 年)~175.8t(2003 年)，标准差为 8.80 (2005 年)~65.01t(2003 年)，各年的断面平均 CV 在 0.022(2003 年)~0.044(2001 年)，且模拟值越大的年份，其 CV 相对越小，断面的多年平均 CV 为 0.027，低于泥沙量和总磷负荷量模拟的 CV，说明输入信息的不匹配性对吸附态氮负荷量模拟的影响较泥沙量、总磷负荷量而言较小。

溶解态氮负荷量模拟值的变化趋势与吸附态氮相似，在 2003 年有最大值 4515.7t，在 2006 年有最小值 1956.7t，标准差为 29.00(2006 年)~93.82t(2003 年)。溶解态氮负荷量的 CV 为吸附态氮负荷量的 CV 的一半左右，多年平均 CV 仅为 0.014，可见输入信息的不匹配性对溶解态氮负荷量模拟的影响小于其对泥沙量、总磷负荷量和溶解态氮负荷量模拟的影响。

2.7　输入数据不确定性的综合分析

结合大宁河流域非点源污染模拟的其他相关研究成果(宫永伟，2010)，对土地利用、DEM、空间数据不匹配性、降雨数据的空间分布、降雨数据的测量误差以及监测数据的测量误差等非点源污染模拟的主要输入不确定性来源进行综合统计。以变异系数 CV 作为比较不确定性大小的指标，来描述不同输入信息类型对径流量、泥沙量、总磷负荷量、吸附态氮负荷量和溶解态氮负荷量模拟结果不确定性的影响。

不同输入信息类型的 CV 均值统计结果见表 2.39。由表可知，在已有的研究结果中，对径流量模拟结果不确定性影响最大的输入类型是监测数据测量误差，其 CV 为 0.140，其次是降雨的空间分布变异性，CV 为 0.065，空间数据不匹配性和降雨测量误差对径流模拟的影响较小，CV 分别仅有 0.008 和 0.004；不同输入信息类型对泥沙量模拟结果不确定性影响的顺序与径流量一致，泥沙监测数据的测量误差影响最大(CV 为 0.241)，降雨空间分布变异性次之(CV 为 0.156)，空间不匹配性和降雨测量误差影响较小(CV 分别为 0.014 和 0.115)；在总磷负荷量的研究结果中，除以上几类不确定性来源外，还包括土地利用、DEM、作物管理措施的影响，其中，对总磷负荷量模拟结果不确定性影响较大的有总磷监测数据测量误差(CV 为 0.223)、DEM 的分辨率(CV 为 0.022)和降雨空间分布(CV 为 0.162)；对于吸附态氮负荷量和溶解态氮负荷量的模拟结果不确定性，降雨空间分布的影响远大于其他不确定性影响因素，其 CV 分别是空间不匹配性和降雨测量误差影响的 10 倍和 20 倍左右。

从表 2.39 还可以看出，模拟结果不确定性的大小与模拟对象有关，总磷负荷量模拟结果的不确定性最大，吸附态氮负荷量和溶解态氮负荷量次之，径流量模拟结果的不确定性最小，这与非点源污染的形成机理和过程密切相关。径流量的模拟结果主要只受降雨的影响，因此其不确定性最小，泥沙和非点源污染负荷的产生除受降雨影响外，还受到研究区内高程、坡度、河道、土地利用类型和土壤类型等复杂因素的影响，反映到 SWAT 模型内部为：与径流量相关的参数较少，与土壤侵蚀相关的参数较多，而与氮磷负荷产生、迁移相关的参数数量是径流量的数倍。由于较多模型参数的综合影响，模拟结果具有较大的不确定性。

表 2.39　不同输入信息类型的 CV 均值统计结果

输入不确定性来源		CV					参考来源
		径流	泥沙	总磷	吸附态氮	溶解态氮	
土地利用		—	—	0.013	—	—	宫永伟，2010
DEM		—	—	0.022	—	—	宫永伟，2010
作物管理措施		—	—	0.005	—	—	宫永伟，2010
空间不匹配性		0.008	0.115	0.103	0.027	0.014	本书 3.2.2 节
降雨	空间分布	0.065	0.156	0.162	0.269	0.217	本书 3.1.2 节
	测量误差	0.004	0.014	0.029	0.021	0.010	本书 4.1.2 节
监测数据测量误差		0.140	0.241	0.223	—	—	本书 4.2.3 节

总体而言，降雨空间分布对各模拟结果的影响均较大，特别是与降雨的测量误差相比其影响要大数倍，这是因为在流域尺度上，降雨空间分布不确定性会导致流域内某点的降雨量有较大的变化，而降雨的测量误差仅影响该点雨量值的 6.52%，因此对降雨空间分布的精确描述是流域非点源污染模拟最重要的基础，对保证模拟结果的准确性具有重要意义。

此外，针对不同的模拟对象，影响其模拟结果不确定性的主要输入信息的类型不一致，说明若在大宁河流域开展非点源污染模拟的相关研究，在准备输入数据时，需根据不同的模拟对象和模拟需求而有所侧重。针对径流量、泥沙量和总磷负荷量，为使模拟结果不确定性较小，需首先保证这三类监测数据的精度，尽量减小监测过程中引入的测量误差，可从人员操作规范、仪器改进等方面入手；针对吸附态氮和溶解态氮等氮负荷量的模拟，则需保证降雨分布具有较小的变异性，可利用考虑高程的协克里金法等较为精确的雨量赋值方法对降雨数据进行插值，从而获得更为精确的流域降雨分布情况。

2.8　输入数据不确定性的降低方法

2.8.1　多源数据融合方法

存在多种数据时，采用多源数据融合方法。多源数据融合是指通过特定的方法对不同类型信息来源或关系数据进行综合分析，最终可以利用所有信息共同揭示研究对象的特征，弥补单一数据类型与单一关系类型在揭示研究领域实体间关联中的不足，以获取更全面、客观的计量结果。在多源数据融合系统当中，通过模仿人脑处理复杂信息过程，各类传感器提供的多源信息与数据可能具有各不相同的特性或特征，而这些特性或特征也是多样的，可能是相互支持或互补的，确定或模糊的，还有可能是冲突矛盾的，具有差异性。当获取传感器观测到信息后，通过有效筛选信息，把它在时空上互补和冗余的信息按照某种组合规则进行优化处理，多方位、多层次的数据化处理后获得对监测目标的理解、认知以及更多有价值的信息，并且获得比它的各个部分所构成的系统更高质量的性能，作为最后协同作用的结果，可以达到提高信息综合利用率以及整个系统的有效性的目的。多源数据融合技术能够在多层次上综合处理不同类型的信息和数据，处理的对象可以是属性、数据及证据等。

随着国内外对数据融合技术研究的不断深入，各种融合模型被相继提出，其中较为常见的模型为功能模型、数学模型和结构模型。而数据关联算法作为数据融合理论的关键之一，关联质量与效果的优劣关系到融合系统对融合结果的处理。在数据关联技术方面，许多研究人员对其作了多角度多方面研究，相继提出了各种数据关联算法。这些算法大致可分为两类：①基于概率论的方法，包括最近邻方法、概率数据关联、联合概率数据关联；②基于智能理论的关联方法，包括神经网络算法、遗传算法、模糊理论。

自 20 世纪 80 年代以来，遥感(remote sensing，RS)与 GIS 技术在非点源研究领域的应用，相当程度上解决了非点源污染空间特征问题，尤其是针对机制模型和分散参数模型数据项繁多、难以收集与管理的问题，大大推进了非点源污染空间特征研究的进程。目前已有研究将遥感数据、雨量站数据和气候模式预报数据进行融合，为流域模型提供降雨输入数据。随着大数据技术的应用，多源数据融合将是解决流域水文模型输入不确定性的可靠途径。

2.8.2　数据同化法

数据同化法是一系列方法的总称，源于 20 世纪中期，现今主流算法包括变分类算法、卡尔曼滤波系列算法及粒子滤波系列算法等。数据同化法在大气和海洋科学研究领域有着悠久的传统,被视为一种校正模型中变量状态的主要技术手段,21 世纪以来逐渐扩展到陆面过程模型和水文过程的领域。数据同化方法是连接观测和模型的桥梁,通过将不同来源、不同类型、不同观测尺度、直接或间接的观测数据融入模型之中,不断校正模型参数和状态。

数据同化法通常基于协方差方法或优化算法,并根据观测信息来校准模型参数或状态。另外,在地下水模型中根据水头和水力停留时间与观测变量的关系去估计空间变化的水力传导度和弥散度。目前,在地下水系统中存在的数据同化方法主要包括最小二乘法、导频点法、最大似然法、自校验法、马尔科夫链蒙特卡罗法、集合卡尔曼滤波算法和粒子滤波算法等。上述数据同化方法各有优缺点,数据同化模型从单个估计演变为随机蒙特卡罗模拟,并且能处理多元非高斯分布。随着观测数据的增加,可采用数据同化方法进行输入数据的迭代、更新,以为流域模型提供最为准确的模型输入数据表。

徐兴亚等(2017)选取长江三峡上游寸滩至坝前河段作为计算河段。在所选计算河段内部,有清溪场、万县和奉节 3 个水文水质测站。计算时间选取为 2004 年 5 月至 9 月,在此期间,清溪场、万县和奉节站点对河道磷含量进行了采样监测。由于河道磷含量采样分析过程复杂,观测时间间隔平均在两周一次,共计 13 次,总磷和溶解磷浓度观测资料均被用于模型同化计算。水动力-泥沙-磷迁移模型的上下边界条件选取计算时期寸滩站的实测流量、含沙量及溶解磷浓度和坝前的实测水位。然后通过将粒子滤波数据同化法引入综合考虑水流泥沙与磷物理化学影响的水动力-泥沙-磷迁移数学模型中,以实测的断面磷含量为观测数据,优化数学模型模拟磷的输移结果,同时校正模型参数磷相平衡分配系数 K_d,构建了水动力-泥沙-磷迁移模型同化系统。

通过上述实例计算结果表明,所构建的数据同化系统在真实的河流中计算效果良好,可以有效地优化更新状态变量总磷和溶解磷浓度,并反演出模型参数 K_d 随水沙水环境条件变化的动态变化过程,同化之后模型模拟预报磷输移过程的精度显著提升。所构建的基于数据同化的河流磷迁移模型,不仅利用了观测数据精度高的优点,提升了数学模型模拟预报磷浓度随时间过程变化的精度,同时也充分利用了数学模型时空连续的优点,在当前监测站点不能覆盖所有河段的情况下,提供磷浓度的沿程空间变化分布。在今后的研究中,可以进一步将所建立的河流水动力-泥沙-磷迁移模型同化系统与实时水质自动监测系统相结合,依托物联网技术发展实时河流磷输移数学模型,提供更为精确的实时磷输移过程信息,为防治水体富营养化,抑制水华暴发提供有力科技支撑(徐兴亚等, 2017)。

2.8.3　地统计学方法

对资料缺少地区的研究,空间插值是必不可少的工具。空间内插对于观测台站十分稀少，而台站分布又很不合理的地区有十分重要的现实意义。空间插值方法可以分为几何方法、统计方法、空间统计方法、函数方法、随机生成等多种。反距离加权方法、克里金法、最近距离法(nearest neighbor, NN)、样条函数法(spline)等是 ArcGIS 软件中几种较为经典的空间插值方法。对于不同的空间插值方法，没有绝对最优的空间内插方法。因此，必须依据数据的内在特征及对数据的空间探索分析，经过反复试验，通过比较而选择一个合用的、适于数据空间分布特点的内插方法。应对内插的结果做严格的检验。空间插值方法的研究要注意保证其有良好的数据库接口，要能做到与 GIS 平台的兼容。

地统计学是由 Matheron 在 1963 年创立的一种空间统计方法，其通过邻近度观测检测空间连续性变量的随机不恒定变化与空间位置之间的关系，以界定其影响因素的重要性并估测分布特征。地统计学的概念和一系列的区域化变量理论，在空间数据处理方面得到广泛的应用。地统计学作为经典统计学的扩展和延伸，定量描述空间信息的相关性与变异性、空间变量的预测与估值以及随机模拟是其三大核心内容与主要功能。

半方差函数(semivariogram)是地统计学的理论基础。黄婷(2018)以气象站点统计资料为基础，利用由河北省气象局提供的 2011～2015 年唐山境内 24 个气象站点的逐日降水数据，将各站点逐日降水数据累加，以近 5 年降水数据空间的平均值为计算基础，从年、季两种尺度上进行描述。其中季节划分标准为：3 月、4 月、5 月为春季；6 月、7 月、8 月为夏季；9 月、10 月、11 月为秋季；12 月、次年 1 月、2 月为冬季。通过计算各站点的四季和年降雨量，使用半方差函数中的面域模式来解释土壤空间变异结构，并应用 SPSS 21.0 进行描述性统计分析，获取其最小值、最大值、标准差、变异系数和平均值等特征信息，采用 Kolmogorov-Smirnov 法的正态分布检验，对于未能通过 5%水平双尾检测的序列数据进行转换，使之符合地统计分析需要。在 GS+9.0 中进行地统计分析，计算其块金值 C_0、基态值 C_0+C、残差 RSS 和决定系数 R^2 及拟合模型，降雨量的空间分布可视化分析通过 ArcGIS10.3 平台的 Geostatistical Analysis 模块完成。结果发现，唐山市年季降雨量具有良好的空间结构。其中年降雨量空间分布模型以高斯模型最优，空间值为 0.0103，虽然该值较小，但仍反映了年降雨量分布存在随机干扰，其空间结构为 33.08%，介于 25%～75%，说明其呈现中等空间自相关性，在此尺度下降雨量的高程为 144km，表明在此距离之内不同位置上降雨量分布具有良好相关性；唐山市年降雨量呈自南向北递减分布，南部曹妃甸、丰南区的降雨量最丰富，在 700mm 以上，中部地区为 645～700mm，北部山区降雨量分布较少，不足 620mm；不同季节的降雨量在数据上差异明显，在空间分布亦表现出差异性，其分布特征与年降雨量空间格局一致。

上述实例运用地统计学原理阐释了唐山市年季降雨量空间分布模式，可为区域降水精细分析提供依据。降水空间分布差异引起地表景观异质性，对区域水资源管理具有重要影响。以气象站点降水资料为基础，运用地统计学方法探究唐山市年季降雨量空间分布规律。由气候变化引起的全球降雨量场的不确定性，海陆位置、地形和下垫面环境等要素引起的环流运动差异性等，导致降雨量在一定空间范围内存在不均衡。对降雨量的空间分布格局及变异性研究，不仅能进一步了解水循环过程机制，而且能为水资源空间规划提供一定的信息基础。采用地统计学原理处理空间数据，对探究区域降水空间变异性、预测降水空间提供了可靠方法(黄婷, 2018)。

2.9 本 章 小 结

本章选择三峡库区大宁河流域(巫溪段)作为研究区域，从降雨数据、高程数据、土地利用数据、土壤数据等方面对模型输入数据的不确定性进行了探究。主要结论如下。

(1) 流域模型输入数据的不确定性来源主要包括空间数据来源不同、空间数据精度不同、属性数据库不同；不同空间数据的不匹配也会带来模型的不确定性。

(2) 降雨数据分析结果表明，采用泰森多边形法、逆距离加权法、析取克里金法和协克里金法获取的子流域降雨量作为 SWAT 模型输入而得到的模拟结果，与 SWAT 自带形心法模拟结果相比，均有不同程度的改善。其中径流量的改善程度同面雨量的离差系数成反比，即降雨变异性越小，模拟结果越好，因此考虑高程修正的协克里金法能获得很好的模拟结果；泥沙量和总磷负荷量的改善程度由于多种复杂因素的影响，与径流量的变化趋势略有差异，但总体而言，采用较为精确的雨量赋值方法，能获得更为理想的模拟结果。

(3) 不同下垫面数据结果表明，利用 ASTER GDEM 模拟的变异比 NFGIS DEM 大；尽管 ASTER GDEM 利用较为先进的技术获取，但其模拟效果不及 NFGIS DEM。基于不同分辨率 DEM 的模拟方面，对基于 NFGIS DEM 的模拟，后溪河和柏杨河的总磷负荷量模拟的标准差和 CV 相对较大，其余各断面较小；对基于 ASTER GDEM 的模拟，东溪河总磷负荷量模拟的标准差和 CV 较小，其余各断面相对较大。土地利用图引起的不确定性很小；土壤数据的精度变化对于径流量、泥沙量和总磷负荷量模拟结果和不确定性的影响均较小。以大宁河流域为例，不同精度土壤数据对径流量、泥沙量、总磷负荷量的模拟结果影响仅分别为 0.002%~0.103%、0.095%~0.385%、1.101%~9.052%。由于模型机理及误差放大的作用，其影响呈现径流<泥沙<总磷负荷的现象。对比三大空间数据(DEM 图、土地利用图及土壤类型图)的精度变化对模拟结果的影响结果为：DEM 图>土地利用图>土壤类型图。

(4) 综合分析不同输入信息类型对该流域非点源污染模拟不确定性的影响，发现监测数据的测量误差是径流量、泥沙量和总磷负荷量模拟结果不确定性的主要来源，对于吸附态氮和溶解态氮负荷量的模拟结果不确定性而言，降雨空间分布变异性的影响远大于其他不确定性影响因素；需针对不同模拟对象侧重不同的输入信息类型，针对径流量、泥沙量和总磷负荷量模拟，需首先保证监测数据的准确性；针对氮负荷量的模拟，则需首先保证降雨分布具有较小的变异性。

(5) 采取多源数据融合、数据同化及地统计学方法等技术手段，可有效地降低非点源污染模拟过程的输入不确定性。

参 考 文 献

陈祥义, 肖文发, 黄志霖, 等. 2016. 空间数据对分布式水文模型 SWAT 流域水文模拟精度的影响[J]. 中国水土保持科学, 14(1): 138-143.

宫永伟. 2010. 三峡库区大宁河流域(巫溪段)TMDL 的不确定性研究[D]. 北京: 北京师范大学.

郝芳华, 陈立群, 刘昌明, 等. 2003. 降雨的空间不均性对模拟产流量和产沙量不确定的影响[J]. 地理科学进展, 22(5): 446-453.

黄婷. 2018. 基于地统计学和 GIS 的唐山市降雨量空间分布[J]. 水科学与工程技术, (5): 20-23.

廖谦. 2011. 大宁河流域非点源污染模拟输入信息的不确定性研究[D]. 北京: 北京师范大学.

刘俊杰. 2017. 基于 ArcGIS 的低山丘陵地区采矿用地宜耕区潜力分析——以重庆市江津区为例[J]. 农村经济与科技, 28(16): 8-10.

彭月, 王建力, 魏虹. 2009. 三峡库区重庆段不同土壤类型土壤侵蚀景观异质性分析[J]. 水土保持研究, 16(5): 7-12.

宋兰兰, 郝庆庆, 王文海. 2018. 基于 SWAT 模型的复新河流域非点源污染研究[J]. 灌溉排水学报, 37(4): 84-98.

汪雪格, 刘洪超, 吕军, 等. 2016. 基于小流域划分的拉林河流域农业非点源污染物入河量估算[J]. 中国水土保持, (10): 65-67.

魏冲, 宋轩, 陈杰. 2014. SWAT 模型对景观格局变化的敏感性分析[J]. 生态学报, 34(2): 517-525.

徐兴亚, 方红卫, 黄磊, 等. 2017. 基于数据同化校正参数的河流磷迁移估计研究[J]. 水利学报, 48(2): 157-167.

Abbaspour K C. 2014. SWAT-CUP 2012: SWAT Calibration and Uncertainty Programs-A User Manual. Science And Technology, 106.

Chaplot V. 2005. Impact of DEM mesh size and soil map scale on SWAT runoff, sediment, and NO_3^- N loads predictions[J]. Journal of Hydrology, 312(1-4): 207-222.

Durand P, Moreau P, Salmon Monviola J, et al. 2015. Modelling the interplay between nitrogen cycling processes and mitigation options in farming catchments[J]. Journal of Agricultural Science, 153(6): 959-974.

Fu S, Sonnenborg T O, Jensen K H, et al. 2011. Impact of precipitation spatial resolution on the hydrological response of an integrated distributed water resources model[J]. Vadose Zone Journal,

10: 25-36.

Garland G, Bünemann E K, Six J. 2017. New methodology for soil aggregate fractionation to investigate phosphorus transformations in iron oxide‐rich tropical agricultural soil[J]. European Journal of Soil Science, 68: 115-125.

Gong Y, Shen Z, Liu R, et al. 2010. Effect of watershed subdivision on SWAT modeling with consideration of parameter uncertainty[J]. Journal of Hydrologic Engineering, 15(12): 1070-1074.

Kavetski D, Kuczera G, Franks S W. 2006. Calibration of conceptual hydrological models revisited: 1. Overcoming numerical artefacts[J]. Journal of Hydrology, 320: 173-186.

Lin S, Jing C, Coles N A, et al. 2013. Evaluating DEM source and resolution uncertainties in the Soil and Water Assessment Tool[J]. Stochastic Environmental Research and Risk Assessment, 27(1): 209-221.

Moriasi D N, Starks P J. 2010. Effects of the resolution of soil dataset and precipitation dataset on SWAT2005 streamflow calibration parameters and simulation accuracy[J]. Journal of Soil and Water Conservation, 65(2): 163-178.

Mukundan R, Radcliffe D E, Risse L M. 2010. Spatial resolution of soil data and channel erosion effects on SWAT model predictions of flow and sediment[J]. Journal of Soil and Water Conservation, 65(2): 92-104.

Nishigaki T, Sugihara S, Kobayashi K, et al. 2018. Fractionation of phosphorus in soils with different geological and soil physicochemical properties in southern Tanzania[J]. Soil Science & Plant Nutrition, 64(3): 291-299.

Shen Z, Chen L, Liao Q, et al. 2013. A comprehensive study of the effect of GIS data on hydrology and non-point source pollution modeling[J]. Agricultural Water Management, 118: 93-102.

Wang H, Wu Z, Hu C. 2015. Comprehensive Study of the Effect of Input Data on Hydrology and non-point Source Pollution Modeling [J]. Water Resources Management, 29(5): 1505-1521.

Zhang P, Liu R, Bao Y, et al. 2014. Uncertainty of SWAT model at different DEM resolutions in a large mountainous watershed[J]. Water Research, 53: 132-144.

第 3 章　模型参数与结构的不确定性

模型是对整个流域系统及内部发生的复杂污染过程进行定量描述，一个完整的模型包括降雨径流模型、土壤侵蚀模型和污染物迁移转化模型。随着与遥感和地理信息系统的结合，一些大型的流域模型被研制出来并得到广泛的应用，如AnnAGNPS、SWAT 和 HSPF(Volk et al., 2016；Romano et al., 2018)。模型结构是指为解决某种问题而创建的模型自身各种要素之间的相互关联和相互作用的方式，包括构成要素的数量比例、排列次序、结合方式和因发展而引起的变化；而模型参数可分为概念参数和物理参数，概念参数用于量化某些流域过程但其本身并没有物理意义，物理参数是基于流域过程得出且具有物理意义的参数。

由于认识水平有限，人类在对系统概化的过程中进行了一系列的简化与假设，这使得任何模型系统都无法避免自身的不确定性。非点源模型自身不确定性主要来源于三个方面：①模型本身所固有的不确定性主要来自对非点源污染物质输送过程中的物理、化学和生物过程认识的不足(张巍等, 2008)，都是其本身所固有不确定性的体现，例如，非点源污染具有污染物来源和排放点不固定、迁移转化路径不明确等特点，对这些过程采用不同的概化方法会带来一定的模型不确定性；②各种数学模型结构的不确定性，主要是在建立模型过程中，由于认知的不足或对机理过程进行简化假设处理或不同建模假设，导致模型结构具有一定的误差，从而带来模拟结果的不确定性；③模型参数确定以及求解过程的不确定性，在模型参数率定和验证过程中，资料的确定和参数估值不能保证模型精度和预测结果的可靠性，全局"最优"也无法判断和预测，导致模型参数具有一定的不确定性。因此需对模拟过程中模型参数和结构的误差进行分析，量化模拟不确定性的程度，从而更加有效地指导模型的发展和运用。

目前大部分模型自身不确定性研究多为模型参数带来的不确定性，主要关注模型参数区间和不同参数组合方式带来的不确定性，对参数数值分布特征及模型结构所带来的不确定性研究较少。另外，模型参数的确定存在尺度效应，不同时空尺度下非点源污染模拟时主要敏感性参数存在差异，目前少有这方面的探讨。

3.1　研究区介绍及模型选择

3.1.1　研究区

本节以三峡库区内的大宁河流域(见第 2 章)和典型小流域——张家冲流域为

例。张家冲小流域坐落于湖北省宜昌市秭归县茅坪镇的西南部(东经 110°57′20″,北纬 36°46′51″),位于三峡工程坝上库首,总流域面积为 1.62km²,它是长江一级支流茅坪河的子流域。张家冲小流域系山地丘陵地貌,其海拔范围为 148～530m,流域上游位置地势陡峭且海拔高,中下游位置地形平缓且海拔低、四周海拔高,属典型的闭合流域特征。根据实地勘察发现,该流域的土壤类型基本为黄棕壤土,土地利用类型以农田、经济茶林和林地为主,各土地利用类型占地面积比例如表 3.1 所示。其中农作物主要有玉米、板栗和油菜,植被主要为落叶阔叶林和针阔混交林。张家冲流域属于亚热带季风气候,多年平均气温约为 16.8℃,年均降雨量约为 1200mm,且降雨事件多发生于 5～8 月,丰水期大雨频繁,是水土流失的主要诱因。据 2003 年当地试验站资料统计,流域水土流失面积高至 0.97km²,约占总面积的 60%。张家冲流域的位置示意图见图 3.1。

表 3.1　张家冲小流域的土地利用情况

土地利用类型	林地	茶林	农田	城市
占地面积/acre	170.7	137.4	81.7	7.9
占地比例/%	42.9	34.5	20.5	2.1

注:1acre=0.404856hm²。

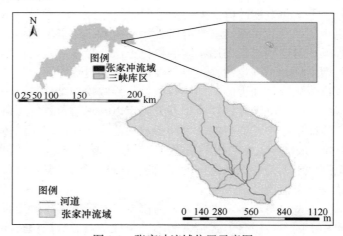

图 3.1　张家冲流域位置示意图

3.1.2　模型

　　HSPF 模型起源于斯坦福水文模型(Stanford watershed model SWM),是由 EPA于 1981 年开发的流域水文模型。EPA 于 1998 年开发的 BASINS 系统为 HSPF 模型所需的空间数据的提取提供了平台,并且该系统内有 WDMUtil 气象模块和GenSen 数据分析等辅助工具。通过 BASINS GIS 对空间数据的存储和处理能力,为 HSPF 模型完成数据的前处理工作。HSPF 模型是典型的半分布式水文模型代表之一,它不仅能够对水文过程进行模拟,还可以模拟点源和非点源的演进过程,运用到许多国家的水文水质问题研究中。

HSPF 模型结构和功能如图 3.2 所示,模型主要包括透水单元的水文水质模块(PERLND)、不透水单元的水文水质模拟模块(IMPLND)、地表水体水文水质模拟模块(RCHRES)以及与管理实践相关的 BMP 模块。前三个模块又可按照功能分为若干子模块,各功能模块之间按照一定的层次排列,从而实现了对径流量和泥沙量以及氮、磷和农药等污染物的迁移转化和负荷量的连续模拟。其中 PERLND 模块适用于 HSPF 模型中子流域透水部分(耕地、园地、林地等),径流通过坡面流或者其他方式汇入河流或水库中,从而实现该地段水、颗粒沉积物、化学污染物、有机物质的运移。IMPLND 模块能够解决不透水地段(建设用地)水文水质过程模拟。RCHRES 模块模拟的是单一开放式河流、封闭式渠道或湖泊、水库等水体。水流以及其他化学元素均为单向流动,入口物质一部分到达出口,余下的滞留;出口接纳既包括入口水流携带的物质,也包括该段流域经溶解、冲刷重新加入的物质。该复杂过程构成了首尾连成一体的地表水体水文水质模拟模块(庞树江等,2018;Chalise et al., 2017)。此外,HSPF 模型中还包括辅助的工具模块,如序列数据运行模块(GENER)、序列数据转换模块(COPY)以及序列数据写入模块(PLTGEN)等。HSPF 模块还包含有大量的其他辅助模拟模块,其中涉及大量的物理原理、化学原理以及生物原理的水文过程的数学描述。

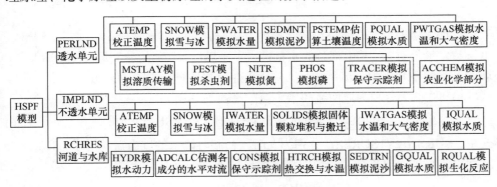

图 3.2　HSPF 模型结构与功能

HSPF 模型的主要水文结构原理是以斯坦福水文模型Ⅳ为基础,水文机理主要包括产流过程和汇流过程。水流过程分为横向和垂向的运动,其中垂向分成 5 层,分别包括表层植被截留层、上土壤层、下土壤层、浅层地下层、深层地下层;在横向,自上而下分别产生坡面漫流、壤中流和地下径流 3 种径流成分。

1. 单元水文响应过程分析

植被截留层在垂向上水量平衡关系表达式为

$$W_{c2} = W_{c1} + P(t) \tag{3.1}$$

式中，W_{c2} 和 W_{c1} 分别为时段末和时段初的截留滞蓄量；$P(t)$ 为时段 t 内的降雨，mm。

落地雨量计算公式为

$$\text{NP}(t) = W_{c2}(t) - I_M - E_C \tag{3.2}$$

式中，$\text{NP}(t)$ 为时段 t 内的落地雨量；I_M 为植被截留层容量；E_C 为蒸发量，mm。

上土壤层水量传输与分配公式为

$$\text{UZS}_2(t) = \text{UZS}_1(t) + P_r \times \Delta D - \text{PERC} - E_u \tag{3.3}$$

式中，$\text{UZS}_2(t)$ 和 $\text{UZS}_1(t)$ 分别为时段初和时段末的上层存储水量；ΔD 为表层的水量变化量；PERC 为滞后下渗量；E_u 为上层蒸发量，mm。

令 UZSN 为额定的上土壤层蓄积，当 UZS/UZSN≤2 时，有

$$P_r = 1 - \left(\frac{\text{UZS}}{2\text{UZSN}} \right) \cdot \left(\frac{1}{4 - \dfrac{\text{UZS}}{\text{UZSN}}} \right)^{3 - \frac{\text{UZS}}{\text{UZSN}}} \tag{3.4}$$

当 UZS/UZSN>2 时，有

$$P_r = \left(\frac{0.5}{\dfrac{\text{UZS}}{\text{UZSN} - 1}} \right)^{2 - \frac{\text{UZS}}{\text{UZSN}} - 3} \tag{3.5}$$

根据式(3.3)，上层部分存储水量的变化分别与表层水量变化、滞后下渗量、上层蒸发量等有关。其中部分的水量进入上土壤层，其他的分别形成上层蒸发量、坡面滞蓄增量和壤中流滞蓄增量，进而产生水平方向上的坡面出流和壤中出流，式(3.6)和式(3.7)分别为坡面流和壤中流的平衡关系：

$$\text{SURS}_2(t) = \text{SURS}_1(t) + \Delta D \cdot (1 - P_r) - \text{SURO} \cdot \Delta t \tag{3.6}$$

式中，$\text{SURS}_2(t)$ 和 $\text{SURS}_1(t)$ 分别为在时段初和时段末的坡面滞蓄增量；SURO 为坡面出流，坡面出流越大，坡面滞蓄增量越小。

$$\text{SRGX}_2 = \text{SRGX}_1(t) + \Delta \text{SRGX} - \text{INTF} \cdot \Delta t \tag{3.7}$$

式中，$\text{SRGX}_2(t)$ 和 $\text{SRGX}_1(t)$ 分别为壤中流的时段初和时段末的量；ΔSRGX 为壤中流的滞蓄增量；INTF 为壤中流出流量。

2. 下土壤层水量的传输与分配

在斯坦福水文模型模拟的过程中，假设下土壤层不产生出流，只有垂向方面的水量传输，没有水平方向的水量运动。在垂向上下土壤层的水量平衡关系为

$$\text{LZS}_2(t) = \text{LZS}_1(t) + \left(1 - P_g \right) \cdot (\text{IND} + \text{PERC}) - E_1 \tag{3.8}$$

式中，$LZS_2(t)$ 和 $LZS_1(t)$ 分别为时段末和时段初的下土壤层蓄积量，mm；IND 为直接下渗量，mm；P_g 为进入地下水的下渗量，%；E_1 为下层蒸发量。

令 LZSN 为额定的下土壤层蓄积，当 LZS/LZSN≤1 时，

$$P_g = 1 - \frac{LZS}{LZSN} \cdot \left(\frac{1}{3.5 - 1.5 \times \dfrac{LZS}{LZSN}}\right)^{2.5-1.5\times\frac{LZS}{LZSN}} \tag{3.9}$$

当 LZS/LZSN>1 时，

$$P_g = \left(\frac{1}{1.5 \times \dfrac{LZS}{LZSN} + 0.5}\right)^{1.5\times\frac{LZS}{LZSN}+0.5} \tag{3.10}$$

3. 浅层地下层水量传输与分配

在斯坦福水文模型中，浅层地下水的来源主要是下土壤层的下渗，其计算公式为 $P_g \times (IND+PERC)$。浅层地下水的减少分别是通过地下水的出流、向深层地下水的渗漏、地下水蒸发 E_g 实现的。其垂向上水量平衡关系为

$$SGW_2(t) = SGW_1(t) + (1 - K_{24L}) \cdot P_g \cdot (IND + PERC) - GWF - E_g \tag{3.11}$$

式中，$SGW_2(t)$ 和 $SGW_1(t)$ 分别为时段初和时段末的浅层地下水蓄积量，mm；K_{24L} 为进入深层地下水的系数；GWF 为浅层地下水出流量；E_g 为地下水蒸发量；GWF 为地下水的出流，

$$GWF = KGW \cdot (1 + KVARY \cdot GWVS) \cdot SGW_2(t) \tag{3.12}$$

KGW 为地下水蓄泄系数；KVARY 为地下水退水率。

4. 深层地下层水量传输与分配

在斯坦福水文模型中，深层地下水是没有出流的。根据前面的浅层地下水的下渗率，深层的入流量为

$$Q = L_{24L} \cdot P_g \cdot (IND + PERC) \tag{3.13}$$

5. RCHRES 汇流模块

HSPF 模型在斯坦福水文模型Ⅳ汇流模块的基础上进行了改进，通过专门的 RCHRES 模块进行汇流模块的计算。RCHRES 模块假定水体是单向流动的，它将地表水体运动视作线性波，模拟河道中地表水体的非恒定流运动。RCHRES 模块能够进行保守性物质模拟等水文水质模拟。

基本方程为

$$VOL - VOLS = IVOL + PRSUPY - VOLEV - ROVOL \tag{3.14}$$

式中，IVOL 为从河道入口进入的水量；VOLS 为时段初的河道水量；VOL 为计算时段末的河道水量；PRSUPY 为河段水体表面的降雨量；VOLEV 为河段水体表面的蒸发量；ROVOL 为河道出流量。当水体量足够时，采用线性关系的表达式，总出流量 ROVOL 可表达为

$$ROVOL = (KS \cdot ROS + COKS \cdot ROD) \cdot dT \tag{3.15}$$

式中，KS 为权重因子；ROS 为计算起始时段的出流量；COKS=1.0–KS；ROD 为计算末时段的待求出流量；dT 为时间间隔；KS 的范围一般在 0～1，不超过 0.5。根据式(3.14)和式(3.15)，有

$$VOL=VOLT–(KS \cdot ROS+COKS \cdot ROD) \cdot dT \tag{3.16}$$

式中，VOLT=IVOL+PRSUPY–VOLEV+VOLS。

式(3.16)中有两个未知量，一个是 VOL，另一个是 ROD。如果不考虑时间因素，每个出口的流量与体积的函数关系表示为

$$OD(N)=Fn(VOL) \tag{3.17}$$

ROD 与 VOL 的函数关系式表示为

$$ROD = funct(VOL) \tag{3.18}$$

联立式(3.16)与式(3.17)、式(3.18)进行求解。

3.2　模型参数不确定性的尺度效应

在以山地为主的农业流域，强降雨事件和密集的人类活动常引发洪水和土壤侵蚀，营养物和其他人类活动排放的污染物通常吸附于泥沙，并随着土壤侵蚀过程进入河道，对水环境生态造成重大的危害(Hostache et al., 2014；Dong et al., 2015)。流域系统中的水文和泥沙动态过程受多种变量的影响，如地形特征、土壤属性、当地气候、植被类型、土地利用和河道断面结构等。因此相关的水文和泥沙过程非常复杂且高度非线性化，时空变异明显，加大了流量、输沙量等指标的全面监测难度。模型模拟作为有别于监测的另一种方法，可以估算和认识流域过程，是流域管理中提供决策依据的重要手段，在美国 TMDL 和欧盟的 EWFD 中已得到广泛应用(Ahmadi et al, 2014；Liang et al, 2016)。

大量的参数难以进行实地测验而需要通过率定进行估值，此过程带来的不确定性会对模拟结果的准确性造成重大影响，因此需要在应用水文模型时进行考虑和探究，提高模型的解释能力并减少指定流域管理方案(如设计最佳管理措施消减非点源污染负荷)时的偏颇(Chavas, 2000；Liu et al., 2008)。敏感性分析作为模型

诊断的重要工具，在探究复杂空间下的参数不确定性和模型解释领域下被广泛应用。在流域环境模拟中，敏感性分析通常用于识别输入或参数的不确定性对最终模拟不确定性的贡献率。被识别的敏感性参数可为决策者识别关键控制过程和有针对性地制定污染消减方案提供指导(Ferretti et al., 2016)。传统的敏感性分析是基于整个时间序列下的模型残差，参数的敏感度也是不随时间变化的。但是由于流域过程的时间变异特点，参数的敏感性是具有时变规律的。参数敏感性的时变分析作为一种改进的方法，可以甄别在不同的水文时期参数影响模拟结果的不同程度，从而识别关键控制过程和时期，制定更可靠的管理方案(Pianosi et al., 2016; Ghasemizade et al., 2017)。

滑动窗是刻画参数敏感性时变动态特征的常用方法。滑动窗内的计算和评估可以不受外部奇异值的影响，更重要的是，参数识别是基于时间的动态过程(Wagener et al., 2003)。在水文模拟近十年的研究中，基于滑动窗方法的时变分析有着较为成熟的应用。Herman 等(2013)采用宽度为 24h 的高分辨率滑动窗，探究水文参数的时变特征。Guse 等(2014)采用 15 天宽度且端点为关注点的滑动窗，研究模拟效果的时变特征。Pianosi 等(2016)运用 31 天宽度的滑动窗，研究水文模拟不同不确定性来源的时变特征。但是以往大部分的研究中，滑动窗口的大小是固定不变的，即敏感性分析仅局限于一个时间尺度。但不同流域过程的决定作用会在不同的时间尺度变化，而多尺度的分析可以保证信息量尽可能少的流失。Wagener 等(2003)首次研究了多时间尺度下的参数的动态识别分析。Massmann 等(2014)首次构建了时间变化与多尺度结合(time-varying and multi-timescale, TVMT)的方法，并考虑了 14 个大小等级的滑动窗，以尽可能识别时间尺度对水文参数敏感性的影响。研究结果被用于模型率定以及对模型结构的诊断评估。然而，TVMT 方法尚未在泥沙模拟的研究中实现运用。

因此，本节分别以 HSPF 模型和 SWAT 模型作为研究工具，分别以张家冲小流域和大宁河流域为研究区，运用 TVMT 方法探究两个关键问题：①能否从时间和尺度的角度理解小流域水文参数，并识别泥沙参数的动态变化特征？②参数敏感性结果可否为采样方案制定和水土保持措施实施提供有效的指导意见？

3.2.1 HSPF 模型构建与方法应用

本节仅针对悬浮泥沙的研究方法和结果进行介绍。HSPF 模型中考虑泥沙的三种形态，即沙(sand)、粉砂(silt)和黏土(clay)。HSPF 模型中的 SEDMNT 模块可以对透水陆面和不透水陆面上的泥沙产出和传输过程进行模拟，泥沙和侵蚀性物质借助水和风的作用进入河道，而 SEDTRN 模块则模拟泥沙在河道中的输移。河道中粉砂和黏土的冲刷和沉积是两种独立的过程，发生哪种过程由剪切力的大小决定(Bicknell et al., 1996)。图 3.3 展示了 HSPF 模型概化泥沙在流域系统中的侵蚀产出和运移的过程。

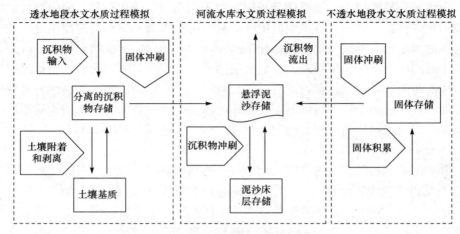

图 3.3　HSPF 模型概化泥沙的流程图

　　研究所需的日均悬浮泥沙数据的采集点位于张家冲小流域的出口。根据以往监测数据发现，在非降雨期悬浮泥沙的浓度低于 0.001mg/L，因此仅在中强降雨事件下进行采样。在监测期，共有 24 个样品被采集，悬浮泥沙浓度(suspended sediment concentration, SSC)经测量后，其中 2011 年的数据用于日尺度模型的率定，2012 年的数据用于模型验证。率定参数的选取基于以往的研究，相关介绍列于表 3.2，率定方法为基于试错法(trial-and-error)的手动率定。

表 3.2　泥沙参数的率定及不确定性分析

参数	描述	单位	最小值	最大值
SMPF	水土保持因子参数	—	0.0	1.0
KRER	面上泥沙分离方程系数	—	0.05	0.75
JRER	面上泥沙分离方程指数	—	1.0	3.0
AFFIX	面上分离的泥沙每日减少系数	d^{-1}	0.01	0.50
COVER	植被覆盖比例	—	0.0	0.98
KSER	面上泥沙冲刷方程系数	—	0.1	10.0
JSER	面上泥沙冲刷方程指数	—	1.0	3.0
TAUCD-silt	河道中粉砂沉降的临界剪切力	lb/(acre · d)	0.001	1.0
TAUCS-silt	河道中粉砂冲刷的临界剪切力	lb/(acre · d)	0.01	3.0
TAUCD-clay	河道中黏土沉降的临界剪切力	lb/(acre · d)	0.001	1.0
TAUCS-clay	河道中黏土冲刷的临界剪切力	lb/(acre · d)	0.01	3.0

注：1acre=0.404856hm², 1lb=0.453592kg。

　　图 3.4 具象化地对比了率定期及验证期日均流量和日均 SSC 的测量值和预测值间的差异。从图中可以看出，无论枯水期还是丰水期，构建模型得出的日均流量和日均 SSC 预测值均与其测量值较好吻合。差异主要体现在峰值部分，特别是强降雨时期。用三种统计指标来评估率定和验证结果，分别是决定系数 R^2、E_{NS} 和均方根误差 RMSE，见表 3.3。

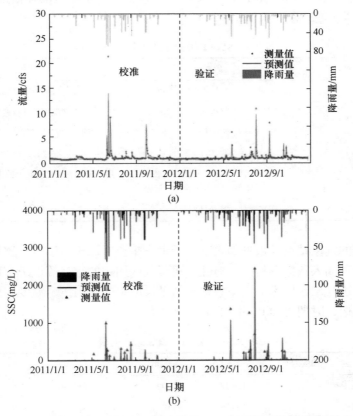

图 3.4　率定期及验证期日均流量和日均 SSC 的测量值和预测值的对比

1cfs=0.0238m³/s

表 3.3　率定和验证结果的拟合优度检验

统计分析	水文		泥沙	
	率定	验证	率定	验证
R^2	0.83	0.76	0.68	0.62
E_{NS}	0.82	0.79	0.64	0.60
RMSE	0.76mm	0.92mm	38.03mg/L	45.32mg/L

3.2.2　SWAT 模型构建与方法应用

Arc-SWAT 模型是基于 GIS 的拓展模块。构建模型的输入数据包含空间数据、属性数据。空间数据包括土壤属性数据、土地利用数据和数字高程数据。属性数据包括气象数据、土壤物理属性数据、土地利用类型分布，以及水文、水质数据等。实地监测获得的水文、泥沙以及水质等数据将用于模型的评估过程。表 3.4 给出了所需数据来源。

表 3.4　SWAT 模型主要输入数据列表

数据类型	数据	来源
图形文件	DEM(1:5 万和 1:25 万)	国家基础地理信息中心
	土地利用图(2000 年，1:10 万)	中国科学院资源环境科学数据中心
	土壤类型图(1:100 万)	中国科学院地理科学与资源研究所
	土壤类型图(1:5 万)	巫溪县气象局
土壤物理属性	密度、水力传导度、土壤可供水量、田间持水量、土壤初始磷含量等	中国土种志、巫溪县土种志、野外试验、SPAW 软件
作物管理措施	作物播种、收获日期和施肥等	实地调研

所用到的气象站点及数据如表 3.5 所示，主要来源于巫溪县气象局与中国气象局。为保证输入数据资料的完整性，将研究区周边的宜昌等地级市以上的气象站点也输入进气象数据库。气象数据包括日尺度下的降雨量、温度、湿度、太阳辐射以及风速，时期为 2000 年到 2015 年。

表 3.5　气象站、雨量站点列表

编号	站点	纬度 N/(°)	经度 S/(°)	海拔/m	气象要素	年份
1	建楼	31.52	109.18	1300	降雨量	2000~2015
2	高楼	31.61	109.08	1100	降雨量	2000~2015
3	长安	31.65	109.4	900	降雨量	2000~2015
4	中梁	31.58	109.03	2412	降雨量	2000~2015
5	徐家	31.64	109.66	430	降雨量	2000~2015
6	万古	31.47	109.35	778	降雨量	2000~2015
7	巫溪	31.41	109.61	300	降雨量、温度、湿度、风速	2000~2015
8	巫山	31.07	109.87	276	降雨量、温度、湿度、风速	2000~2015
9	重庆	29.58	106.47	259	降雨量、温度、湿度、风速	2000~2015
10	宜昌	30.7	111.3	133	降雨量、温度、湿度、风速、辐射	2000~2015

大宁河流域巫溪段的 DEM 如图 3.5 所示,可用于提取流域高程、坡度和河网等信息。流域高程范围在 200~2605m,平均高程为 1294m,平均坡度为 24°。土地利用分林地、草地、水域、未利用地、城镇、水稻田和农地 7 大类,如图 3.6 所示,其各类型土地面积见表 3.6。

图 3.5 大宁河流域巫溪段数字高程模型

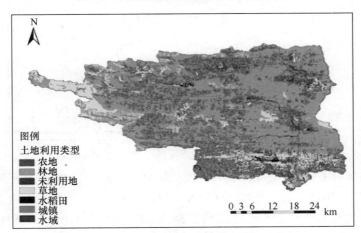

图 3.6 大宁河流域巫溪段土地利用图

表 3.6 大宁河流域巫溪段土地利用类型统计表

土地利用类型	代号	面积/km²	占流域总面积比例/%
林地	FRST	1498.1	61.66
农田	AGRL	613.3	25.24
草地	PAST	302	12.43
水域	WATR	8.9	0.37

土地利用类型	代号	面积/km²	占流域总面积比例/%
水稻田	RICE	5.3	0.22
城镇	URMD	1.7	0.07
未利用地	ORCD	0.34	0.01

　　用于模型率定和校验的监测数据包含 2000～2015 年巫溪水文站的日流量数据、日泥沙量数据，以及 2000～2015 年巫溪水文站各月总磷负荷量监测数据。

　　SWAT 模型需对流域进行亚流域划分，亚流域数目由定义河网最小集水面积决定，划分子流域个数对模型模拟结果有一定的影响。设置汇水面积阈值为5000hm²，最终将研究区流域划分为 22 个亚流域(图 3.7)。巫溪水质监测站的位置在 13 号亚流域出口处，因此选择 13 号亚流域出口的污染负荷进行率定和验证。

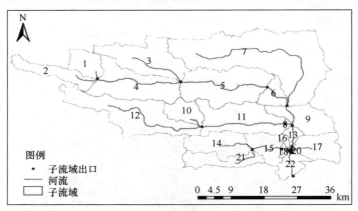

图 3.7　大宁河流域巫溪段子流域划分结果

　　利用 SWAT-CUP 模型进行 SWAT 模拟结果的校验,对研究区现有的日尺度径流数据(2000～2015 年)、泥沙数据(2009～2015 年),月尺度径流数据(2000～2015年)、泥沙数据(2009～2015 年)、总磷数据(2000～2015 年)进行率定和校验。研究利用 SWAT 模型自带程序进行参数敏感性分析，得到较为敏感的径流、泥沙和总磷的参数，见表 3.7。

表 3.7　率定验证参数

	参数	范围	意义
	v__ALPHA_BF	0～1	基流退水常数(d)
径流	r__SOL_AWC	0～1	土层有效含水量(mm/mm)
	v__GW_DELAY	0～500	地下水延迟(d)

续表

参数	范围	意义
v__CH_N2	0~0.3	主河道曼宁系数
v__CH_K2	0~500	主河道冲积物有效渗透系数(mm/h)
r__CN2	0~2	径流曲线数
r__SOL_K	0~1	饱和渗透系数(mm/h)
v__CANMX	0~100	最大冠层截流量(mm)
r__SOL_BD	0~1	土壤湿容重(g/cm³)
r__SLSUBBSN	0~0.5	平均坡长(m)
v__SURLAG	0~24	汇流时储存水量系数
v__SHALLST	0~50000	浅层含水层的初始水深(mm)
v__GW_REVAP	0~0.2	地下水系数
v__GWQMN	0~5000	发生回归流所需的浅层含水层的水位阈值(mm)
v__PSP	0~0.7	磷的可利用指数
v__ERORGP	0~5	泥沙运移中有机磷的富集比
v__BC4	0~0.7	20℃河段有机磷向可溶性磷的矿化速率常数(d^{-1})
v__RS2	0~0.1	20℃河段底栖生物提供可溶性磷的速率[mg/(m²·d)]
v__RS5	0~0.1	20℃河段有机磷的沉降速率(d^{-1})
r__USLE_P	−1~1	水土保持措施因子
r__USLE_K	−1~1	土壤侵蚀因子
v__SPCON	0~0.01	河道泥沙演算中计算新增的最大泥沙量的线性参数
v__CH_ERODMO	0~1	河道侵蚀相关参数
v__CH_COV1	−0.05~0.6	河道侵蚀因子
v__CH_COV2	0~1	河道覆盖因子

行标注（左侧分组）：径流、总磷、泥沙

　　由于模型构建过程中将研究区的耕作措施分为两段，2000~2008 年的耕作措施与 2009~2015 年的耕作措施不同，所以对该两段序列分别进行率定验证，以得到较好的模拟结果，补全数据，用于后续研究。模拟校验结果如图 3.8 所示。由于研究年份较长，日径流校验结果为 $E_{NS} > 0.5$ 视为可被接受，日泥沙量和月泥沙负荷量的校验结果较低，但由于泥沙数据的缺失，分析年份较长，因此可被接受。

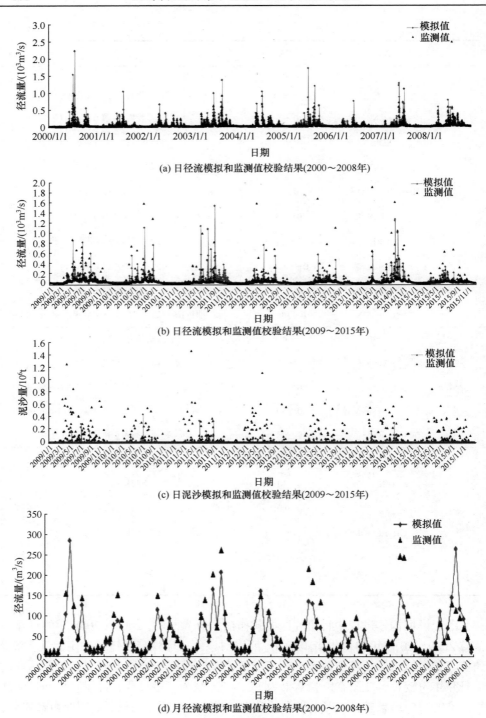

(a) 日径流模拟和监测值校验结果(2000～2008年)

(b) 日径流模拟和监测值校验结果(2009～2015年)

(c) 日泥沙模拟和监测值校验结果(2009～2015年)

(d) 月径流模拟和监测值校验结果(2000～2008年)

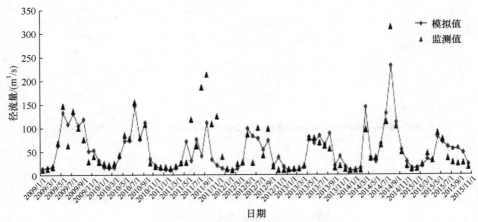

(e) 月径流模拟和监测值校验结果(2009~2015年)

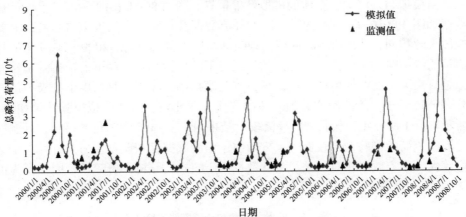

(f) 月总磷模拟和监测值校验结果(2000~2008年)

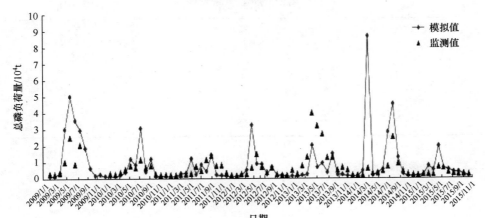

(g) 月总磷模拟和监测值校验结果(2009~2015年)

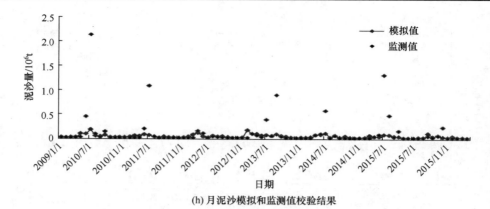

(h) 月泥沙模拟和监测值校验结果

图 3.8　研究区的模拟校验结果

　　由模拟结果可知，整体的模拟效果较好。图 3.8(a)和(b)所示的日尺度的径流数据和图 3.8(d)～(g)所示的月尺度的径流数据及总磷数据的模拟值与监测值变化规律大致相同，模拟值的高低值出现时间与监测值较吻合，2009～2015 年的日径流量监测值略高于模拟值。泥沙的日尺度下的模拟和月尺度下的模拟效果略差，但是日尺度下的监测值的高值出现位置与模拟结果相同，月尺度下的模拟值的部分高值远低于实际监测值，但总体的变化规律比较一致。模拟校验结果如表 3.8所示。由于研究年份较长，日径流校验结果为 $E_{NS} > 0.5$ 视为可被接受，日泥沙和月泥沙负荷的校验结果较低，一方面由于监测数据存在误差，另一方面由于数据量较大，率定效果相对较差。泥沙数据由于缺失，分析年份较长，因此视为可被接受。

表 3.8　流量、泥沙和总磷模拟评价结果

E_{NS}	2000～2008 年	2009～2015 年
径流(日)	0.54	0.50
泥沙(日)	—	0.35
径流(月)	0.64	0.77
泥沙(月)	—	0.39
总磷(月)	0.52	0.59

3.2.3　模型参数敏感性检验

1. 傅里叶振幅敏感性检验

　　FAST 方法是一种全局敏感性分析方法。此类方法通过将总变化量分配于不

同的参数(或其他模型输入), 同时考虑它们之间的相互关系, 可用式(3.19)表示:

$$\text{Var} = \sum_{i}^{n} \text{Var}_i + \sum_{i}^{n} \sum_{j=i+1}^{n} \text{Var}_{ij}$$
$$+ \sum_{i}^{n} \sum_{j=i+1}^{n} \sum_{k=j+1}^{n} (\text{Var}_{ijk} + \cdots + \text{Var}_{12\cdots n}) \tag{3.19}$$

式中, Var 为模型输出结果的总方差; i, j, k 分别为考虑的参数; n 为参数总数; Var_i 和 Var_{ij} 分别为可以由参数 i 自身及和 j 组合解释的方差值。一阶误差敏感度可由式(3.20)计算, 即参数 i 的不确定性对总方差的贡献率:

$$S_i = \frac{\text{Var}_i}{\text{Var}} \tag{3.20}$$

FAST 方法的主要特点是以一种振荡的方法对参数取值空间进行抽样, 使得抽样结果尽可能涵盖整个区域, 参数组的搜索方程如式(3.21)所示:

$$x_i(s) = \frac{1}{2} + \frac{1}{\pi} \arccos[\sin(\omega_i s)] \tag{3.21}$$

式中, x_i 为参数 i 的参数值; s 为数学参数, 即搜索曲线; ω_i 为此参数振荡的角频率。这种参数搜索方式必须确保没有一种频率可通过整系数得到其他频率的线性组合获得, 因此每个参数均拥有一个不同的角频率。

当 HSPF 和 SWAT 模型基于以振荡获得的参数运行, 其模型输出结果也以振荡的方式体现, 并可以运用傅里叶变换, 根据不同的频率(即对应的不同的参数)对输出结果的总方差进行划分(Cukier et al., 1978)。本节采用 Pianosi 等(2015)的文献中公开的代码运行 FAST 方法。

2. 引入滑动窗的方法应用

由于缺乏参数在当地的先验信息, 以及以往的研究基础, 本节讨论的参数均认为是均匀分布, 水文参数值的初始范围和泥沙参数值的初始范围分别列于表 3.9 和表 3.2。采样次数选取为 20001 次, 以保证计算资源的节约和获得稳定的一阶指标。采用 HSPF 模型在日尺度下基于 20001 组参数进行流量和 SSC 的模拟。

表 3.9 水文率定参数简介及不同情景下全局最优解的对比

参数	简介	单位	初始区间	最优值 1	最优值 2
LZSN	低区标准土壤贮水量	in	2.0~15.0	2.002~10.143	2.021~8.268
INFILT	平均土壤入渗速率指数	in/h	0.001~0.50	0.003~0.135	0.001~0.078
KVARY	描述地下水非线性衰退率的参数	in⁻¹	0.0~5.0	3.643	0.202
AGWRC	地下水衰退率	d⁻¹	0.85~0.999	0.987	0.850

参数	简介	单位	初始区间	最优值 1	最优值 2
DEEPFR	进入深层含水层的渗透水比例	—	0.0～0.50	0.005	0.057
BASETP	仅当出流量存在时，潜在蒸散量的分数	—	0.0～0.20	0.000	0.161
AGWETP	能满足剩余蒸散量的有效地下水蓄水分数	—	0.0～0.20	0.000	0.166
CEPSC	拦截存储容量	in	0.01～0.40	0.010	0.123
UZSN	标准上层土壤贮水量	in	0.05～2.0	0.33～0.97	0.050～0.931
INTFW	混流流入参数	—	1.0～10.0	1.000	9.999
IRC	互流衰退参数	d^{-1}	0.3～0.85	0.300	0.300
LZETP	下层蒸散发指数	—	0.1～0.9	0.137～0.900	0.101～0.871

参数敏感度的计算并非直接采用模拟值，而是基于模型性能。此方法将敏感度指标与模拟准确的相联，也在以往的相关文献中得到应用(Cloke et al., 2008；Reusser et al., 2011；Rosolem et al., 2013)。根据模拟值和观测值，选择 RMSE 作为评估模型性能的指标，即目标方程。为了在每一个时间步长下引入滑动窗的方法，对 RMSE 的计算做了调整，如式(3.22)所示：

$$\mathrm{RMSE}_t^w = \sqrt{\frac{1}{w+1} \sum_{i=t-w/2}^{i=t+w/2} \left(S_i^{\mathrm{obs}} - S_i^{\mathrm{sim}}\right)^2} \tag{3.22}$$

式中，w 为滑动窗口的大小，即窗口的宽度；t 为用于敏感性分析研究的时间点；S_i^{obs} 为第 i 天的流量或 SSC 的观测值；S_i^{sim} 为第 i 天的流量或 SSC 的模拟值。一阶敏感性指标继而可在目标方程与滑动窗的结合下进行计算。由于时间变化的影响，日均 SSC 的连续时间序列是必需的。但是由于人力物力的限制，在 2011～2012 年间共搜集并测量得到 24 个 SSC。因此，通过率定和验证获得可靠的模型，用计算出此期间的连续日均 SSC，替代观测缺失值，从而获得所需的连续时间序列。

3. 嵌套流域的划分

采用嵌套流域研究方法，基于 SWAT 模型中子流域划分规则，分级划分成具有上下游嵌套关系的汇水区。划分依据为：将流域内部最大支流西溪河为主要划分对象，按照支流逐渐减少的嵌套关系从下游至上游将流域划分成 8 个级别的流域，其中定义上游的源头流域为 1 级，整个流域为 8 级流域。这种嵌套的划分方法能够更容易分析出不同空间尺度上的差异，并且各个尺度之间的下垫面、降雨等条件有包含的关系,因此在研究上更加方便。具体划分方式为:首先依据构型构建部分将流域划分成 22 个子流域,将主要支流西溪河划分成具有嵌套关系的汇水区,如图 3.9 所示,灰色部分为汇水区,其中,1 号亚流域、4 号亚流域、5 号亚流域、6 号亚流域、9 号亚流域、13 号亚流域、20 号亚流域和 22 号亚流域依次编号为 1 级、2 级、3 级、4 级、5 级、6 级、7 级和 8 级流域。以下空间尺度效应研究将基于上述流域划分展开。

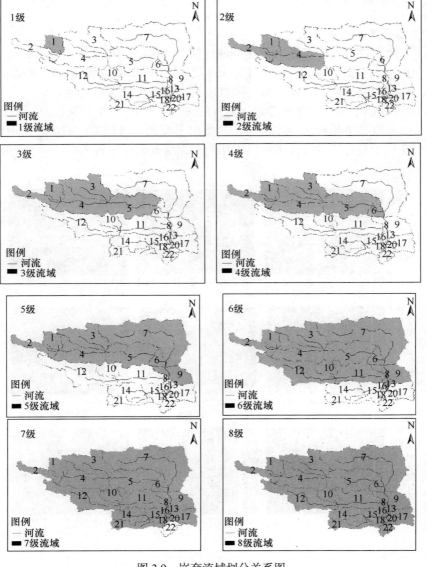

图 3.9 嵌套流域划分关系图

3.2.4 参数敏感性的动态时变特性

本节将 FAST 方法应用到滑动窗来阐明水文和泥沙参数敏感性的动态时变特性。滑动窗步长范围为 4～360d。子窗口的中心点被指定为该时段的代表，连续窗口的中心点亦是如此。因此，如果要关注敏感度的全动态时变，应首推短暂停留时间的滑动窗，否则，敏感度会被错置于真正的步长中。

1. HSPF 模拟结果分析

1) 水文参数结果分析

图 3.10 和图 3.11 分别展示了不同的评估时间尺度下(即 7 个滑动窗大小, 4 日、8 日、16 日、30 日、90 日、180 日和 360 日)12 个水文参数和 11 个泥沙参数的敏感度。对比水文参数和泥沙参数的敏感度后发现两者存在显著性差异。一阶敏感度最小值接近 0，而最大值则趋近于 0.7(见图 3.10 和图 3.11 的颜色图)。值得注意的是，所有敏感度指标之和小于 1，这是由于受到参数相关性的影响。近似 0.7 的敏感度对于参数的敏感性来说已经相当大，这表明模型效果的浮动有 70%是由该参数影响的。

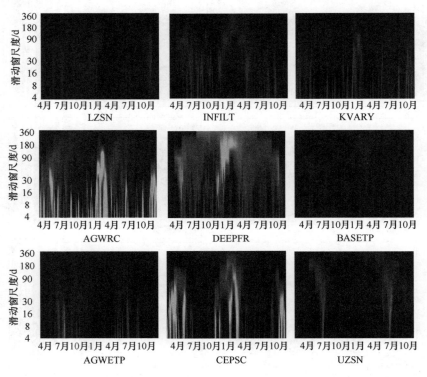

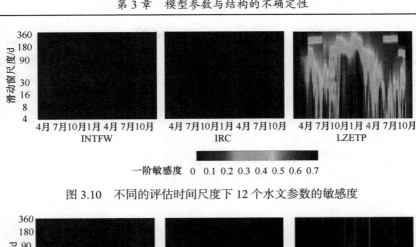

图 3.10　不同的评估时间尺度下 12 个水文参数的敏感度

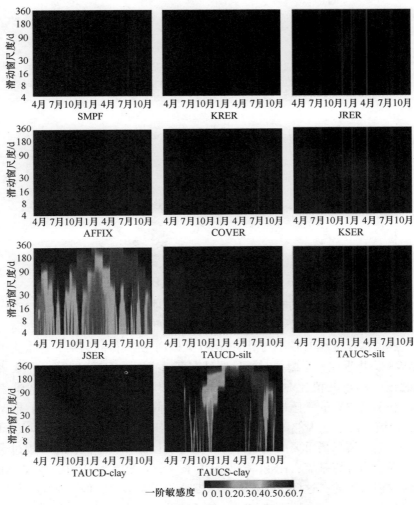

图 3.11　不同的评估时间尺度下 11 个泥沙参数的敏感度

　　考虑到时间尺度动态变化的重要性，用同样的目标方程在整个时间段内计算了 FAST 参数敏感度(图 3.12)。这三张图的对比显示情景整合确实导致了部分信息丢失。以 LZETP 参数举例来说，它在整合情景下模型效果浮动中起至关重要的作用。然而，结合图 3.11 采用 TVMT 方法的结果来看，LZETP 的敏感度在枯水期特别小，同样地，在 TAUCS-clay 的泥沙参数中也观测到类似结果，用整合方法无法检测此参数敏感度在大多数区域的低值。除此之外，图 3.10 中，CEPSC和 AGWRC 的显著高敏感度在整合的时间段内均无法检测到。以上对比结果表明TVMT 方法比传统整合方法可提供更多的动态信息。

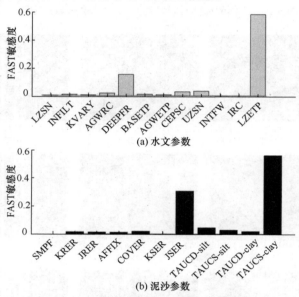

(a) 水文参数

(b) 泥沙参数

图 3.12　水文参数和泥沙参数的 FAST 敏感度

　　每个参数针对 7 个评估时间尺度，包含 7 个时间序列，分别包含 727 个、723个、715 个、701 个、641 个、551 个和 371 个时间步长。如需解释动态时变的特征，应重点关注尺度相对较小的滑动窗(30 天以内)所获得的结果。对水文模型来说，AGWRC 几乎在整个模拟时段显然具有高敏感度，KVARY 则几乎表现为相同的敏感度，尽管其值比 AGWRC 所得的值要小得多。降雨驱动情景表明，AGWRC 和 KVARY 的敏感性多半受流量小的非降雨期控制。在 HSPF 模型体系构建中，径流来源于三大储藏区，即由基流、壤中流和地表径流组成。众所周知，基流是干旱期间流量最重要的组成部分，而地表径流和壤中流仅在暴雨过后的短时间内出现。为计算基流，HSPF 模型引入了一个由参数 AGWRC 和 KVARY 控制的退水方程。因此，这两个参数在枯水期变得影响显著，但在降雨事件中它们的敏感性被与地表径流和壤中流相关的其他参数所淡化。LZETP 几乎在整个模拟时段也是具有高敏感性的指标。LZETP 的高敏感性与降雨量呈正相关。HSPF 模型假定一旦雨水接触地面，水量首先进入下土壤层。下土壤层的蒸散发由 LZETP 参数控制，因为水分极大可能被保留在下土壤层，LZETP 参数的改变会导致下土壤层储量的剧烈波动，进而影响总流量。因此，可以确信的是，降雨驱动 LZETP 敏感性动态时变并引起相关蒸散发过程的主导作用。对 CEPSC 参数来说，其敏感度在枯水期可高达 0.7，这是由枯水期的几场小降雨事件所致，而在雨季时则几乎为零。CEPSC 表征的是冠层的储水能力，控制的是雨水降落到地面前的截留量。显然，在非降雨期，CEPSC 的敏感性不会被激发。在中雨或大雨时期，降雨中的有效水分足以补充径流，截留量则不再重要。相反地，UZSN 参数由于影响上土壤层的保水能力，仅在大暴雨时影响显著，在此期间其值大小将直接影响地表径流。此外，INTFW、IRC 和 BASETP 参数中的高敏感性极为罕见。

2) 泥沙参数结果分析

在泥沙参数中，观测到高敏感性的两个参数分别是影响陆面和河道过程的关键参数，其动态时变如图 3.12 所示。在 HSPF 模型中，陆面的侵蚀过程被认为是雨滴下落到地面分离土壤颗粒，随后这些细颗粒又被陆面径流冲刷的最终结果。在土壤冲刷方程中的 JSER 指数值近似表征陆面流强度和土壤迁移能力间的关系(Saleh et al., 2004)。降雨是冲刷的驱动力，加大了 JSER 的敏感性(图 3.12)，但是大暴雨事件中 JSER 的敏感性下降，这就意味着此刻冲刷过程不再是重要过程。此时，TAUCS-clay 的敏感性急剧增大，此参数是指冲刷黏土的河道临界剪切力。剪切力过大，则河道和河床被冲刷，泥沙被冲起。TAUCS-clay 值的改变会改变冲刷的频率和程度，该过程是降雨事件的主要过程。此外，参数间也存在着敏感性分布的相似性，如 KRER 和 JRER 之间、SMPF 和 COVER 之间、KSER 和 JSER 之间及 TAUCS-silt 和 TAUCS-clay 之间，这主要是由于相似的参数控制相同的过程。

提及相似性，根据不同的响应模式将这 12 个水文参数分为五组：①蒸散发(LZETP、AGWETP 和 BASETP)；②水分的纵向运移(LZSN、UZSN 和 INFILT)；③壤中流(INTFW 和 IRC)；④基流(KVARY 和 AGWRC)；⑤水分损失(CEPSC 和 DEEPFR)。将 11 个泥沙参数分为三组：①与陆面过程有关的参数包括 KRER、JRER 和 JSER；②与管理措施相关的有 SMPF、AFFIX 和 COVER；③与河道过程相关的参数为 TAUCD-silt、TAUCS-silt、TAUCD-clay 和 TAUCS-clay。在每个步长为 30 天的滑动窗中，每组参数对模型效果波动的贡献基于敏感度计算得到，并与标准化后的径流量和悬浮泥沙含量观测值一起绘制在图 3.13 中进行对比。通常认为，土壤水分蒸发蒸腾损失总量组中的参数是导致小流域高流量时段大多数模型效果波动的主要原因，而与水分损失和基流相关的参数敏感性在低流量时段增大。从泥沙模拟结果来看，三组参数间有明显的区别。与陆面过程有关的参数几乎在整个时间段内都尤为重要，但其影响在暴雨期间 SSC 增加时减弱。与管理过程和河道过程有关的这两组参数则恰恰相反，在 SSC 显著增加时方可识别。以上分组结果与前文讨论部分相吻合，其对于控制措施的指导将在下文中讨论。

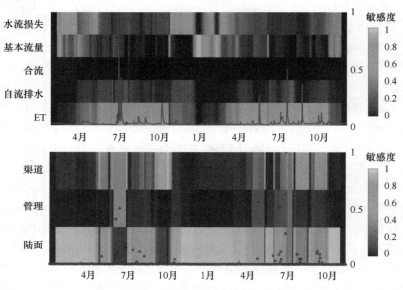

图 3.13　30 天尺度下水文和泥沙参数组的敏感性贡献率对比

3) 尺度依赖特性分析

研究评估尺度特指时间尺度，空间尺度在此处不予讨论。某一尺度的滑动窗代表在这一时间尺度下模拟所用的时间步长数。参数敏感性对不同尺度的依赖主要反映在这一时间段内的数据量和数据特征中。此外，选用 RMSE 作为目标方程，其值更多受到高值影响。尺度更大的滑动窗则可能包含更多高值数据。因此，在较大的评估尺度下用 RMSE 评估得到的模型残差主要受控于影响峰值和总值的参数。

在水文模拟结果中，AGWRC 的敏感度会随滑动窗尺度的增大而降低(图 3.12(a))，仅在尺度小于 30 天的滑动窗中可见其高敏感性。而 LZETP 的敏感性却与之相反，在尺度增加到 30 天及以上时敏感性显著加大，这表明与 AGWRC 相比，LZETP 的识别需要时间更长的评估尺度。原因如下：LZETP 控制下土壤层的有效水分，这是供给径流和流量峰值的总水分中的基本成分；而 AGWRC 仅控制基流量，其对流量峰值和总径流量的影响在相对较大的时间尺度下可能会有所减弱。在泥沙模拟结果中(图 3.12)，TAUCS-clay 的敏感性对时间尺度有很强的依赖作用。高 SSC 集中在 6～9 月，在这段时间内，如果滑动窗尺度升至 30 天及以上，将包含诸多高泥沙浓度值，那么此时敏感性将小于小尺度(30 天以内)下的敏感性。在低流量时段，只有大时间尺度才能激活该参数，因为滑动窗的尺度需要足够大才能包含足够多的高值来影响 RMSE 的计算值。

　　为进一步分析参数的尺度特征，本节在 7 个滑动窗尺度下比较了 12 个水文参数和 11 个泥沙参数敏感度的累积概率分布图。每个小图中的 7 种不同颜色分别代表 7 个不同尺度。当滑动窗尺度增大时，分析时变敏感性的时间步长数将减少。为了确保不同时间尺度对比的一致性，选择 2011 年 6 月 1 日～2012 年 6 月 1 日这一时间段，此时段内 7 个不同时间尺度的滑动窗有着相等的步长，同时枯水期和丰水期均被包含在内，可以反映流域完整的水文期。通常来讲，每个参数计算所得的敏感性在 7 种不同尺度下的分布应呈现相似的趋势。在水文模拟结果中，主要的不同点在于 360 天尺度下的敏感性分布线很陡峭，这意味着在此评估尺度下的大多数敏感度集中在很窄的范围内。举例说明，360 天尺度下 AGWRC 的敏感性几乎全部集中于在 0～0.04 范围内。在 LZSN、KVARY 和 AGWETP 参数图中也发现了类似的结果(图 3.13)。值得一提的是，大多数参数在 30 天时间尺度窗口下的敏感性累积分布函数维持在相对中等的水平，这也是选择 30 天尺度的原因之一，原因之二是 30 天的时间足以涵盖一场可以引起严重土壤侵蚀的典型降雨事件。尺度过小的滑动窗可能会被数据误差所影响，除非选用高精确度的数值。相反地，如果尺度过大，则噪声数据的干扰将加大，所需提取的关键信息将会模糊 (Wagener et al.，2001)。

　　此外，参数敏感度分布的相似规律揭示了这些参数与同一过程有关，如参数 KVARY 和 AGWRC、LZSN 和 INFILT、IRC 和 INTFW、KRER 和 JRER、KSER 和 JSER、TAUCS-silt 和 TAUCS-clay 之间。对有些参数而言，以 AGWRC、DEEPFR 和 LZETP 为例，7 个累积概率分布存在很大程度的分离，表明不同尺度下的敏感度的大小存在明显的分歧。这就进一步说明，就某一特定参数而言，滑动窗尺度影响其敏感度大小。相反，参数 INFILT、CEPSC 和 AFFIX 在不同尺度的曲线间出现了相当大范围的重叠，表明上述影响较小。

　　2. SWAT 模拟结果分析

　　图 3.14(a)、(b)和(c)分别展示了 28 个所选参数在不同的评估时间尺度下(8 个滑动窗大小，10 日、30 日、60 日、90 日、120 日、180 日、200 日、240 日和 300 日)的对径流、泥沙和总磷输出的敏感度。横坐标表示对应的时间(天)，纵坐标对应参数。一阶敏感度最小值接近于 0，而最大值在个别时间段内为 0.8 左右(见图中的颜色条)。

　　由分析结果可发现，在不同的时间步长下分析得到的影响因子具有不同的敏感性指数，事实上影响因子具有一定的时间尺度效应。在时间动态分析下，探究

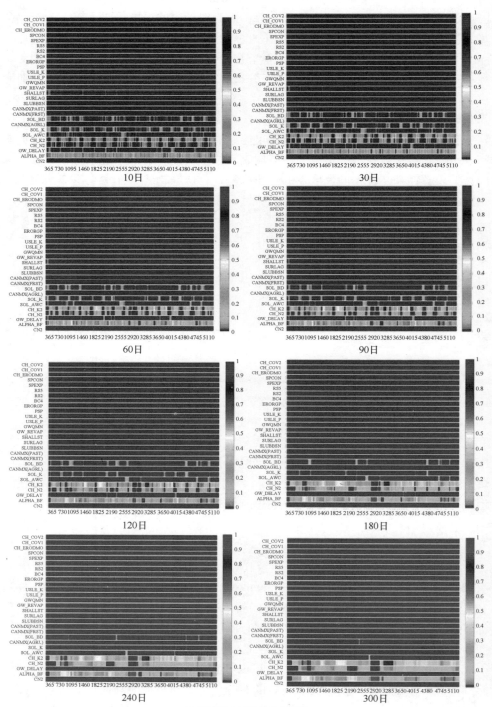

(a) 径流影响因子敏感度评估

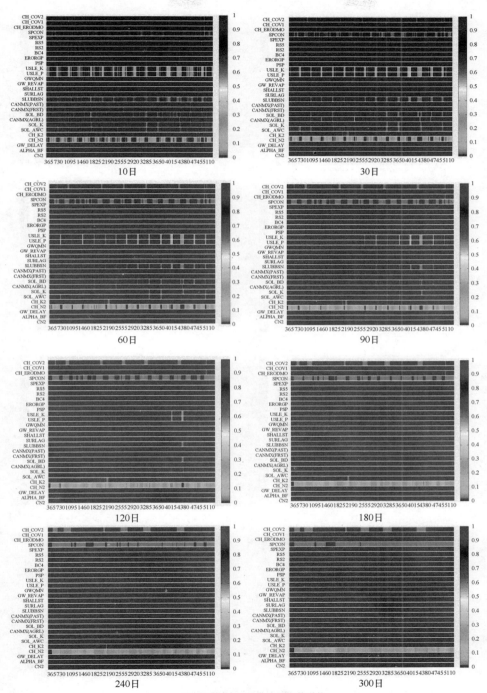

(b) 泥沙影响因子敏感性指数评估

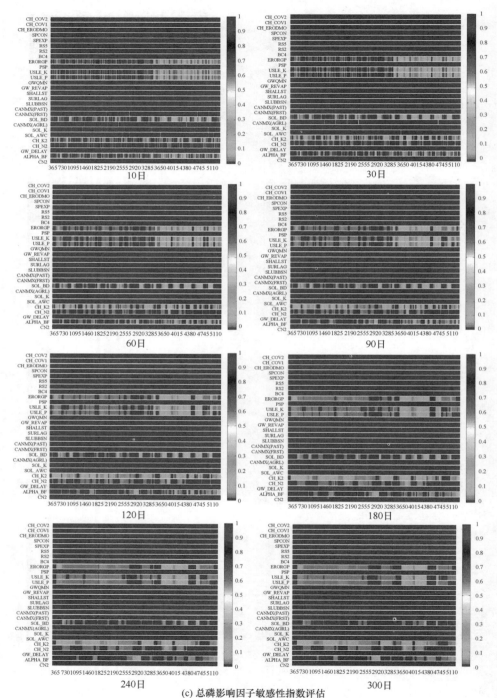

(c) 总磷影响因子敏感性指数评估

图 3.14　径流、泥沙和总磷影响因子敏感性指数评估

影响因子的敏感性差异有助于水文和非点源污染的模拟及观测。

根据图 3.14 可知，分析步长的差别会造成影响因子在时间尺度上敏感性的差异，随着分析步长的减小，参数敏感度指标被细化，但是达到一定的范围时，影响因子的影响力不再变化。由步长为 300 日(年尺度)的分析可知，具有一定敏感性的关键影响因子分别有 ALPHA_BF(基流退水因子)、CH_K2(河道冲积物有效渗透系数)、CH_N2(河道曼宁系数)，敏感性指标较高一点的为河道冲积物有效渗透系数 CH_K2。在 240 日步长下分析得到的结果与 300 日步长的结果差别不大，但在同一时间段内影响因子的敏感度有一定的差异。河道冲积物有效渗透系数 CH_K2 在 2008 年表现出很高的敏感性，240 日步长下的高敏感性时段位于 2008 年后 240 天左右，说明该参数对全年模拟的影响主要从 3 月后的雨季开始，但是在年尺度的模拟中体现不出来，其他年份也有类似的规律。基流退水因子 ALPHA_BF 在全年均表现出敏感性，在 240 日分析步长下除了 2007 年内敏感性指标较高，其他时间段内该影响因子与径流的响应关系比较平稳。同样的，在 180 日步长下的分析结果又能进一步确定影响因子 CH_K2 在 3～10 月为敏感性最强的时间，这段时间也是年内的丰水期，120 日和 90 日步长下分析得到的影响因子结果很相近，相比于 180 日步长的结果，部分时间内的敏感性更为精确，例如，CH_K2 在历年的 1 月和 12 月都有很低的敏感性指标，更能说明该影响因子的影响时间范围。两个分析步长得到的敏感性在时间尺度上动态变化的结果几乎相同，说明在这两种尺度下水文模拟过程一致。在监测方面，90 日、120 日和 180 日尺度下的监测数据在用于模型模拟时的结果相同。30 日步长尺度下的影响因子在动态时变上的敏感性结果与 90 天差异明显。日步长分析尺度下，CH_K2 的影响范围更加明显，几乎分布在历年的雨季。参数 ALPHA_BF 的敏感性在小尺度下也显然是整个时间段内都有敏感性的因子。此外，在月尺度和日尺度的分析中，土壤湿容重 SOL_BD、饱和渗透系数 SOL_K 和土层有效含水量 SOL_AWC 三个影响因子的敏感性有所凸显。90～10 日步长分析尺度下，SOL_K 的高敏感性指标在非雨季时期表现，且在 CH_K2 的敏感性指标较低的时候表现。

上述分析结果一方面说明参数的影响在日、月尺度上同季度尺度有差异。另一方面，在分析的时间尺度变短时，土壤的理化性质在水文模拟过程中重要性增加，水文过程与土壤理化性质之间响应关系增加，且在雨季时河道影响为主导，但是在非雨季时期，土壤参数对径流的输出的影响会变得明显。随着分析尺度增加，在大的时间尺度分析下，水文过程主要受河道和基流的影响，土壤的理化性质影响相对不明显。在监测方面，月数据的监测对于模型模拟结果的优势在于可以更加准确地进行模拟，并更加细致地探究影响因素。在月尺度、日尺度数据的监测和模拟过程中，要注意影响因素与年尺度上的差异，但是日尺度和月尺度上水文过程的差异在此处并不明显。

在 300 日、240 日、180 日和 120 日时间步长下对泥沙影响因子敏感性分析可知，最敏感的是河道曼宁系数 CH_N2，与径流的敏感性参数不同。显然，在 120 日分析步长下，曼宁系数 CH_N2 在年初及年尾的枯水期敏感性指标有所下降，与径流的影响相同。此外有一定敏感性的指标还有 SPCON，该参数是模型中用于计算最大泥沙量的线性参数，主要影响模拟尺度过程。值得注意的是，在分析步长为 30 日和 10 日时，参数土壤侵蚀因子 USLE_K 与水土保持措施因子 USLE_P 在部分时间段里表现出了一定的敏感性，根据模型中土壤流失方程可知，泥沙产量由土壤侵蚀因子、水土保持措施因子、土地覆盖与管理措施因子以及地形和粗糙度因子决定，因此下垫面条件不变的情况下，泥沙的产出主要受到这两个因子的影响，且由于这两个影响因子与泥沙的输出存在一定的正比关系，其在相同的时间里敏感性相同。在 60 日以上的分析步长下这两个影响因子并未表现出明显的敏感性，说明其对泥沙的影响在短时间里更为明显。此外，由于 2009 年以后研究流域的耕作类型与 2008 年以前不相同，此处的影响因子影响程度存在差异。根据 30 日和 10 日分析步长结果，可知两个影响因子在历年的枯水月(年初及年末)对泥沙的影响更为明显。此外，在 10 日分析步长下，平均坡长因子 SLSUBBSN 表现出一定的影响，说明在短时间的分析尺度下，坡长对泥沙的输出会有一定的影响。因此，在进行日尺度上的输沙研究时，坡长会是一个需要考虑的影响因子。

相比于径流和泥沙，300 日分析尺度下的总磷的主要敏感性因子为 CH_K2、泥沙运移中有机磷的富集比 ERORGP、USLE_K、USLE_P，它们贯穿于整个分析时间。由此，总磷的产量与泥沙的输出存在着影响因子相同性，说明研究区内总磷的输出主要受到泥沙输移的影响。除此之外，曼宁系数 CH_N2 也在部分时间里对总磷的输出有影响，这主要是由模型模拟计算过程导致的。随着分析步长的减小，ERORGP 影响因子对总磷输出的影响主要在雨季，雨季时，土壤被降水冲刷，有机磷随着泥沙进入到地表径流中，根据总磷模拟机理可知，地表径流增加会引起磷的富集比增加，进一步影响随着地表径流中泥沙迁移到主河道的磷量，对总磷的输出有较大的贡献。此外，土壤湿容重 SOL_BD 在 120 日以下的尺度分析时表现出一定的影响性。从 120 日、90 日和 60 日步长尺度下分析可看出，其影响主要在非雨季，且土层容重与泥沙输移有机磷量呈反比例关系。土壤容重是指一定容积的土壤烘干后的重量与同容积水的总量之比。在雨季，主要为耕作期，土壤相对疏松，土壤容重较小。从磷的转化机理上看，此时随泥沙迁移的磷的量将会增加，但由于雨季土壤中水含量较大，容重变化较小，因此对磷的影响不明显。然而非雨季，由于土壤中含水量变化差异大，在 90 日分析步长尺度以下，基流退水常数 ALPHA_BF 也表现出一定的敏感性，它主要影响着地下水对主河道的补给，即影响着浅层含水层中流入主河道的地下水中含有的可溶性磷的量。因此，在分析步长在季度时间以下的时候，基流是总磷产量的主要影响因子之一。

3. 年、季、月、日时间步长下响应分析

1) 年步长尺度分析

对于步长为 300 日(年尺度)的结果,表现出一定敏感性的参数有 ALPHA_BF、CH_K2、CH_N2,敏感性指标值较高一点的为 CH_K2,但是各年份有一定的差别。2008 年 CH_K2 参数敏感性指标值最高,约为 0.8,该参数可直接反映河道中径流衰减情况。基流退水常数和曼宁系数反而呈现较弱的敏感性。由前述可知,2008 年时,降雨量最高,且地表径流量较其他年份高,地下水量相较于其他年份低。对于年尺度的径流产生量,此时对河道出口径流有明显响应的是河道衰减情况,因此在降雨量较大时期,该地区 CH_K2 对径流的输出有明显的影响。另外,从分析期开始,2000 年下半年 CH_K2 参数敏感性增加,在第二年的 2001 年其敏感性指标值低于 0.1,而 ALPHA_BF 敏感性指标值较高,说明该年的地下水与径流响应关系明显。分析地下水对径流补给的变化可发现 2001 年的地下水占总径流量的比例高于 2000 年(图 3.15)。2002~2006 年间,CH_K2 参数敏感性指标值在 0.2~0.5 变化,与 ALPHA_BF 参数之间的敏感性值具有相互交替性。在 2007 年时,ALPHA_BF 参数的敏感性指标值较高,约为 0.7 左右。而 CH_K2 和 CH_N2 参数对水文变化响应并不敏感。从 2009 年开始,对水文变化响应敏感的主要是 CH_K2 参数。因此在年际尺度上,2009~2014 年水文与主河道冲积物的有效渗透系数具有较高的响应关系。ALPHA_BF 参数为第二敏感性参数,与该段时间的水文变化具有一定的响应关系,也进一步说明在该时间段内,水文过程变化比较稳定。

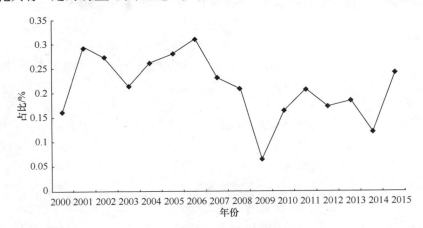

图 3.15　地下水对河道贡献百分比

相比于径流,泥沙在分析时段内敏感性指标值较高的为河道水流的曼宁系数 CH_N2,此外还有 SPCON。SPCON 参数是模型中用于计算最大泥沙量的线性参数。而其他参数表现出敏感性指标较低。总磷的敏感性指图中,EROPGP(泥沙运移中有机磷的富集比)、USLE_K、USLE_P 和 CH_K2 的敏感性较为突出。其中 EROPGP 参数表明在年际尺度的总磷输移过程中，泥沙对总磷的影响比较明显。而 CH_K2 因子对径流的直接影响，间接影响径流携带的总磷。此外，USLE_K 和 USLE_P 参数均是模型中计算泥沙输出的关键参数。进一步说明在研究时间段内，以年际尺度为分析步长分析，则泥沙对总磷的输出有一定的影响，且响应关系明显的因子为 EROPGP、USLE_K 和 USLE_P。除此，CH_N2 参数在 2001 年、2003 年、2005 年、2006 年、2010 年和 2011 年也表现为微弱的敏感性，CH_N2 直接影响流速和洪峰流量的变化。因此，在水文与 CH_N2 响应关系明显的时间段内，该参数对河道中径流所传输的部分总磷有所影响。

2) 季步长尺度分析

当分析步长为 90 日时，可看出影响因子在季度时间上的动态影响差异。对于径流，敏感性指标较大的参数是 ALPHA_BF、CH_K2、CH_N2，其中 CH_K2、CH_N2 的敏感度在 0.1~0.6 范围内。在整个丰水年 2008 年中，CH_K2 为与径流变化响应关系明显的参数，这与年步长分析尺度下的结论相同。不同的是，在更为细致的季步长尺度下，由于这段时间为丰水期，CH_K2 参数在第二季度和第三季度期间的敏感性极为明显。值得注意的是，参数 ALPHA_BF 的敏感性指标虽有变化，但在整个分析时间段内均呈现出一定的敏感性，其中 2007 年敏感度较高的时间为第二季度和第三季度。参数 CH_K2 一般在第一季度时间段内并不敏感，足以说明在有一定降雨量时，CH_K2 参数对流量的响应比较明显。相比之下，用于计算径流的 CH_N2 明显在每一年的第四季度及第一季度期间内敏感性指标值较低，而在第二季度、第三季度有一定的敏感性。在模型中用于计算径流的 CH_N2 用于径流流速和洪峰量的计算，因此该参数对径流的影响在降雨量对于模型模拟的影响中体现。参数 SOL_BD 和 SOL_K 在部分时间段内显示出一定的敏感性，说明在相比于年尺度，某些时间段里的季度径流量的变化与 SOL_BD 和 SOL_K 有一定响应关系。

在 90 日步长下对泥沙分析的结果与年尺度下分析的结果相同，CH_N2 表现出了极大的响应，但在每年的年初和年尾(枯水期)该参数的敏感性指标值很低。参数 SPCON 也在时间上表现出了敏感性不连贯的特征，也说明在年中的丰水期间，该参数对泥沙输出的响应较明显。90 日步长下总磷的敏感性参数也是 EROPGP、USLE_K、USLE_P 和 CH_K2，SOL_BD、CH_N2 和 ALPHA_BF 也在一定的时间段内表现出一定的敏感性。和径流的变化趋势一样，参数的敏感性在时间尺度上被细化，说明影响因子对总磷的影响在年内的不同时期是有差异的。

3) 月步长尺度分析

从月步长分析尺度下的径流参数敏感性指标图中可知，ALPHA_BF 参数在整个分析时间段里显然具有高敏感性指标，但由于分析步长为月尺度，图上明显能够显示相比于年、季尺度分析，该参数的敏感性在不同时期被细化，并且能够找到其与水文响应关系所对应的时间段，2007 年该参数在 6 月左右呈现出较高的敏感性指标，在 6～9 月期间的敏感性指标在 0.3～0.7。CH_K2 在年内的丰水期敏感度比较突出，与季步长分析结果有些许差异，例如，在 2008 年，明显能够看出在 1 月、2 月和 12 月左右未表现出高的敏感性，在 3～11 月的雨季期间表现为高敏感性，但仅在 8 月左右呈现出约 0.8 的敏感性。此时在部分时间段内，参数 SOL_BD、SOL_K 和 SOL_AWC(土层有效含水量)也呈现出一定的敏感性，但对于整个分析时间段来说并不明显。相对而言，与泥沙响应关系明显的 CH_N2 在各年内表现出了均匀的敏感性，其敏感性集中于 3～11 月的雨季。这是由于模型本身应用 CH_N2 计算流速与洪峰量，而两个因素对泥沙的输移均有影响，在雨季形成地表径流时，该影响因素会与泥沙之间产生间接影响。此外，USLE_K 和 USLE_P 在历年 1 月、11 月和 12 月表现出一定的敏感度，这与年尺度分析结果有所差异。在月步长分析下，SPCON 的敏感性却不明显，只在 6～9 月有一定的敏感性。该分析得到的总磷的敏感性参数也是 EROPGP、USLE_K、USLE_P、CH_K2、SOL_BD、CH_N2 和 ALPHA_BF。其中参数 EROPGP、USLE_K、USLE_P 在 2009 年开始敏感性指标提高，参数 SOL_BD 依然在 8 月～次年 3 月期间表现出一定的敏感性，同样是在 2009 年以后敏感性增强。整体上来看，总磷的参数敏感度指标都不是很高，参数与径流和泥沙的参数保持一致，说明在此模拟过程中，总磷主要受径流和泥沙输出的影响。又由于研究区的总磷数据缺失，对日尺度径流数据的模拟存在着很大的不确定性，可能会对总磷的影响因素分析造成一定的影响。

4) 日步长尺度分析

在 10 日步长分析尺度下，ALPHA_BF 参数依旧在整个时间段内表现出高的敏感性，其敏感度指标在 0.1～0.7，说明径流日输出的范围内，ALPHA_BF 也是其主要的影响因素。参数 CH_K2 也在每一年的雨季有一定的敏感性，但是非雨季敏感性不明显，所以 CH_K2 对径流的影响主要在有降雨量期间。其次，影响因子 CH_N2、SOL_BD、SOL_K 和 SOL_AWC 在部分时间段里有一定的敏感性，说明在分析尺度较小时，土壤的理化性质对泥沙的影响不可以忽略。由图 3.14 可看出，SOL_BD 和 SOL_K 两个影响因子之间具有一定的相关性，如 2000 年，二者均是在前 1～120 日内具有一定的敏感性，且敏感性相当，在 2001 年的 30～60 日、2002 年 1～90 日和 330～360 日也表现出一定的敏感性，在其他时间内两个参数也表现出趋势相同的变化规律。此外，在 10 日步长分析尺度下，地下水延迟因子 GW_DELAY 也稍敏感，该参数是模型用于计算地下水补给时所用到的参数，并不能直接测量，由于其敏感性不明显，此处不再赘述。泥沙的敏感性因子在日步长尺度下的分析与月步长下的分析结果很一致，主要的敏感性因子为 CH_N2、USLE_P 和 USLE_K。总磷因子敏感性指标与月尺度分析结果存在很大的相似性，在此不再赘述。

4. 影响因子空间尺度效应

空间尺度下影响因子分析在相同的时间步长下进行，本部分在年尺度、季尺度、月尺度以及日尺度下对不同空间上影响因子进行分析。

1) 年步长尺度分析

年步长分析结果如图 3.16 所示。整体上看，各个尺度上的径流影响因子基本相同，但是存在着敏感性程度的差异。1 级流域的径流影响因子有 ALPHA_BF、CH_K2、CH_N2、SOL_K。其中 CH_K2 的敏感性指标在整个分析时间段都具有相对较高的敏感性，说明在源头小流域位置，径流主要受河道条件影响。ALPHA_BF 也在整个分析时间段影响着径流的产出，但是敏感性指标低于 CH_K2 和 CH_N2。与此同时，SOL_BD 和 SOL_K 在部分时段表现出一定敏感度，因此源头流域的径流还会受到土壤含水条件的影响。2 级流域的 CH_K2 因子对径流的影响要高于 1 级流域，由于 2 级流域面积要超出 1 级流域很多，河道长度也增加，从地形上看，2 级流域的海拔差异更加明显，因此河道的影响性会增加。基流退水因子的敏感程度与 1 级流域相比有所增加，主要由于 1 级流域为源头流域，其径流主要来源于高山融水，与地下基流的相应关系并不明显。此时，CH_N2 的敏感性降低，而 SOL_K 和 SOL_BD 两因子并没有与径流输出有明显的响应关系。因此在 2 级流域上，径流的主要影响因子为 CH_K 和 ALPHA_BF，径流输出主要受河道和基流的影响，且在尺度增加的情况下土壤含水条件并不是径流的主要影响因子。3 级流域敏感性分析结果与 2 级流域存在很大的差异，主要影响因子未变，但是敏感性不尽相同。其中 ALPHA_BF 在 2008 年以前呈现很高的敏感性，但是 CH_K2 却并不敏感，说明在 2008 年以前，年尺度上地下水为径流的主要影响因子，在 2009 年以后，三个因子的敏感性指标与 2 级流域相同。对于 4 级流域，其径流的主要影响因子与 2 级流域相同，主要影响因子为 CH_K2 和 ALPHA_BF，CH_N2 主要在模型计算过程中对径流产量产生影响。4 级流域与 2 级流域在对应时间段内各指标敏感性相同，即主要影响因子在该两级流域上的变化规律相同。值得注意的是，5 级流域的径流主要影响因子在该时间尺度上的变化规律与 4 级、2 级具有一致性，由此看出，这三个流域在径流输出过程上是相似的。6 级流域影响径流的主要为河道因素和地下基流因素。7 级流域和 8 级流域的径流主要影响因子变化规律一致，在地理位置上，下垫面条件以及土壤类型很相似，由主要影响因子分析结果可知在输出过程上，这两级流域也具有相似性。

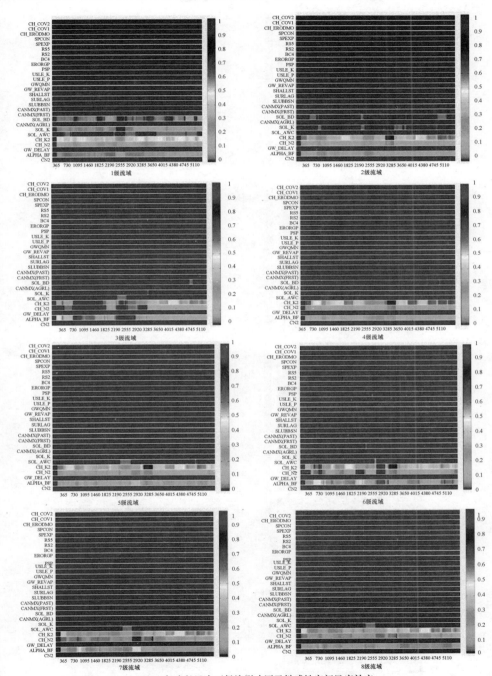

(a) 年步长尺度下径流影响因子敏感性空间尺度效应

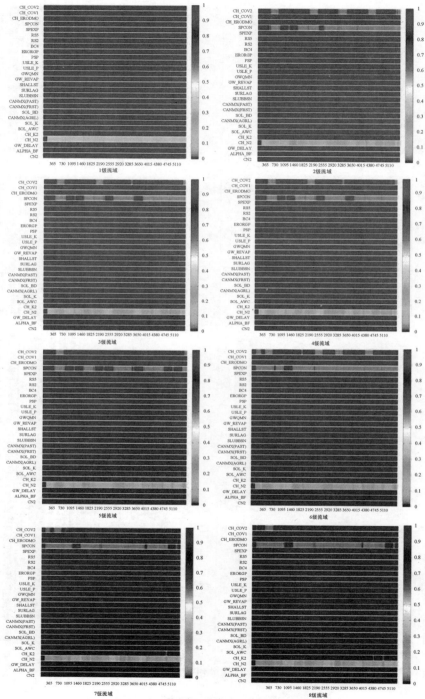

(b) 年步长尺度下泥沙影响因子敏感性空间尺度效应

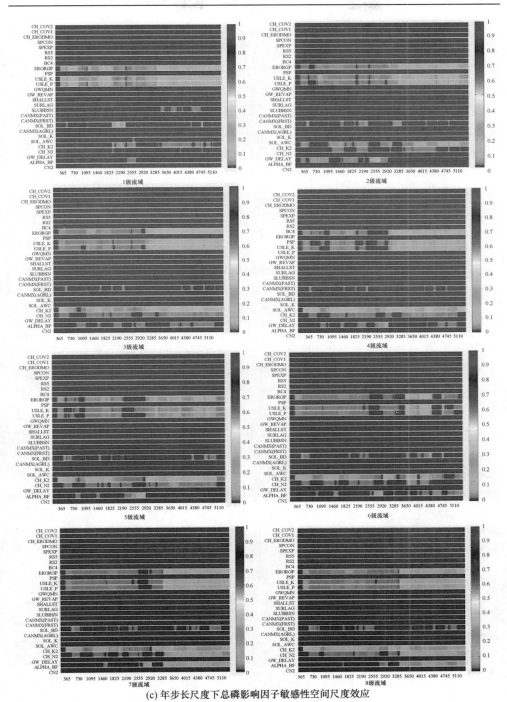

(c) 年步长尺度下总磷影响因子敏感性空间尺度效应

图 3.16　年步长尺度下径流、泥沙、总磷影响因子敏感性空间尺度效应

在各级流域尺度上，泥沙的影响因子为 CH_N2。SPCON 参数是模型中计算最大泥沙量的线性参数，此处表现出一定敏感性，但是并不高。与泥沙和径流不同的是，总磷的影响因子主要有 ERORGP、USLE_K 和 USLE_P。在 1 级流域，这三个参数的敏感性指标高出其他级流域。以上说明在各级流域，这三个因子都是与泥沙输出有较高响应关系的因子。从 2 级流域开始，CH_K2 因子逐渐表现出敏感性，且在 3 级流域以上，该因子与总磷输出的响应关系贯穿于整个时间段。从图 3.17 中可看出，在 3 级至 8 级流域的主要影响因子及敏感性程度保持一致，因此这几级流域的总磷输出过程具有相似性。

2) 季步长尺度分析

季步长分析得到的结果见图 3.17。在 90 日步长尺度分析下，1 级流域与径流响应关系明显的因子有 CH_K2、SOL_BD、SOL_K、ALPHA_BF 和 CH_N2。对于 2 级流域，CH_K2 和 ALPHA_BF 参数的敏感性指标明显升高。相反的，SOL_BD、SOL_K 因子敏感性下降。说明相对于 1 级流域，2 级流域的径流输出与河道和基流的相关性较明显，此时，土壤物理属性的影响减弱。3 级流域上对径流有影响的因子规律与 2 级流域有很大的差别。从图上能够看出，ALPHA_BF 成为与径流输出响应关系明显的因子，而 CH_K2 对流域出口断面径流的影响表现在 2009 年以后的雨季，其他参数对于径流量影响无明显规律。4 级流域影响径流的因子与 2 级流域的规律相同，径流与 CH_K2 之间的响应关系明显，敏感性指标高达 0.8，其敏感性主要出现在雨季，原因同前述分析。其次是 ALPHA_BF，敏感性指标在 0.1～0.3。用于模型计算的曼宁系数也在雨季表现出了敏感性，主要受模型计算过程影响。但是 SOL_BD 和 SOL_K 表现出不敏感的特征。整体上看，5 级流域、6 级流域、7 级流域、8 级流域径流影响敏感性因子与 4 级流域表现相同，且 CH_K2 为雨季最敏感的因子，ALPHA_BF 的影响在整个分析时间段内且变化平稳，也说明这几级流域径流过程相似，这与年步长分析的结果一致。

各级流域泥沙的主要影响因子是曼宁系数。从 2 级流域开始，参数 SPCON 开始出现一定的敏感性，并且敏感性集中于降雨时间段内，由于该参数是用于计算最大泥沙量的线性参数，降雨量时泥沙输出量也更大。整体上看，分析时间步长下，并没有与泥沙输出响应明显的因子。1 级流域的总磷输出的影响因子为 USLE_K、USLE_P 和 ERORGP，SOL_BD 在枯水期表现出一定的敏感性，说明源头小流域的总磷输出受到土壤因素的影响。相比之下，SOL_BD 因子在 2 级流域下的敏感性减弱，说明在 2 级流域，土壤条件与总磷输出之间响应关系不明显。3 级流域除了影响因子 USLE_K、USLE_P、ERORGP 之外，CH_K2 也成为敏感性指标较高的影响因子，能够看出当流域尺度扩大至 3 级流域尺度时，河道因素也逐渐成为影响径流的因素。这一结论也能从 4～8 级流域的总磷敏感性因子分析结果中得出。此外，其他具有敏感性的参数并未在全分析时段体现敏感性，可以

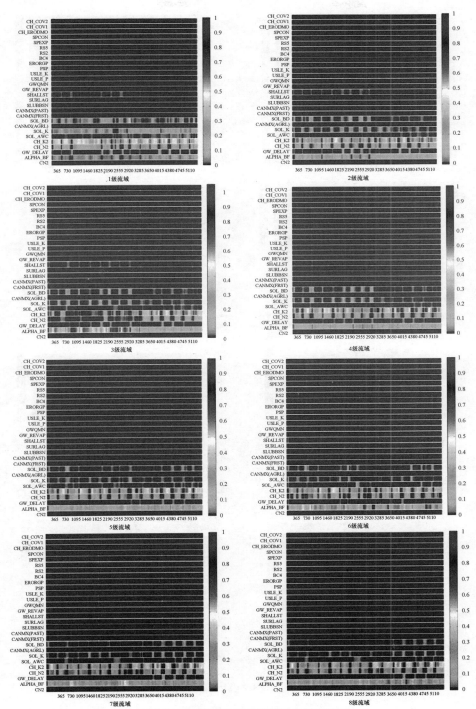

(a) 季步长尺度下径流影响因子敏感性空间尺度效应

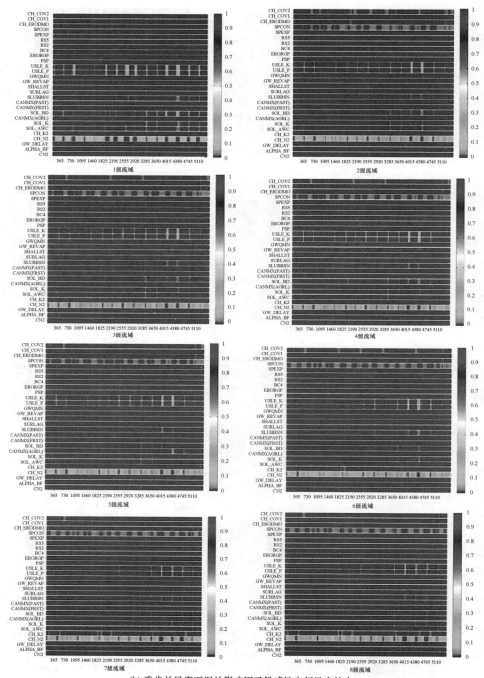

(b) 季步长尺度下泥沙影响因子敏感性空间尺度效应

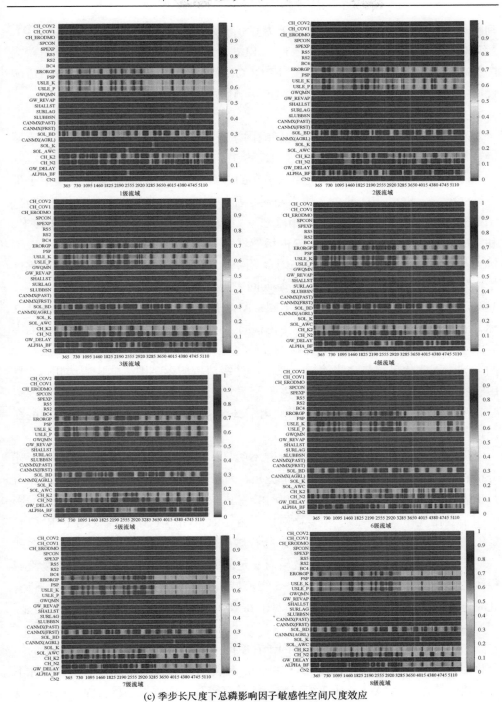

(c) 季步长尺度下总磷影响因子敏感性空间尺度效应

图 3.17　季步长尺度下径流、泥沙、总磷影响因子敏感性空间尺度效应

判断在 1 级流域的总磷主要影响因子为 USLE_K、USLE_P、ERORGP 和 SOL_BD，2 级流域的总磷影响因子为 USLE_K、USLE_P、ERORGP，3～8 级流域的总磷主要影响因子为 USLE_K、USLE_P、ERORGP 和 CH_K2，主要影响因素随着流域尺度的增加，土壤条件影响减弱，河道影响增加。

3) 月步长尺度分析

基于月尺度分析步长条件下的影响因素空间变化如图 3.18 所示。1 级流域径流影响因子主要有 CH_K2、SOL_K、SOL_BD、ALPHA_BF 以及 CH_N。其中 CH_K2 因子与径流的响应主要从历年的 3 月开始，说明该影响主要集中于雨季。SOL_K、SOL_BD 两个土壤参数对该流域径流的影响比较明显。与此同时，ALPHA_BF 的敏感性指标较低。相比之下，2 级流域的主要敏感性参数为 CH_K2 和 ALPHA_BF，其中 ALPHA_BF 的敏感性指标比 1 级流域要高，说明在 2 级流域上基流成为断面径流的重要影响因素。同时，参数 SOL_BD、SOL_K 的敏感性指标降低，且在 2008 年以前的非雨季期间表现出敏感性，敏感度大概在 0.3 左右。3 级流域的影响因子与前两级流域不同，ALPHA_BF 参数表现出极高的敏感性指标，跟年、季度步长分析下的空间变化相同，3 级流域与 1 级流域、2 级流域的影响因子变化有差异，说明 3 级流域的径流过程与前两级流域存在差异。4 级流域的影响因子变化规律与 2 级流域相似，5～8 级流域的影响因子变化规律相似，且敏感性指标大小相似，影响径流的主要因子为 CH_K2 和 ALPHA_BF。整体上看，4～8 级流域在径流输出过程上的影响因子具有相似性，可以说明这几级流域的径流过程是相似的。

泥沙的影响因子在空间上的差异并不明显，主要影响因子为 CH_N2 与上述分析相同。但是由于在月步长尺度下分析，因子 USLE_K 和 USLE_P 在 12 月、1 月也表现出不同程度的敏感性，敏感性指标大致为 0.1～0.4。各级流域总磷的影响因子变化规律基本一致。主要影响因子为 ERORGP、USLE_P、USLE_K 以及 SOL_BD。其中 1 级流域的 SOL_BD 指标敏感性相对较高，达到 0.3 左右，在此说明土壤物理条件对源头流域的总磷有一定的影响，而 ALPHA_BF 对 1 级流域径流的影响并未体现出来。对于 2～5 级流域，SOL_BD 的敏感性指标有所下降，此时土壤条件对总磷的影响减弱，而对于 6～8 级流域，SOL_BD 的影响变得明显。

4) 日步长尺度分析

由图 3.19 可看出，径流的影响因子在空间上的变化规律与月步长分析下的结果相似，影响 1 级流域的 SOL_BD 和 SOL_K 随着流域尺度增加，敏感性指标下降。相反的，ALPHA_BF 从 2 级流域开始具有较高的敏感性指标。因此在日尺度上，源头流域径流仍然受到土壤条件的影响，但随着流域尺度增加，ALPHA_BF

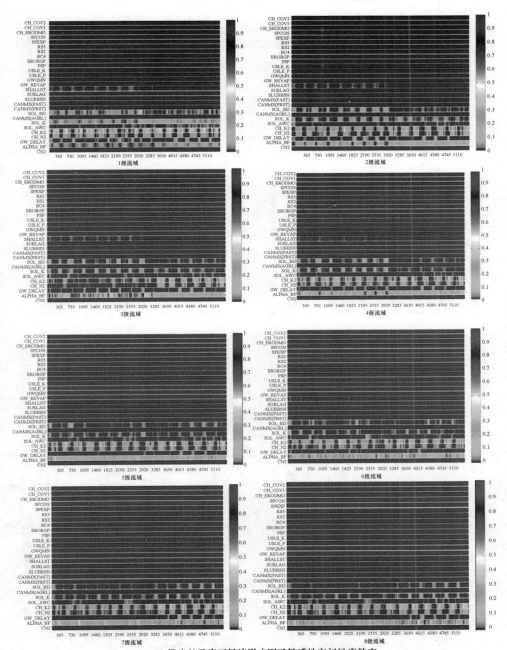

(a) 月步长尺度下径流影响因子敏感性空间尺度效应

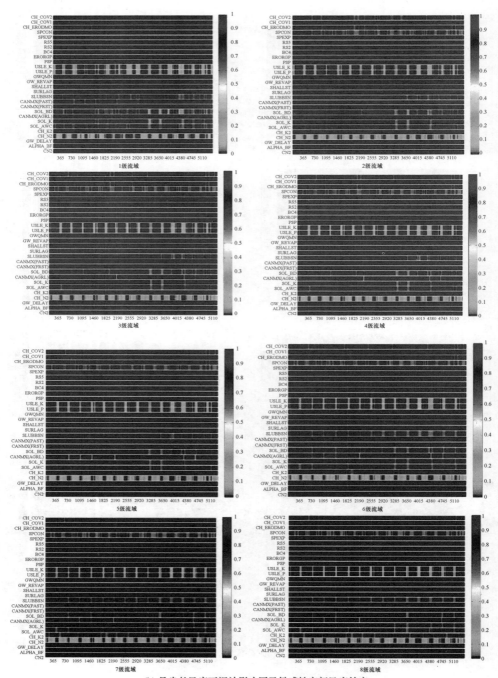

(b) 月步长尺度下泥沙影响因子敏感性空间尺度效应

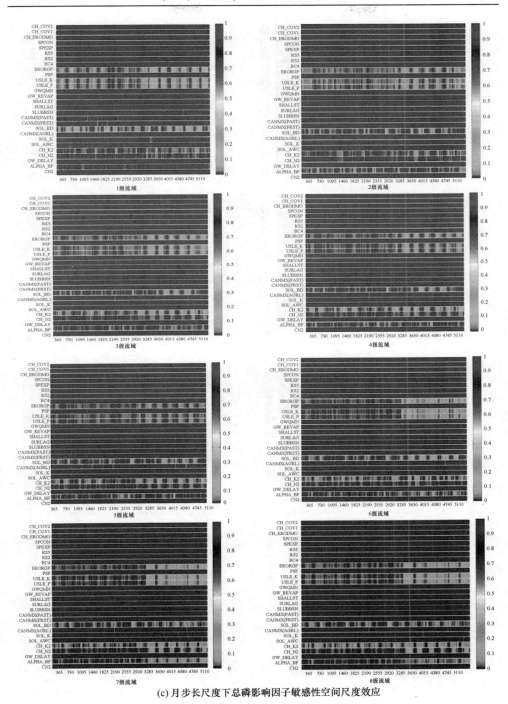

(c)月步长尺度下总磷影响因子敏感性空间尺度效应

图 3.18　月步长尺度下径流、泥沙、总磷影响因子敏感性空间尺度效应

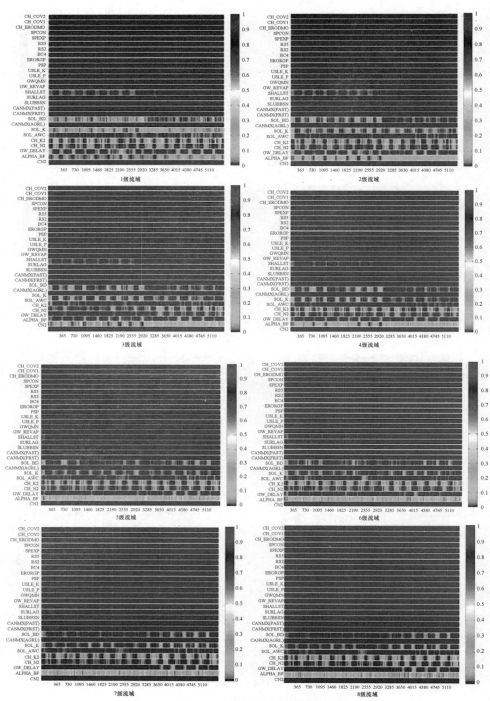

(a) 日步长尺度下径流影响因子敏感性空间尺度效应

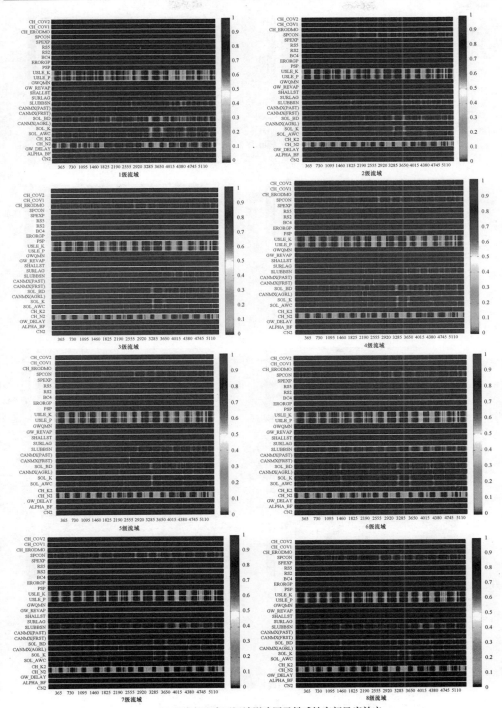

(b) 日步长尺度下泥沙影响因子敏感性空间尺度效应

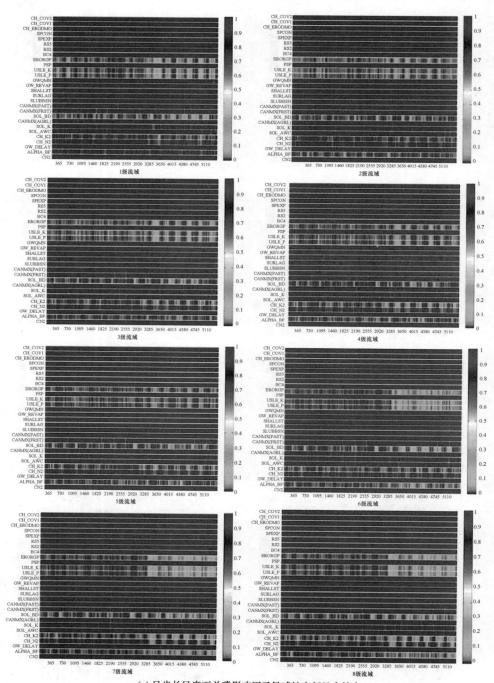

(c) 日步长尺度下总磷影响因子敏感性空间尺度效应

图 3.19　日步长尺度下径流、泥沙、总磷影响因子敏感性空间尺度效应

和河道与径流之间的响应关系更加明显。从结果上看，5~8 级流域在径流过程上面有一定的一致性。泥沙的影响因子在空间上变化与上小节分析结果类似，主要影响参数为 USLE_P、USLE_K 和 CH_N2。总磷的影响因子在空间上的变化同月步长分析下的结果相同。

经过前述分析可得出，在源头的小尺度流域上，可由地区的土壤物理性质以及农业种植情况判断非点源污染发生的可能，为土地利用分配给予指导。在大尺度流域上，对污染的防治可从坡面土壤侵蚀和河道两方面展开，同时表明了退耕还林治理措施的有效性。

3.3　模型参数分布及组合的不确定性

3.3.1　模型参数分布不确定性

传统研究中，通过各种参数优化进行参数识别是参数研究中常用的方法，但这往往会忽略模型参数的不确定性。模型参数众多，参数的不确定性将直接导致模拟结果的不确定性，可能会导致不合理的决策。对模型参数的不确定性进行深入研究，对提高模型模拟水平、改进模拟精度，探索流域水环境防治规划与管理有积极意义，同时为其他研究者研究模型提供了一定的参考。模型参数的不确定性是模型模拟过程中不确定性的一个重要来源。一个特定的参数对模型模拟结果的不确定性的重要性取决于两个因素：实际参数值的不确定性和参数的敏感性。Morgan 和 Henrion(1990)认为参数在不确定性分析中的重要性跟参数的不确定性和敏感性的积成正比。2003 年，美国学者 Duan 在其主编的 *Calibration of Watershed Models* 一书中，专门组织国际知名专家对模型参数率定、模型参数的不确定性分析等热点问题进行了深入探讨。模型参数反映了流域下垫面的特征。集总式模型中，模型参数通常采用流域平均值来处理，这样就忽略了气候因子和下垫面空间分布不均匀的特性，使得模型参数的物理意义不明确；分布式模型的发展从某方面来说是为了减少模型模拟中的不确定性，包括用更具有物理基础的偏微分方程组来描述水文过程，用更丰富的数据来表示水文过程空间上的异质性，用更多具有实际物理意义的参数来反映流域及水文特征。但是，模型在消除一些不确定性的同时也引入了新的不确定性，分布式模型更复杂的结构、更多的参数及更大的数据输入量都可能相应增加模型的不确定性。理想条件下，模型参数的实际值是通过大量的试验或根据研究流域特性直接得到的，或者根据先验信息给出参数分布区间，然而由于参数在空间上的差异性，模型参数的测量是一个复杂、耗时、高成本投入的过程，特别是一些多参数的分布式模型。实际模型研究中，研究人员通常会根据主观或经验给出参数的分布形态，或是均匀或是正态等，并在此基础上进行参数估计得到模型参数值，而经验分布往往难以准确反映参数的实际分布形态且参数的估计也往往非最优，这都会给研究带来较大的不确定性。

在确定参数的分布形态时，有研究指出：在对模型参数进行研究时，某些概率分布比其他分布更有意义并且更适合，包括均匀分布、正态分布、对数正态分布和 Beta 分布(Bobba et al., 1996)。为探究不同分布形态下参数的不确定性、比较不同参数分布形态对模拟结果的影响，本节分别研究参数呈均匀分布、正态分布及对数正态分布时的不确定性，并对结果进行比较。SWAT 模型比较复杂，参数众多，参数的相关性尚未取得较好的研究成果，多数研究者都假设参数是相互独立变化的，故在确定各自的概率分布形式时不考虑参数间的相关关系。

蒙特卡罗方法是一种统计方法，它的结果不是一个特定的值，其根本原因在于取用的样本只是总体中有限的一部分。然而，虽然蒙特卡罗方法得到的结果不是确定的，但如果能减小误差范围，那么结果的可靠性便增加了。一般而言，误差的减小和所取样本总数增加的平方根成反比，要误差减小到 1/10，必须增加所取样本总数的 100 倍。为获得较高的精度，在蒙特卡罗模拟过程中必须进行大规模的抽样，合理的抽样方法可以大大降低计算量，提高抽样效率。研究表明，在应用蒙特卡罗方法时，拉丁超立方抽样比简单随机抽样的模拟次数减少很多，且计算效率提高 10 倍。在本节的蒙特卡罗方法模拟中，就采用拉丁超立方抽样方法对 SWAT 模型参数进行抽样。

本节通过统计模型输出流量、泥沙结果的平均值、标准差(standard deviation)、置信区间(confidence interval)以及变异系数等来研究模型参数的不确定性。

标准差是一组数值偏离平均值程度的一种测量观念，一个较大的标准差，代表大部分的数值与其平均值之间差异较大；一个较小的标准差，代表这些数值较接近平均值。

变异系数又称"标准差率"，是衡量资料中各观测值变异程度的另一个统计量。当进行两个或多个资料变异程度的比较时，如果度量单位与平均数相同，可以直接利用标准差来比较。如果单位和(或)平均数不同时，比较其变异程度就不能采用标准差，而需要采用标准差与平均数的比值来比较。变异系数适用于均数相差较大或单位不同的几组数据变异程度的比较。

平均值、标准差及变异系数的数学计算方法，分别如式(3.23)～式(3.25)所示：

$$\overline{X} = \frac{1}{n}\sum_{i=1}^{n} x_i \tag{3.23}$$

$$SD = \sqrt{\frac{1}{n}\sum_{i=1}^{n}(x_i - \overline{X})^2} \tag{3.24}$$

$$CV = \frac{SD}{\overline{X}} \qquad (3.25)$$

式中，x_i 为第 i 次模拟结果；n 为模拟次数。

针对水文、泥沙模拟过程中敏感性较大的 20 个参数进行不确定性研究，各参数的模型输入范围为其原始范围，具体参数及其原始范围见表 3.10。

表 3.10　参数的原始范围

参数名称	物理意义	下限	上限
r__CN2.mgt	径流曲线数	−0.25	0.15
v__ALPHA_BF.gw	基流退水常数(d)	0	1
v__GW_DELAY.gw	地下水延迟(d)	1	45
v__CH_N2.rte	主河道曼宁系数	0	0.5
v__CH_K2.rte	主河道冲积物有效渗透系数(mm/h)	0	150
v__ALPHA_BNK.rte	河岸调蓄量的基流α因子	0	1
v__SOL_AWC(1~2).sol	土层的有效水容量(mm/mm)	0	1
r__SOL_K(1~2).sol	饱和导水率(mm/h)	−0.2	300
a__SOL_BD(1~2).sol	土壤颗粒密度	0.1	0.6
v__SFTMP.bsn	降雪温度(℃)	−5	5
v__CANMX.hru	最大冠层截流量(mm)	0	100
v__ESCO.hru	土壤蒸发补偿因子	0.01	1
v__GWQMN.gw	发生回归流所需的浅层含水层的水位阈值(mm)	0	5000
v__REVAPMN.gw	再蒸发浅层含水层的临界水深(mm)	0	500
v__USLE_P.mgt	通用土壤流失方程的支持实践因子	0.1	1
v__CH_COV.rte	河道覆盖因子	0	1
v__CH_EROD.rte	河道侵蚀系数	0	1
v__SPCON.bsn	河道输沙的再迁移参数	0	0.05
v__SPEXP.bsn	河道输沙的再迁移参数	1	1.5
r__SLSUBBSN.hru	平均坡长(m)	−0.1	0.1

注：1) r 表示在原参数值的基础上乘以(1+调参结果)。

　　2) v 表示用调参结果取代原参数值。

　　3) a 表示在原参数值的基础上加调参结果。

1. 参数均匀分布模拟

本节 SWAT 模拟及参数的不确定性研究皆基于模型参数呈均匀分布。

1) 确定模拟次数

为了得到合理的蒙特卡罗模拟次数，在参数原始输入范围内，分别随机生成 50 套、100 套、500 套、1000 套、2000 套、5000 套参数，通过拉丁超立方抽样方法抽样组合，代入模型进行模拟，并对模拟的径流量、泥沙量结果进行统计分析，确定模拟次数，统计结果见表 3.11。

表 3.11 不同模拟次数下径流量、泥沙量模拟结果统计表

输出结果	模拟次数	平均值	中位数	标准差	方差	变异系数
径流量/(m³/s)	50	31.79	32.56	5.48	30.03	0.17
	100	32.50	32.65	5.06	25.61	0.16
	500	32.95	32.67	4.39	19.30	0.13
	1000	32.89	32.58	4.10	16.81	0.12
	2000	32.87	32.49	3.91	15.29	0.12
	3000	32.92	32.52	3.95	15.57	0.12
	4000	32.94	32.53	3.94	15.54	0.12
	5000	32.94	32.53	3.95	15.62	0.12
泥沙量/10⁴t	50	39.92	19.14	50.56	2556.44	1.27
	100	35.27	18.80	46.20	2134.36	1.31
	500	34.34	18.53	59.65	3558.22	1.74
	1000	33.41	17.97	57.88	3349.56	1.73
	2000	35.67	18.05	62.20	3869.28	1.74
	3000	35.41	18.16	62.39	3892.26	1.76
	4000	35.57	18.21	63.30	4006.89	1.78
	5000	35.43	18.20	63.12	3983.58	1.78

从表 3.11 可以看出，应用蒙特卡罗方法模拟 50～5000 次的过程中，随着模拟次数的增加，径流量、泥沙量模拟值的平均值和方差逐渐趋于稳定，模型模拟 3000 次时，输出结果的平均值和方差基本一致，考虑模型模拟精度及计算机的计算能力，参数呈均匀分布时，确定蒙特卡罗抽样模拟次数为 5000。另外，还可以看出，平均值达到稳定的速度要比方差快很多，径流量模拟结果达到稳定的速度要快于泥沙量。

2) 模拟结果的不确定性范围

模型模拟结果，受模型参数、模型结构及输入数据的影响，存在着不确定性。假设输入数据完全正确、模型结构完整，即不考虑输入数据和模型结构带来的模

拟结果的不确定性，模型模拟结果的不确定性主要来源于模型参数。

在 SWAT 模型参数原始范围内，各参数分别随机均匀生成 5000 套参数并通过拉丁超立方抽样组合，代入模型对大宁河流域上游巫溪站的 2004～2007年的径流量、泥沙量进行模拟，得到 2004～2007 年的月均流量和月总泥沙量。对 5000 套模拟值进行统计处理，得到月均流量、泥沙量的概率分布，绘制模拟值的累积分布曲线，这样既能刻画出流量、泥沙量变化的平均情况，也能了解其变化的可能范围。流量和泥沙量模拟频率分布直方图和累积频率分布图如图 3.20 所示。

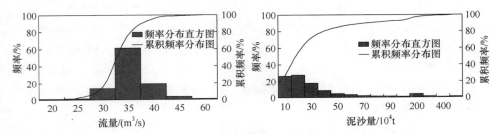

图 3.20　流量、泥沙模拟频率分布直方图和累积频率分布图

从流量和泥沙量模拟值的频率分布直方图可以看出，5000 次模拟的月均流量范围为 0.92～53.11m³/s，模拟月均流量的均值为 32.94m³/s；5000 次模拟的月均泥沙量范围为 2000～7657800t，模拟月均泥沙的均值为 35.43×10⁴t。累积频率分布可以确定不同风险水平下的非点源负荷量。

统计流量和泥沙量的模拟结果，以模拟值的 2.5%百分位数和 97.5%百分位数得到模拟值 95%的置信区间，以表征模拟值不确定性范围的大小，见图 3.21。

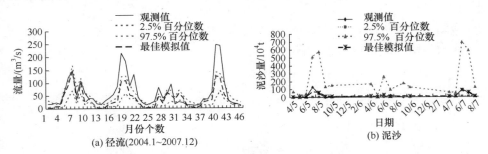

图 3.21　参数均匀分布时径流量、泥沙量模拟 95%不确定性范围

从流量模拟分布图可以看出，5000 次模拟中最佳模拟值同观测值的相关系数 R^2 为 0.79，E_{NS} 为 0.55。2004～2007 年的 48 个月中，有 54.2%的月流量观测值落在流量模拟值的 95%的置信区间内。超出流量置信区间的月份主要在丰水期，其中，2004 年 3 月、4 月、11 月的观测值不在其 95%的置信区间内，相对于 95%的

置信上限误差较小；2005 年 3～8 月及 10 月流量观测值均超出了流量模拟值的 95%的置信上限，最低相对误差为 46.1%(2005 年 8 月)，最高相对误差达到了 115.4% (2005 年 6 月)，绝对误差在 14.61～92.33m³/s，其中，6 月、7 月、8 月、10 月的绝对误差均超出了 45m³/s；2006 年 2～5 月及 7 月的观测值也超出了 95%的置信上限，相对误差在 14.1%～46.19%，绝对误差在 2.19～25.58m³/s；2007 年 3 月及 5～8 月的观测值也超出了模拟值 95%的置信区间，相对误差在 2.35%～84.19%，其中，6 月、7 月的绝对误差分别达到了 104.85m³/s 和 111.05m³/s。丰水期多月份流量观测值超出了模拟值 95%置信上限，导致年观测均值超出模拟流量范围。从泥沙模拟分布图可以看出，最佳模拟值同观测值的相关系数 R^2 为 0.80，E_{NS} 为 0.76。本节只针对有泥沙实际观测数据的月份进行模拟，所模拟的 18 个月中，只有 2006 年 10 月的泥沙量观测值(452.5t)低于模拟值 95%的置信下限 (7711.1t)，其余月份泥沙观测值都在泥沙模拟值的 95%置信区间内；2005 年 7 月、8 月，2007 年 6 月、7 月模拟值置信上限都在 5×10⁶t 以上，远远超出了其观测值，相对误差在 294.11%～1154.04%。

在大宁河流域 SWAT 模型流量、泥沙模拟中，在参数原始范围内随机采样组合进行模拟，以模拟均值来估计实际流量、泥沙量结果，会出现对流量结果的低估、对泥沙量结果的高估。泥沙量的不确定性变化规律与流量的不确定性变化规律较为一致，这是因为径流是泥沙产生的驱动力，也是泥沙迁移的载体。

3) 参数不确定性对丰、平、枯季节模拟的影响

长江三峡库区 6～9 月为汛期，4 月、5 月、10 月、11 月为平水期，12 月～次年 2 月为枯水期。为研究 SWAT 模型参数对丰、平、枯季节模拟结果不确定性影响，参考巫溪站 2004～2007 年月降雨分布(图 3.22)，选取 1 月、4 月、7 月分别为枯、平、丰季节的代表月份。分别选取 2004～2007 年间的 1 月、4 月、7 月的模拟结果进行统计分析(表 3.12)，来比较模型参数对丰、平、枯季节 SWAT 模型水文模拟结果的不确定性影响。

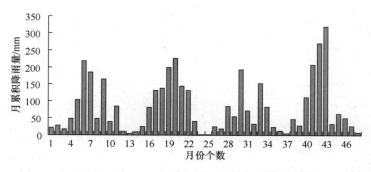

图 3.22　巫溪站 2004 年 1 月至 2007 年 12 月的月降雨分布图

表 3.12　丰、平、枯代表月份的流量、泥沙量模拟统计值(5000 次模拟)

时间		流量			泥沙量		
年份	月份	均值/(m³/s)	标准差	变异系数	均值/万 t	标准差	变异系数
2004	1	6.71	8.13	1.21	*	*	*
	4	6.94	3.37	0.49	*	*	*
	7	129.56	23.04	0.18	*	*	*
2005	1	4.49	6.63	1.48	*	*	*
	4	13.81	4.48	0.32	9.60	22.35	2.33
	7	91.8	19.27	0.21	82.18	150.33	1.83
2006	1	3.19	4.80	1.50	*	*	*
	4	38.93	9.25	0.24	26.06	50.34	1.93
	7	45.13	10.99	0.24	20.59	30.54	1.48
2007	1	3.66	3.66	1.00	*	*	*
	4	22.63	5.72	0.25	10.60	19.13	1.80
	7	110.03	15.68	0.14	95.48	173.66	1.82

*代表所在月泥沙量数据未监测，SWAT 未模拟。

　　由表 3.12 可以看出，在 SWAT 流量模拟中，2004~2007 年丰水期流量模拟值的标准差均大于枯水期和平水期流量模拟值的标准差，说明参数不确定性对丰水期流量模拟的影响要大于枯水期和平水期，这也是流量模拟值 95%置信区间宽度在丰水期最宽的原因。

　　在 SWAT 泥沙模拟中，2005 年和 2007 年丰水期泥沙量模拟的标准差都大于平水期，2006 年丰水期泥沙量模拟的标准差小于平水期。从 2006 年巫溪站的月降雨分布可以看出，4 月的累积降雨量大于 7 月的累积降雨量，这也是导致 2006 年 4 月泥沙量模拟标准差大于 7 月的可能原因。总体来说，参数不确定性对丰水期泥沙量模拟的影响要大于枯水期和平水期。

　　总体来说，参数的不确定性对丰水期流量、泥沙量模拟的影响较大。这是因为降水具有较大的不确定性，如降水的发生时间、地点、量级及时间和空间分布过程等都具有较大的不确定性，丰水期降雨多，不确定性大；枯水期降雨少，不确定性较小。另外，对应月份泥沙量模拟的变异系数要大于流量模拟的变异系数，说明参数不确定性对泥沙量模拟结果的影响要大于流量，这是因为泥沙的产生除受流量影响外，还受到研究区土地利用、坡度、河道等复杂因素的影响。

　　4) 参数对流量、泥沙量模拟的影响

　　为研究 SWAT 模型参数的不确定性，假设模型参数间相互独立。拟通过研究单个参数对模拟结果的影响来探讨模型参数的不确定性。针对 SWAT 模型与水文模拟相关的 20 个参数，具体研究某一个参数的不确定性时，首先固定住其他 19 个数的值，本节中赋予这 19 个参数模型参数率定与验证时得到的最佳参数值，然后对这个参数在其取值范围内进行随机抽样，抽样模拟 5000 次，通过比较参数及模拟结果的分布情况来探索参数的不确定性。

图 3.23 是 SOL_AWC、CANMX 随机生成 5000 套参数的直方图。由图可以看到，参数的取值均匀遍布了整个参数原始范围，其他参数的直方图不作介绍。

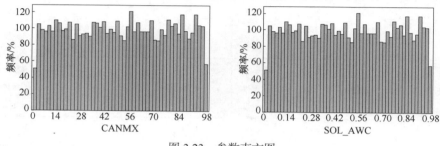

图 3.23　参数直方图

针对所研究的 20 个参数，作参数与流量、泥沙量的模拟关系图，见图 3.24。由图 3.24 可以看出流量、泥沙量模拟值随参数取值的变化情况。

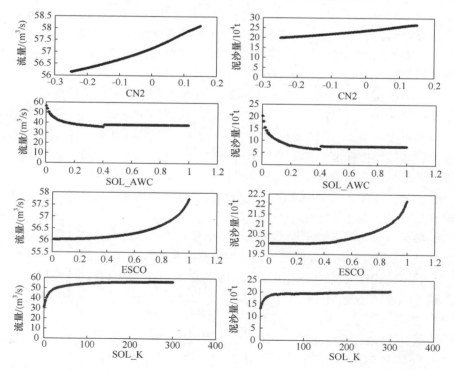

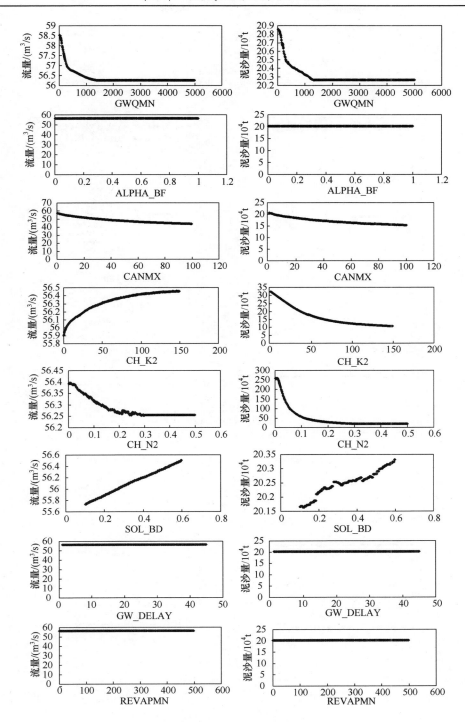

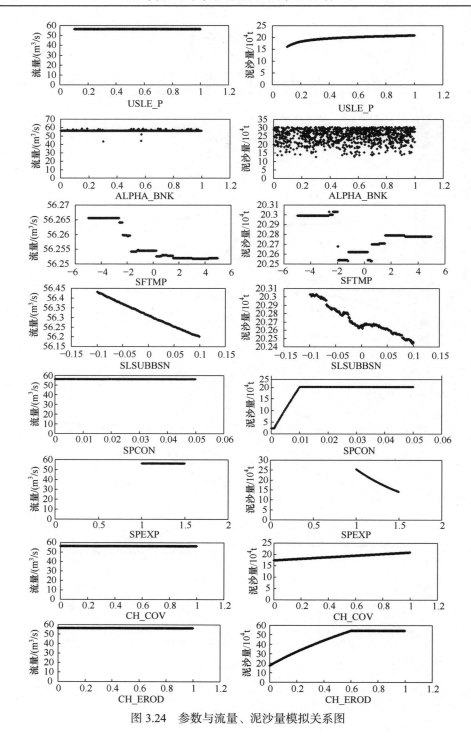

图 3.24　参数与流量、泥沙量模拟关系图

(1) 参数对流量模拟的影响。

通过图 3.24 可以发现，对流量模拟有影响的参数包括 CN2、SOL_AWC、CANMX、ESCO、SOL_K、ALPHA_BNK、SOL_BD、SFTMP、CH_N2、CH_K2、GWQMN、USLE_P 及 SLSUBBSN。其中，参数 CN2、SOL_AWC、CANMX、ESCO、SOL_K 对流量模拟影响较大。

流量模拟值同 CN2、ESCO、CH_K2、SOL_K 在其参数原始范围内的取值呈正相关关系。其中，流量模拟值同参数 CN2 接近呈线性递增关系，相关系数 R^2=0.981；同参数 ESCO 接近呈指数递增关系；同参数 CH_K2、SOL_K 接近呈对数递增关系。

流量模拟值同 CANMX、SLSUBBSN 在其参数原始范围内的取值呈负相关关系。其中，流量模拟值同参数 SLSUBBSN 呈线性递减关系；同参数 CANMX 接近呈对数递减关系。

流量模拟值同参数 GWQMN 在区间(0, 1340)内接近呈指数递减关系；当参数在(1340, 5000)区间内取值时，流量模拟值不受参数变化影响。

流量模拟值同参数 SOL_AWC 在(0, 0.4)内接近呈指数递减关系；在(0.4, 1)内，参数对流量模拟没有影响；流量模拟值在参数取值 0.4 时表现出非连续性。

对参数 CH_N2，在区间(0, 0.01)内参数对流量模拟没有影响；在(0.01, 0.3)内，流量模拟值随参数接近呈对数递减关系，且在参数取值 0.211 时模拟值非连续；在(0.3, 0.5)内，参数对流量模拟没有影响。

流量模拟值在 SFTMP 的取值范围内为多段函数，就总体趋势而言，流量模拟值随 SOL_BD 增大而增大，随 SFTMP 的增大而减小，具体变化情况见图 3.24。

对于参数河岸调蓄量退水曲线的基流 α 系数 ALPHA_BNK，流量模拟值随参数的变化在模拟平均值附近呈现一定的无规律的上下浮动现象，流量模拟值区间为[43.346, 58.817]。ALPHA_BNK 对流量模拟表现出一定的不确定性。

跟泥沙量模拟有关的 SPCON、SPEXP、CH_COV、CH_EROD 四个参数对流量模拟是没有关系的，这点可以通过图 3.24 得到验证；另外，与地下水响应过程相关的参数基流 α 系数 ALPHA_BF、地下水补给延迟时间 GW_DELAY、地下浅水层发生再汽化的阈值深度 REVAPMN 对流量模拟结果也无影响。

(2) 参数对泥沙量模拟的影响。

通过图 3.24 可以发现，对泥沙量模拟有影响的参数有：CN2、SOL_AWC、ESCO、SOL_K、GWQMN、CANMX、CH_K2、CH_N2、SOL_BD、ALPHA_BNK、USLE_P、SFTMP、SPCON、SPEXP、CH_COV、CH_EROD 及 SLSUBBSN。其中，参数 CN2、SOL_AWC、SOL_K、CANMX、CH_K2、CH_N2、ALPHA_BNK、SPCON、SPEXP、CH_COV、CH_EROD 对泥沙模拟影响较大。

泥沙量模拟值同 CN2、ESCO、SOL_K、USLE_P、CH_COV 在其参数取值

范围内呈正相关关系。其中，泥沙量模拟值同参数 CH_COV 呈线性递增关系；同参数 CN2 接近呈线性递增关系，相关系数 R^2=0.9912；同参数 ESCO 接近呈指数递增关系；同参数 SOL_K、USLE_P 接近呈对数递增关系。

泥沙量模拟值同 CANMX、CH_K2、SPEXP 在其参数取值范围内呈负相关关系。其中，泥沙量模拟值同参数 CANMX、CH_K2 接近呈对数递减关系，同参数 SPEXP 呈指数递减关系。泥沙量模拟值同 SOL_AWC 在其区间(0, 0.4)内接近呈指数递减关系；在(0.4, 1)范围内，参数变化对泥沙量模拟结果没有影响。

泥沙量模拟值同参数 GWQMN 在(0, 1340)内接近呈指数递减关系；在(1340, 5000)范围内，参数变化对泥沙量模拟结果没有影响。

对于 CH_N2，在(0, 0.01)区间内对泥沙量模拟值没有影响；在(0.01, 0.3)内泥沙量模拟值随参数接近呈对数递减关系；在(0.3, 0.5)范围内，参数变化对流量模拟没有影响。

对于参数 SPCON，在(0, 0.001)区间内，参数变化对泥沙量模拟没有影响；在(0.001, 0.01)内，泥沙量模拟值随参数值线性递增；在(0.01, 0.05)内，泥沙量模拟值不随参数变化而变化，取泥沙量模拟最优值。

对于参数河道侵蚀性因子 CH_EROD，在参数取值(0, 0.6)内，泥沙量模拟值随参数接近呈线性递增关系；在(0.6, 1)范围内，参数对泥沙量模拟值没有影响。

泥沙量模拟值在参数 SOL_BD、SFTMP、SLSUBBSN 的取值范围内呈多段函数，具体变化情况见图 3.24。

对于参数 ALPHA_BNK，泥沙量模拟结果的取值区间为[12.855，30.451]，泥沙量模拟值随参数值的变化而变化，且变化无规律，参数较小的变化可能会导致泥沙量模拟结果有较大的变化。ALPHA_BNK 对泥沙量模拟表现出较大的不确定性。

同流量模拟情况一致，ALPHA_BF、GW_DELAY、REVAPMN 对泥沙量模拟结果也无影响。

总体来说，流量、泥沙量模拟随参数 CN2、SOL_AWC、ESCO、SOL_K、GWQMN、CANMX、CH_N2、ALPHA_BF、GW_DELAY、REVAPMN 的变化情况基本一致，随 CH_K2 的变化情况相反；部分参数在其整个参数范围内对模拟结果都有影响，如与流量、泥沙量模拟都相关的 CN2、ESCO、SOL_K、CANMX、CH_K2，与泥沙量模拟相关的 USLE_P、SPEXP、CH_COV 等；部分参数只在一定区间内对模拟结果有影响，而在其他区间内对模拟结果没有影响，如与流量、泥沙量模拟都相关的 SOL_AWC、GWQMN、CH_N2，与泥沙量模拟相关的 SPCON、CH_EROD。

部分参数在靠近其下限或上限位置较小的变化会导致模拟结果较大的变化，如 SOL_AWC、SOL_K、ESCO、CH_N2、SPCON 等。由于实际参数测量中很难保证测量结果的完全准确性，参数较小的测量误差可能会带来较大的模拟误差，所以，在 SWAT 模型中，通过测量参数实际值以获取更高的模拟效果的做法并无太大实际意义。实际研究中，可以通过参数的实际测量先获取参数的一个可信区间，在此区间内对参数进行率定，缩短参数率定的时间并提高模拟的准确度，通过率定获得的最佳参数值有更高的可信性(注：本章中给出的参数区间是用来参考的一个大概范围，并不保证其准确性)。

(3) 流量、泥沙量的不确定性参数。

通过各参数与流量、泥沙量模拟关系图可以比较直观地发现参数对流量、泥沙量模拟的影响，要比较各参数对流量、泥沙量模拟的不确定性影响的大小，需要对模拟结果进行统计分析。针对前文中每个参数模拟获得的 5000 套结果进行统计分析，分别以单个参数的方差对总的参数的方差的比、单个参数的 CV 对总的参数的 CV 的比作为参数对模拟结果的不确定性贡献，见表 3.13、表 3.14。

表 3.13　参数对流量的不确定性贡献(5000 次模拟)

参数	平均值 /(m³/s)	标准差	方差	方差不确定性 贡献/%	CV/%	CV 不确定性 贡献/%
SOL_AWC	38.78	2.807	7.877	21.12	7.24	27.55
ESCO	56.36	0.384	0.148	0.40	0.68	2.59
CN2	57.00	0.575	0.331	0.89	1.01	3.84
SOL_K	53.97	3.978	15.821	42.43	7.37	28.04
GWQMN	56.40	0.391	0.153	0.41	0.69	2.63
ALPHA_BF	56.25	0	0	0.00	0.00	0.00
CANMX	48.43	3.530	12.461	33.42	7.29	27.74
CH_K2	56.32	0.133	0.018	0.05	0.24	0.91
CH_N2	56.28	0.041	0.0017	0.00	0.07	0.27
GW_DELAY	56.25	0	0	0.00	0.00	0.00
REVAPMN	56.25	0	0	0.00	0.00	0.00
SFTMP	56.26	0.006	0	0.00	0.01	0.04
USLE_P	56.25	0.0007	0	0.00	0.00	0.00
ALPHA_BNK	56.30	0.652	0.425	1.14	1.16	4.41
SOL_BD	56.12	0.222	0.049	0.13	0.40	1.52
SLSUBBSN	56.31	0.067	0.0045	0.01	0.12	0.46
全部参数	33.52	3.933	15.465		11.73	

表 3.14　参数对泥沙量的不确定性贡献(5000 次模拟)

参数	平均值/10⁴t	标准差	方差	方差不确定性贡献/%	CV/%	CV 不确定性贡献/%
SOL_AWC	8.19	1.844	3.400	0.11	22.52	7.52
ESCO	20.40	0.476	0.226	0.01	2.33	0.78
CN2	23.02	2.039	4.159	0.13	8.86	2.96
SOL_K	19.54	1.009	1.018	0.03	5.16	1.73
GWQMN	20.31	0.116	0.013	0.00	0.57	0.19
ALPHA_BF	20.26	0	0	0.00	0.00	0.00
CANMX	17.09	1.387	1.923	0.06	8.12	2.71
CH_K2	16.95	6.275	39.380	1.22	37.02	12.37
CH_N2	46.76	54.658	2987.45	92.71	116.89	39.06
GW_DELAY	20.26	0	0	0.00	0.00	0.00
REVAPMN	20.26	0	0	0.00	0.00	0.00
SFTMP	20.28	0.016	0.0002	0.00	0.08	0.03
USLE_P	19.76	1.022	1.045	0.03	5.17	1.73
ALPHA_BNK	25.14	4.065	16.521	0.51	16.17	5.40
SOL_BD	20.25	0.044	0.002	0.00	0.22	0.07
SLSUBBSN	20.27	0.017	0.0003	0.00	0.08	0.03
SPCON	18.05	5.000	25.003	0.78	27.70	9.26
SPEXP	19.07	3.277	10.740	0.33	17.18	5.74
CH_COV	19.17	1.026	1.053	0.03	5.35	1.79
CH_EROD	44.23	11.420	130.411	4.05	25.82	8.63
全部参数	40.53	77.750	6045.07		191.83	

　　研究中，把不确定贡献超过 5%的参数认为是不确定性较大的参数。可以发现，在流量模拟中，方差不确定性贡献和 CV 不确定性贡献的结果一致，对流量模拟结果不确定性较大的参数依次为：SOL_K、CANMX、SOL_AWC，这三个参数的方差和 CV 的不确定性贡献都在 20%以上，累积方差不确定性贡献和累积 CV 不确定性贡献分别为 96.97%和 83.33%。

　　在泥沙量模拟中，通过对方差的不确定性贡献的比较，发现对泥沙量模拟结果不确定性较大的参数只有 CH_N2，单个参数的不确定性贡献高达 92.71%；通过对 CV 不确定性贡献的比较，发现对泥沙量模拟结果不确定性较大的参数依次为：CH_N2、CH_K2、SPCON、CH_EROD、SOL_AWC、SPEXP、ALPHA_BNK，其累积 CV 不确定性贡献为 87.98%。在泥沙量模拟中，采用两种不同的不确定性判别方法，单参数的不确定性贡献有较大不同，参数 CH_N2 的方差不确定性贡献为 92.71%，其 CV 不确定性贡献只有 39.06%，以方差的不确定性贡献来判断参数的不确定性时，往往会出现个别参数的不确定性贡献非常大，而其他参数的不确定性贡献又非常小的情况；通过计算方差的不确定性贡献，发现泥沙量模拟仅有一个不确定性较大的参数，而通过 CV 计算不确定性贡献时，泥沙量模拟有 7 个不确定性较大参数。泥沙量模拟均值差异较大是造成这种差异的主要原因。

总体来说，地表水相应过程中参数的不确定性是流量模拟不确定性的主要来源，河道响应过程中参数的不确定性是泥沙量模拟不确定性的主要来源；对于流量和泥沙量模拟中不确定性较大的参数，以 CV 来表示参数的累积不确定性贡献的结果要低于方差的累积不确定性贡献；对泥沙量模拟，以 CV 来衡量参数的不确定性要比以方差来衡量参数的不确定性得到的较大不确定性参数多；流量和泥沙模拟的不确定性来源较为集中，表现为：一个或几个参数对模拟结果贡献特别大，多数参数仅有一定的贡献或贡献较小，个别参数对模拟结果甚至没有影响。

通过表 3.13 和表 3.14 可以看出，针对各个参数进行模拟时，流量均值的模拟结果在区间[38.78, 57.00]内，差异较小；泥沙量均值模拟结果在区间[8.19, 46.76]内，差距较大，以标准差来表示数据的变异程度会造成较大的误差。本节中，针对流量模拟的参数不确定性的大小以标准差进行排序，针对泥沙量模拟的参数不确定性的大小以 CV 进行排序，对流量和泥沙量模拟的参数敏感性分析结果和不确定性分析结果进行比较。表 3.15 列出了与流量和泥沙量相关的参数敏感性和不确定性排序情况。

表 3.15　与流量、泥沙量相关的参数的敏感性与不确定性比较

排序	流量		泥沙量	
	敏感性	不确定性	敏感性	不确定性
1	SOL_AWC	SOL_K	SPCON	CH_N2
2	ESCO	CANMX	CH_N2	CH_K2
3	CN2	SOL_AWC	CH_COV	SPCON
4	GWQMN	ALPHA_BNK	CH_EROD	CH_EROD
5	SOL_K	CN2	CN2	SOL_AWC
6	ALPHA_BF	GWQMN	SOL_AWC	SPEXP
7	CANMX	ESCO	ESCO	ALPHA_BNK
8	CH_K2	SOL_BD	ALPHA_BF	CN2
9	CH_N2	CH_K2	SPEXP	CANMX
10	REVAPMN	SLSUBBSN	CH_K2	CH_COV
11	GW_DELAY	CH_N2	USLE_P	USLE_P
12	USLE_P	SFTMP	GWQMN	SOL_K
13	SOL_BD*	USLE_P	SOL_K	ESCO
14	ALPHA_BNK*	ALPHA_BF*	CANMX	GWQMN
15	SFTMP*	GW_DELAY*	GW_DELAY	SOL_BD

续表

排序	流量		泥沙量	
	敏感性	不确定性	敏感性	不确定性
16	SLSUBBSN*	REVAPMN*	REVAPMN	SLSUBBSN
17			SLSUBBSN	SFTMP
18			SFTMP*	ALPHA_BF*
19			ALPHA_BNK*	GW_DELAY*
20			SOL_BD*	REVAPMN*

*代表参数的敏感性或不确定性为零，可忽略不计。

　　总体来说，参数的敏感性分析结果和不确定性分析结果比较一致，参数敏感性较大的其不确定性也较大，敏感性较小的其不确定性也较小，但也有例外：ALPHA_BF 是流量和泥沙量模拟中敏感性相对较大的一个参数，但在流量、泥沙量参数的不确定性分析中其不确定贡献为零；SFTMP 在流量和泥沙量的敏感性分析中敏感性为零，但对流量和泥沙量的模拟有一定的不确定性；SLSUBBSN 在敏感性分析中对流量模拟的敏感性为零，但在流量模拟参数的不确定性分析中却有一定的不确定性。另外，个别参数在敏感性分析和不确定性分析中的排序差别较大，例如，CANMX 在流量相关参数敏感性分析中排第 7 位，而在不确定性分析中排在第 2 位；CH_COV 在泥沙相关参数敏感性分析中排第 3 位，而在不确定性分析中排第 10 位。本节可以验证 Melching 等(2001)提出的"敏感性大但不确定小的参数对模拟结果的影响可能会小于敏感性小但不确定性大的参数"的结论。

　　敏感性分析作为不确定性分析中最简单的一种，具有操作方便、计算简单等优点。在结构简单、参数较少的模型中，参数敏感性分析结果可以直接作为不确定性分析的结果来应用，但在结构复杂、参数众多的模型中，参数敏感性分析结果并不足以代表不确定性研究的结果。

　　2. 参数正态分布模拟

　　假设 SWAT 模型参数 $2X \sim N(\mu, \sigma^2)$，即参数服从均值为 μ、标准差为 σ 的正态分布。分别生成两套服从正态分布的参数值，探讨参数呈正态分布下的不确定性，并比较两套参数对模拟结果的不确定性影响。

　　生成正态分布 A：假定参数原始范围的中值为参数的均值 μ_1，同时，为使生成服从正态分布的数值更多地落在参数的原始输入范围内，假设参数 X 落在参数原始范围内的概率为 99%，则 $\mu \pm 2.58\sigma$ 恰好为参数原始范围的上下限，由此确定

参数的标准差为 σ。生成正态分布 B：假定参数率定时的最佳参数为参数的均值 μ_2，标准差同分布 A 的标准差 σ。

为保证参数呈正态分布时所生成的参数都在参数原始范围内，先随机生成 5 万个参数值，然后通过筛选得到参数原始范围内的参数，在筛选得到的参数内随机抽样得到模拟所需要的参数值。各参数服从正态分布时的均值及标准差见表 3.16。

表 3.16　各参数服从正态分布时的均值 μ 和标准差 σ

参数名称	参数下限	参数上限	均值 μ_1	均值 μ_2	标准差 σ
CN2	−0.25	0.15	0.05	0.214313	0.08
ALPHA_BF	0	1	0.5	0.607509	0.19
GW_DELAY	1	45	23	13.48549	8.53
CH_N2	0	0.5	0.25	0.287093	0.1
CH_K2	0	150	75	36.15638	29.07
ALPHA_BNK	0	1	0.5	0.157217	0.19
SOL_AWC	0	1	0.5	0.003826	0.19
SOL_K	−0.2	300	150	251.4728	58.14
SOL_BD	0.1	0.6	0.35	0.444289	0.1
SFTMP	−5	5	0	0.049972	1.94
CANMX	0	100	50	2.68	19.38
ESCO	0.01	1	0.5	0.563719	0.19
GWQMN	0	5000	2500	3023.488	968.99
REVAPMN	0	500	250	380.7558	96.9
USLE_P	0.1	1	0.55	0.644358	0.17
CH_COV	0	1	0.5	0.812473	0.19
CH_EROD	0	1	0.5	0.035073	0.19
SPCON	0	0.05	0.025	0.021042	0.01
SPEXP	1	1.5	1.25	1.192423	0.1
SLSUBBSN	−0.1	0.1	0	0.049004	0.04

1) 确定模拟次数

在参数服从 A 分布：$X \sim N(\mu_1, \sigma^2)$ 的前提下，针对 20 个参数在其原始输入范围内分别随机生成服从正态分布的 50 个、100 个、200 个、500 个、800 个、900 个、1000 个参数值，用拉丁超立方抽样方法进行抽样组合，将组合参数代入 SWAT 模型进行模拟，统计模拟值的均值及方差，见表 3.17。

表 3.17　参数呈正态分布时不同模拟次数统计表

输出结果	模拟次数	平均值	中位数	标准差	方差	变异系数
流量/(m³/s)	50	35.27	35.25	1.696	2.88	0.048
	100	35.32	35.18	1.796	3.23	0.051
	200	35.16	34.96	1.858	3.45	0.053
	500	35.20	35.00	1.929	3.72	0.055
	800	35.22	35.05	1.932	3.73	0.055
	900	35.21	35.05	1.924	3.70	0.055
	1000	35.23	35.06	1.938	3.76	0.055
泥沙量/10⁴t	50	32.31	29.60	19.498	380.17	0.603
	100	31.31	26.71	20.187	407.51	0.645
	200	31.99	26.09	33.286	1107.96	1.041
	500	31.64	25.41	28.064	787.59	0.887
	800	32.26	24.97	33.184	1101.19	1.029
	900	32.54	24.96	36.545	1335.55	1.123
	1000	32.62	24.98	36.209	1311.11	1.110

　　从表 3.17 可以看出，随着模拟次数的增加，模拟结果的均值及方差在模拟次数接近于 1000 次的时候趋于稳定，均值误差在 1%范围内，方差误差接近于 1%。考虑计算机的计算能力，本节确定参数呈正态分布时的模拟次数为 1000 次。

　　2) 模拟结果的不确定性范围

　　(1) 参数服从正态分布 A：$X \sim N(\mu_1, \sigma^2)$。

　　在 SWAT 模型参数原始范围内，分别生成服从 A 分布的参数 1000 套，通过拉丁超立方抽样组合，代入模型对大宁河流域上游巫溪站的 2004～2007 年的流量、泥沙量进行模拟，得到模拟值 95%的置信区间，以表征模拟值不确定性范围的大小，见图 3.25。

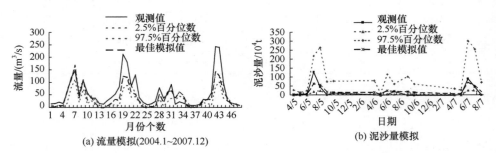

(a) 流量模拟(2004.1~2007.12)　　　　(b) 泥沙量模拟

图 3.25　参数服从正态分布 A 时，流量、泥沙量模拟值 95%的不确定性范围

　　从流量模拟分布图可以看出，流量模拟最佳值同观测值的相关系数 R^2 为

0.80，E_{NS} 为 0.61。月流量观测值有 22.92%落在流量模拟值的 95%的置信区间内，其中，2005 年全年、2007 年的 1~10 月的观测值均超出了模拟值 95%的置信区间。

泥沙量模拟最佳值同观测值的相关系数 R^2 为 0.76，E_{NS} 为 0.67。泥沙量观测值有 50%落在模拟值的 95%的置信区间内，超出 95%置信区间的观测值全部为低于其 95%的置信下限。

(2) 参数服从正态分布 B：$X \sim N(\mu_2, \sigma^2)$。

在 SWAT 模型参数原始范围内，分别生成服从 B 分布的参数 1000 套，通过拉丁超立方抽样组合，代入模型对大宁河流域上游巫溪站的 2004~2007 年的流量、泥沙量进行模拟，得到流量和泥沙量模拟值的 95%不确定性范围，见图 3.26。

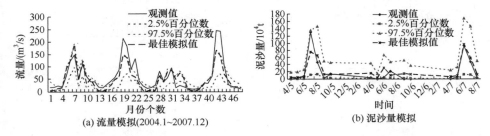

图 3.26　参数服从正态分布 B 时，流量、泥沙量模拟值 95%的不确定性范围

从流量模拟分布图可以看出，流量模拟最佳值同观测值的相关系数 R^2 为 0.78，E_{NS} 为 0.75。月流量观测值有 62.5%落在流量模拟值 95%的置信区间内，2005 年 3~8 月、2006 年 3~5 月、6~10 月的观测值超出了流量模拟值 95%的置信区间。

泥沙量模拟最佳值同观测值的相关系数 R^2 为 0.80，E_{NS} 为 0.77。泥沙量观测值有 72.22%落在模拟值的 95%的置信区间内，超出 95%置信区间的观测值全部为低于其 95%的置信下限。

通过比较参数呈正态分布 A 和正态分布 B 时的流量、泥沙量模拟情况，发现参数呈 B 分布时的流量、泥沙量模拟最优结果要优于 A 分布时的最优模拟结果；参数呈 B 分布时，流量、泥沙量有更多的观测值落在模拟值 95%的不确定性区间内。总体来说，相比以参数中值为均值所生成的正态分布，模型参数以率定时得到的最佳参数为均值所生成正态分布的模拟结果的不确定性区间宽度更窄，置信水平也更高。

3) 参数对流量、泥沙模拟的影响

针对 SWAT 模型与水文模拟相关的 20 个参数，具体研究某一个参数的不确定性时，首先固定住其他 19 个参数的值，赋予这 19 个参数在模型参数率定与验证时得到的最佳参数值，在参数服从正态分布 $X \sim N(\mu_1, \sigma^2)$ 的前提下在其原始范围内随机采样 1000 次，代入模型进行模拟，通过比较参数及模拟结果的分布情况来探讨参数的不确定性。

针对各参数的采样情况，作分布直方图。图 3.27 给出了 CN2、SOL_AWC、CANMX、SPCON 四个参数采样的分布情况。采用 Anderson-Darling 单一样本检验方法对参数采样是否来自正态分布总体进行了检验，结果见图 3.28，参数正态检验结果的 P 值均大于 0.005，通过正态性检验，即模型参数服从正态分布。其他参数的正态性检验略。

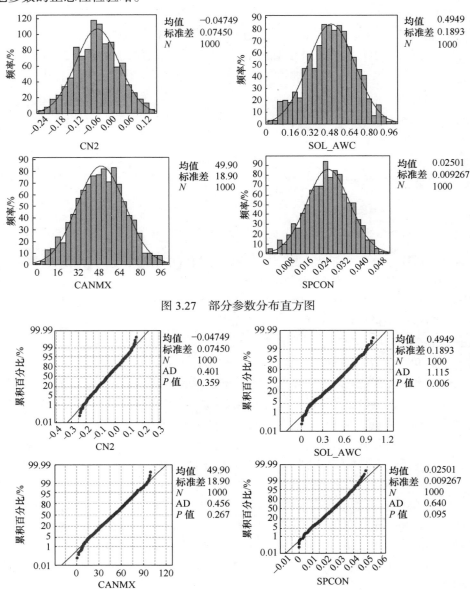

图 3.27　部分参数分布直方图

图 3.28　部分参数正态检验图

　　在 SWAT 模型参数呈正态输入的前提下，对模型输出的流量、泥沙量进行正态性检验。结果发现只有参数 CH_COV、SPEXP 的泥沙模拟结果通过正态性检验，其他无论是单个参数的模拟结果还是参数组合的模拟结果的 P 值都小于 0.005，即输出结果不服从正态分布。图 3.29 列出了部分参数呈正态分布输入情况下 SWAT 模型模拟结果的正态检验图，其他参数模拟结果的正态检验不作介绍。

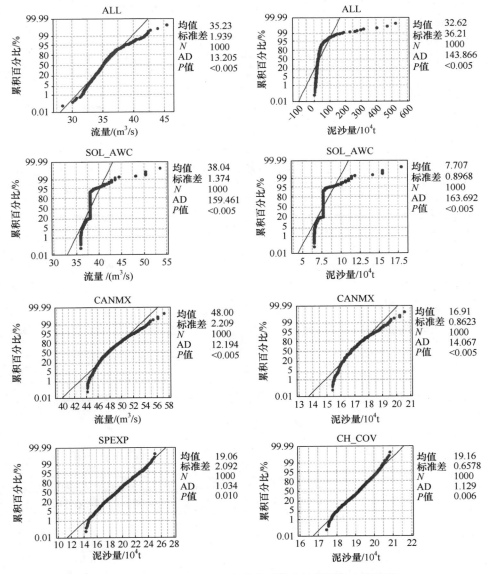

图 3.29　部分参数服从正态分布时输出结果的正态检验图

　　针对所研究的 20 个参数，作参数与流量、泥沙量的模拟关系图。通过与参数均匀分布时的参数与流量、泥沙量模拟关系图比较发现，除参数 SOL_AWC、ALPHA_BN 外，其他参数呈正态分布时的模拟关系图同参数均匀分布时的模拟关系图是一致的，只是接近于参数上下限部分的点更稀疏一些，靠近参数中值附近的点密一些。图 3.30 给出了部分参数与流量、泥沙量的模拟关系图。

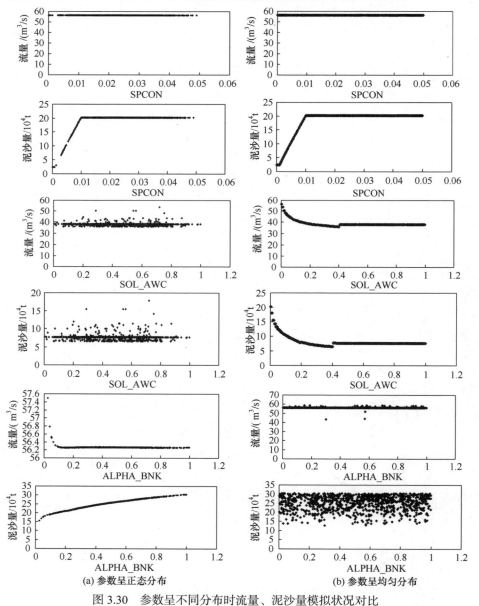

(a) 参数呈正态分布　　　　　　　　　　　(b) 参数呈均匀分布

图 3.30　参数呈不同分布时流量、泥沙量模拟状况对比

　　研究发现，参数呈正态分布时，流量、泥沙量模拟随参数土壤层有效含水量 SOL_AWC 的变化表现出一定的不规律性，这与其呈均匀分布时模拟结果的分布有所不同；不同于参数 ALPHA_BNK 在均匀分布时泥沙量模拟结果表现出的无规律性，ALPHA_BNK 呈正态分布时，泥沙量模拟结果随参数的变化是有规律性的。

　　4) 流量、泥沙量的不确定性参数

　　针对每个参数模拟获得的 1000 套结果进行统计分析，分别以单个参数的方差对总的参数的方差的比、单个参数的 CV 对总的参数的 CV 的比作为参数对模拟结果的不确定性贡献。

　　研究中，把不确定性贡献超过 5%的参数认为是模拟中不确定性较大的参数。在流量模拟(表 3.18)中，通过对方差不确定性贡献的比较，发现对流量模拟结果不确定性较大的参数依次为 CANMX、SOL_K、SOL_AWC，这三个参数的不确定贡献都在 20%以上，其累积方差不确定性贡献为 97.46%；通过对 CV 的不确定性贡献的比较，发现对流量模拟结果不确定性较大的参数依次为 CANMX、SOL_AWC、SOL_K、CN2，四个参数的累积 CV 不确定性贡献为 90.39%，CV 不确定性贡献的结果与方差不确定性贡献结果比较一致，只是排序稍有不同。

表 3.18　参数呈正态分布时对流量模拟的不确定性贡献(1000 次模拟)

参数	平均值	标准差	方差	方差不确定性 贡献/%	CV/%	CV 不确定性 贡献/%
SOL_AWC	38.04	1.374	1.888	20.11	3.61	27.98
ESCO	56.27	0.216	0.047	0.50	0.38	2.95
CN2	56.94	0.371	0.137	1.46	0.65	5.04
SOL_K	55.08	1.543	2.380	25.35	2.80	21.71
GWQMN	56.28	0.154	0.024	0.26	0.27	2.09
ALPHA_BF	56.25	0	0	0.00	0.00	0.00
CANMX	48.00	2.209	4.881	52.00	4.60	35.66
CH_K2	56.36	0.073	0.005	0.05	0.13	1.01
CH_N2	56.27	0.025	0.001	0.01	0.04	0.31
GW_DELAY	56.25	0	0	0.00	0.00	0.00
REVAPMN	56.25	0	0	0.00	0.00	0.00
SFTMP	56.26	0.004	0	0.00	0.01	0.08
USLE_P	56.25	0.001	0	0.00	0.00	0.00
ALPHA_BNK	56.27	0.045	0.002	0.02	0.08	0.62
SOL_BD	56.12	0.141	0.020	0.21	0.25	1.94
SLSUBBSN	56.31	0.044	0.002	0.02	0.08	0.62
全部参数	35.23	1.939	3.760		5.50	

在表 3.19 中，通过比较方差不确定性贡献，发现对泥沙量模拟结果不确定性较大的参数仅有两个：CH_N2、CH_EROD，其中 CH_N2 的方差不确定性贡献达到了 87.14%，两个参数的累积方差不确定性贡献达到了 95.5%；通过比较 CV 不确定性贡献，发现对泥沙模拟结果不确定性较大的参数依次为：CH_N2、CH_K2、CH_EROD、SOL_AWC、SPEXP、SPCON、ALPHA_BNK，七个参数的累积 CV 不确定性贡献为 88.67%。

表 3.19　参数呈正态分布时对泥沙量模拟的不确定性贡献(1000 次模拟)

参数	平均值	标准差	方差	方差不确定性贡献/%	CV/%	CV 不确定性贡献/%
SOL_AWC	7.71	0.897	0.804	0.11	11.63	6.26
ESCO	20.27	0.273	0.074	0.01	1.35	0.72
CN2	22.88	1.317	1.736	0.24	5.76	3.10
SOL_K	19.70	0.415	0.172	0.02	2.11	1.13
GWQMN	20.27	0.047	0.002	0.00	0.23	0.12
ALPHA_BF	20.26	0	0	0.00	0.00	0.00
CANMX	16.91	0.862	0.744	0.10	5.10	2.74
CH_K2	15.08	3.521	12.396	1.74	23.35	12.56
CH_N2	30.46	24.931	621.566	87.14	81.85	44.01
GW_DELAY	20.26	0	0	0.00	0.00	0.00
REVAPMN	20.26	0	0	0.00	0.00	0.00
SFTMP	20.27	0.015	0.0002	0.00	0.07	0.04
USLE_P	19.93	0.582	0.339	0.05	2.92	1.57
ALPHA_BNK	25.30	2.548	6.494	0.91	10.07	5.42
SOL_BD	20.25	0.023	0.001	0.00	0.11	0.06
SLSUBBSN	20.27	0.010	0	0.00	0.05	0.03
SPCON	19.83	2.128	4.527	0.63	10.73	5.77
SPEXP	19.06	2.092	4.378	0.61	10.98	5.90
CH_COV	19.46	0.658	0.433	0.06	3.38	1.82
CH_EROD	47.46	7.723	59.643	8.36	16.27	8.75
全部参数	32.62	36.209	1311.111		111.00	

参数呈正态分布时，可以得到同参数呈均匀分布时基本一致的结论，包括：不确定性较大参数的累积 CV 不确定性要小于累积方差不确定性；只有少数参数对模拟结果的不确定性较大。

参数呈正态分布时，针对各个参数进行模拟，流量均值的模拟结果在区间 [38.04, 56.94] 内，差异较小；泥沙量均值模拟结果在区间 [7.71, 47.46] 内，差距较大。针对流量模拟参数不确定性的大小以标准差进行排序，针对泥沙量模拟参数不确定性的大小以 CV 进行排序。表 3.20 列出了与流量和泥沙量相关的参数敏感性和不确定性排序情况。

表 3.20　参数呈正态分布时对流量、泥沙量的敏感性与不确定性

排序	流量		泥沙量	
	敏感性	不确定性	敏感性	不确定性
1	SOL_AWC	CANMX	SPCON	CH_N2
2	ESCO	SOL_K	CH_N2	CH_K2
3	CN2	SOL_AWC	CH_COV	SPCON
4	GWQMN	CN2	CH_EROD	CH_EROD
5	SOL_K	ESCO	CN2	SOL_AWC
6	ALPHA_BF	GWQMN	SOL_AWC	SPEXP
7	CANMX	SOL_BD	ESCO	ALPHA_BNK
8	CH_K2	CH_K2	ALPHA_BF	CN2
9	CH_N2	ALPHA_BNK	SPEXP	CANMX
10	REVAPMN	SLSUBBSN	CH_K2	CH_COV
11	GW_DELAY	CH_N2	USLE_P	USLE_P
12	USLE_P	SFTMP	GWQMN	SOL_K
13	SOL_BD*	ALPHA_BF*	SOL_K	ESCO
14	ALPHA_BNK*	GW_DELAY*	CANMX	GWQMN
15	SFTMP*	REVAPMN*	GW_DELAY	SOL_BD
16	SLSUBBSN*	USLE_P*	REVAPMN	SFTMP
17			SLSUBBSN	SLSUBBSN
18			SFTMP*	ALPHA_BF*
19			ALPHA_BNK*	GW_DELAY*
20			SOL_BD*	REVAPMN*

*代表参数的敏感性或不确定性为零。

　　总体来说，参数的敏感性分析结果和不确定性分析结果比较一致，参数敏感性较大其不确定性也较大，敏感性较小其不确定性也较小，但也有例外：ALPHA_BF 是流量和泥沙量模拟中敏感性相对较大的一个参数，但在流量、泥沙量参数的不确定性分析中的不确定贡献为零；SFTMP 在流量和泥沙量模拟中敏感性为零，但对流量和泥沙量的模拟有一定的不确定性；SLSUBBSN 在敏感性分析中对流量模拟的敏感性为零，但在流量模拟参数的不确定性分析中却有一定的不确定性。另外，个别参数在敏感性分析和不确定性分析(表 3.20)中的排序差别较大，例如，CANMX 在流量相关参数敏感性分析中排第 7 位，而在不确定性分析中则排在第 1 位；CH_K2 在泥沙相关参数敏感性分析中排第 10 位，而在不确定性分析中则排在第 2 位；参数河道覆盖因子 CH_COV 在泥沙相关参数敏感性分

析中排第 3 位，而在不确定性分析中排第 10 位。

3. 参数对数正态分布模拟

参照表 3.17 中所示的正态分布时的均值和方差生成服从均值为 μ_1、标准差为 σ 的对数正态分布。为保证参数服从正态分布时所生成的参数都在参数原始范围内，先随机生成 5 万个参数值，然后通过筛选得到参数原始范围内的参数，数目约占总数的 97%，再在筛选得到的参数内随机抽样得到模拟所需要的参数值。

1) 确定模拟次数

在参数服从对数正态分布的前提下，在参数原始输入范围内针对所研究的 20 个数随机生成 50 个、100 个、200 个、500 个、800 个、900 个、1000 个参数值，用拉丁超立方抽样方法进行抽样组合，代入 SWAT 模型进行模拟，统计模拟结果的均值及方差见表 3.21。

表 3.21　参数服从对数正态分布时的不同模拟次数统计表

输出结果	模拟次数	平均值	中位数	标准差	方差	变异系数
流量/(m³/s)	50	32.23	32.24	1.293	1.67	0.040
	100	32.09	31.92	1.207	1.46	0.038
	200	32.07	32	1.311	1.72	0.041
	500	32.06	31.95	1.335	1.78	0.042
	800	32.03	31.94	1.319	1.74	0.041
	900	32.03	31.95	1.352	1.83	0.042
	1000	32.03	31.94	1.353	1.83	0.042
泥沙量/10⁴t	50	25.65	22.45	10.74	115.35	0.419
	100	23.33	20.77	10.102	102.05	0.433
	200	22.90	20.77	9.79	95.84	0.428
	500	23.00	20.47	10.769	115.97	0.468
	800	22.81	20.37	10.611	112.59	0.465
	900	22.74	20.39	10.511	110.49	0.462
	1000	22.67	20.39	10.392	107.99	0.458

从表 3.21 可以看出，随着模拟次数的增加，模拟的均值及方差在模拟次数接近于 1000 次的时候趋于稳定，均值误差在 1%范围内，方差误差接近于 1%。考虑计算机的计算能力，确定参数呈对数正态分布时的模拟次数为 1000 次。

2) 模拟结果的不确定性范围

在 SWAT 模型参数原始范围内，对呈对数正态分布的参数进行 1000 次随机抽样组合，代入模型对大宁河流域上游巫溪站的 2004～2007 年的流量、泥沙量进行模拟，分别统计流量、泥沙量的月模拟分布。同样以模拟值的 2.5%百分位数和97.5%百分位数得到模拟值 95%的置信区间，以表征模拟值不确定性范围的大小。

从流量模拟分布图 3.31 可以看出，参数呈对数正态分布时，在参数原始范围内随机采样 1000 次并进行组合，代入 SWAT 进行模拟，流量模拟最佳值同观测值的相关系数 R^2 为 0.78、E_{NS} 为 0.54。流量模拟 95%置信区间宽度较窄，月流量观测值仅有 8.33%落在流量模拟值的 95%的置信区间内。

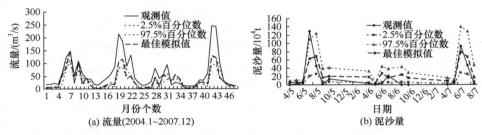

图 3.31　参数呈对数正态分布时流量、泥沙量模拟 95%不确定性范围

泥沙量模拟最佳值同观测值的相关系数 R^2 为 0.70、E_{NS} 为 0.65。泥沙量观测值有 44.44%落在模拟值的 95%的置信区间内，除 2005 年 7 月外，超出 95%置信区间的观测值全部为低于模拟值 95%的置信下限。

3）参数对流量、泥沙量模拟的影响

参数呈对数正态分布时，对流量、泥沙量模拟影响较大的参数判别方法跟前两节一致。

针对各参数的采样情况，做其分布直方图。图 3.32 给出了 SOL_AWC、CANMX 两个参数采样的分布情况。采用 Anderson-Darling 单一样本检验方法对采样参数的对数是否来自正态分布总体进行了检验，结果见图 3.33，参数的对数正态检验结果的 P 值均大于 0.005，通过正态性检验，即模型参数服从对数正态分布。其

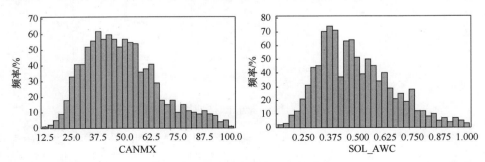

图 3.32　参数呈对数正态分布时参数直方图

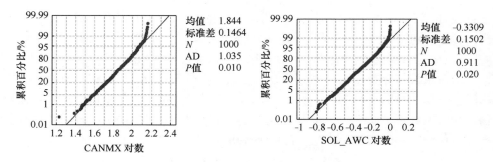

图 3.33　参数呈对数正态分布时参数对数正态检验图

他参数对数的正态性检验略。在 SWAT 模型输入参数呈正态分布前提下，对模型输出的流量、泥沙量进行正态性检验，检验结果的 P 值都小于 0.005，即输出结果都不服从正态分布。另外，研究发现参数 CANMX 呈对数正态输入情况下，如图 3.34 所示其流量输出结果通过正态性检验，当然这只是研究中出现的极个别现象，其他参数呈对数正态输入时其流量、泥沙模拟结果有接近呈正态分布的现象，但都未通过正态性检验。

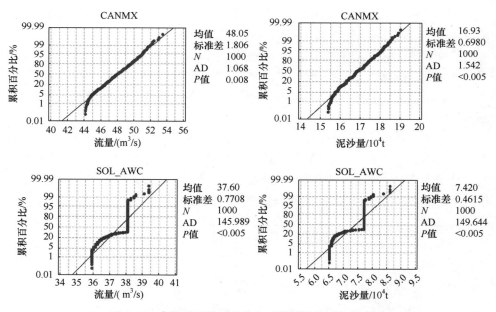

图 3.34　参数呈对数正态分布时模拟结果正态检验图

参数呈对数正态分布时，见图 3.35 除参数 ALPHA_BNK 外，其他参数流量、泥沙量模拟的分布情况跟参数呈均匀分布时的流量、泥沙量模拟分布情况基本一致，只是接近于参数上下限部分的点相对稀疏，其中，一边要比另一边的点更为稀疏，靠近参数中值附近的点较密。参数呈对数正态分布时，参数 ALPHA_BNK 的流量、泥沙量模拟随参数变化分布情况同正态分布而不同于均匀分布；参数 SOL_AWC 的流量、泥沙量模拟随参数变化分布情况同均匀分布而不同于正态分布。

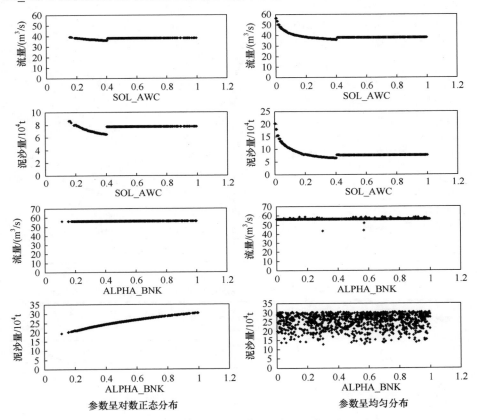

图 3.35　参数呈不同分布时流量、泥沙量模拟状况对比

4) 流量、泥沙量的不确定性参数

针对每个参数模拟获得的 100 套结果进行统计分析，分别以单个参数的方差对总的参数的方差的比、单个参数的 CV 对总的参数的 CV 的比作为参数对模拟结果的不确定性贡献，见表 3.22 和表 3.23。

表 3.22　参数呈对数正态分布时对流量的不确定性贡献(1000 次模拟)

参数	平均值/(m³/s)	标准差	方差	方差不确定性贡献/%	CV	CV 不确定性贡献/%
SOL_AWC	37.59	0.771	0.594	12.37	2.05	23.07
ESCO	56.24	0.223	0.050	1.04	0.40	4.46
CN2	56.91	0.365	0.133	2.77	0.64	7.21

参数	平均值/(m³/s)	标准差	方差	方差不确定性贡献/%	CV	CV不确定性贡献/%
SOL_K	55.18	0.856	0.739	15.39	1.55	17.45
GWQMN	56.26	0.024	0.001	0.02	0.04	0.48
ALPHA_BF	56.25	0	0	0.00	0.00	0.00
CANMX	48.05	1.806	3.263	67.93	3.76	42.28
CH_K2	56.36	0.052	0.003	0.06	0.09	1.04
CH_N2	56.26	0.016	0.0002	0.00	0.03	0.32
GW_DELAY	56.25	0	0	0.00	0.00	0.00
REVAPMN	56.25	0	0	0.00	0.00	0.00
SFTMP	56.25	0.0034	0	0.00	0.01	0.07
USLE_P	56.25	0.0006	0	0.00	0.00	0.01
ALPHA_BNK	56.26	0.0028	0	0.00	0.00	0.06
SOL_BD	56.12	0.137	0.019	0.40	0.24	2.75
SLSUBBSN	56.32	0.038	0.001	0.02	0.07	0.76
全部参数	32.03	1.353	1.830		4.22	

表 3.23　参数呈对数正态分布时对泥沙量的不确定性贡献(1000 次模拟)

参数	平均值/10⁴t	标准差	方差	方差不确定性贡献/%	CV	CV不确定性贡献/%
SOL_AWC	7.42	0.461	0.213	0.14	6.21	5.39
ESCO	20.23	0.284	0.081	0.05	1.40	1.22
CN2	22.78	1.286	1.655	1.08	5.65	4.90
SOL_K	19.68	0.297	0.088	0.06	1.51	1.31
GWQMN	20.26	0.010	0.0001	0.00	0.05	0.04
ALPHA_BF	20.26	0	0	0.00	0.00	0.00
CANMX	16.93	0.698	0.487	0.32	4.12	3.58
CH_K2	14.91	2.484	6.172	4.02	16.66	14.46
CH_N2	27.51	9.493	90.12	58.63	34.51	29.95
GW_DELAY	20.26	0	0	0.00	0.00	0.00
REVAPMN	20.26	0	0	0.00	0.00	0.00
SFTMP	20.27	0.015	0.0002	0.00	0.07	0.06
USLE_P	19.18	1.078	1.163	0.76	5.62	4.88
ALPHA_BNK	25.30	2.173	4.725	3.07	8.59	7.46
SOL_BD	20.25	0.021	0.0004	0.00	0.10	0.09
SLSUBBSN	20.27	0.008	0	0.00	0.04	0.03

续表

参数	平均值/10^4t	标准差	方差	方差不确定性贡献/%	CV	CV 不确定性贡献/%
SPCON	20.22	0.415	0.172	0.11	2.05	1.78
SPEXP	19.09	2.146	4.604	3.00	11.24	9.76
CH_COV	19.10	0.610	0.372	0.24	3.19	2.77
CH_EROD	46.70	6.623	43.860	28.53	14.18	12.31
全部参数	22.67	10.392	107.985		45.84	

研究中，把不确定贡献超过 5%的参数认为是模拟中不确定性较大的参数。在流量模拟中，通过比较方差不确定性贡献，发现对流量模拟结果不确定性较大的参数依次为：CANMX(67.93%)、SOL_K(15.39%)、SOL_AWC(12.37%)，三个参数的累积方差不确定性贡献为 95.69%；通过比较 CV 的不确定性贡献，发现对流量模拟结果不确定性较大的参数依次为：CANMX(42.28%)、SOL_AWC(23.07%)、SOL_K(17.45%)、CN2(7.21%)，四个参数的累积 CV 不确定性贡献为 90.01%，CV 不确定性贡献的结果与方差不确定性贡献的结果比较一致，只是排序稍有不同。

在泥沙量模拟中，通过比较方差不确定性贡献，发现对泥沙模拟结果不确定性较大的参数仅有两个：CH_N2(58.63%)、CH_EROD(28.53%)，两个参数的累积方差不确定性贡献达到了 87.16%；通过比较 CV 不确定性贡献，发现对泥沙模拟结果不确定性较大的参数依次为：CH_N2(29.95%)、CH_K2(14.46%)、CH_EROD(12.31%)、SPEXP(9.76%)、ALPHA_BNK(7.46%)、SOL_AWC(5.39%)，六个参数的累积 CV 不确定性贡献为 79.33%。

参数呈对数正态分布时，针对各个参数进行模拟，流量均值的模拟结果在区间[37.59, 56.91]内，差异较小；泥沙量均值模拟结果在区间[7.42, 46.70]内，差距较大。针对流量模拟参数不确定性的大小以标准差进行排序，针对泥沙模拟参数不确定性的大小以 CV 进行排序。表 3.24 列出了与流量和泥沙量相关的参数的敏感性和不确定性排序对比情况。

表 3.24　参数呈对数正态分布时对流量、泥沙量的敏感性与不确定性

排序	流量		泥沙量	
	敏感性	不确定性	敏感性	不确定性
1	SOL_AWC	CANMX	SPCON	CH_N2
2	ESCO	SOL_K	CH_N2	CH_K2
3	CN2	SOL_AWC	CH_COV	CH_EROD

续表

排序	流量		泥沙量	
	敏感性	不确定性	敏感性	不确定性
4	GWQMN	CN2	CH_EROD	SPEXP
5	SOL_K	ESCO	CN2	ALPHA_BNK
6	ALPHA_BF	SOL_BD	SOL_AWC	SOL_AWC
7	CANMX	CH_K2	ESCO	CN2
8	CH_K2	SLSUBBSN	ALPHA_BF	USLE_P
9	CH_N2	GWQMN	SPEXP	CANMX
10	REVAPMN	CH_N2	CH_K2	CH_COV
11	GW_DELAY	SFTMP	USLE_P	SPCON
12	USLE_P	ALPHA_BNK	GWQMN	SOL_K
13	SOL_BD*	USLE_P	SOL_K	ESCO
14	ALPHA_BNK*	ALPHA_BF*	CANMX	SOL_BD
15	SFTMP*	GW_DELAY*	GW_DELAY	SFTMP
16	SLSUBBSN*	REVAPMN*	REVAPMN	GWQMN
17			SLSUBBSN	SLSUBBSN
18			SFTMP*	ALPHA_BF*
19			ALPHA_BNK*	GW_DELAY*
20			SOL_BD*	REVAPMN*

*代表参数的敏感性或不确定性为零。

　　与参数呈均匀分布和正态分布时相同，参数 ALPHA_BF 在流量和泥沙量相关参数敏感性分析中敏感性较大，但在不确定性分析中的不确定性贡献为零；参数 SFTMP 在流量和泥沙量的敏感性分析中敏感性为零，但对流量和泥沙的模拟有一定的不确定性；参数 SLSUBBSN 在敏感性分析中对流量模拟的敏感性为零，但在流量模拟参数的不确定性分析中却有一定的不确定性。个别参数在敏感性分析和不确定性分析中的排序差别较大，例如，CANMX 在流量相关参数敏感性分析中排第 7 位，而在不确定性分析中则排在第 1 位；CH_K2 在泥沙相关参数敏感性分析中排第 10 位，而在不确定性分析中则排在第 2 位；SPCON 在泥沙相关参数敏感性分析中排第 1 位，而在不确定性分析中仅排在第 11 位；CH_COV 在泥沙相关参数敏感性分析中排第 3 位，而在不确定性分析中排第 10 位。

　　4. 参数呈不同分布形态研究对比

　　1) 对模拟结果的影响比较

　　通过比较参数组合不同分布形态下模拟结果的均值和方差，发现参数呈对数正态分布时模拟结果的均值和方差达到局部稳定的速度最快，正态分布其次，均匀分布最慢，这主要是因为靠近参数原始范围上限或下限的参数值对模拟结果的影响较大。

如表 3.25 所示，分别统计参数呈不同分布形态下的流量、泥沙量模拟结果，发现参数呈均匀分布时，模拟结果的差异性最大，95%不确定性区间宽度最宽；参数呈对数正态分布时，模拟结果的差异性最小，95%不确定性区间宽度最窄。研究表明：SWAT 模型参数呈均匀分布时能更准确地反映出参数对模拟结果的影响，但由此产生了较宽的不确定性区间，降低了模拟的置信水平；而参数呈正态分布和对数正态分布时，模拟结果能获得较窄的不确定性区间，提高了模拟的置信水平，但会降低参数变异的敏感性，导致大部分观测数值落在不确定性区间之外；SWAT 模型参数呈均匀分布时产生的不确定性对流量、泥沙量模拟造成的影响最大，其次是正态分布，最后是对数正态分布。

表 3.25　参数呈不同分布形态下的模拟结果统计(1000 次模拟)

输出结果	参数分布形态	均值	方差	95%不确定性范围	
				95%下限	95%上限
流量/(m³/s)	均匀分布	32.89	16.81	26.96	42.81
	正态分布	35.23	3.76	32.08	40.21
	对数正态分布	32.03	1.83	29.50	34.89
泥沙量/10⁴t	均匀分布	33.41	3349.56	1.91	234.89
	正态分布	32.62	1311.11	10.28	98.48
	对数正态分布	22.67	107.98	9.52	47.96

2) 模拟效率比较

在模型参数分别呈三种不同分布状态下，在参数原始范围内随机采样 1000 次，代入模型进行模拟，以 E_{NS} 作为模拟结果的评价指标，并进行统计，比较 SWAT 模型在参数呈不同分布状态下的模拟效率，结果见图 3.36、表 3.26。

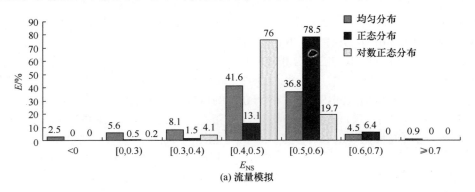

(a) 流量模拟

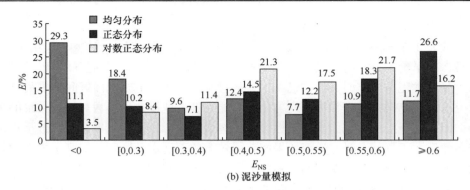

(b) 泥沙量模拟

图 3.36   参数呈不同分布状态下的模拟效率对比

表 3.26   参数呈不同分布状态下的模拟效果统计

输出结果	均匀分布		正态分布 A		对数正态分布	
	平均值	方差	平均值	方差	平均值	方差
流量率定结果(E_{NS})	0.465	0.0194	0.535	0.0026	0.47	0.0014
泥沙量率定结果(E_{NS})	−8.90	3397.84	−1.434	336.66	0.44	0.216

$$E = \frac{N_{(a,b)}}{N_{\text{Total}}} \times 100\% \tag{3.26}$$

式中，E 为效率系数；$N_{(a,b)}$ 为 E_{NS} 在[a，b]内的参数组数目；N_{Total} 为用于模拟的参数组的总数目。

从图 3.36 可以看出：在 SWAT 模型参数原始范围内随机采样 1000 次，组合代入模型对流量进行模拟：参数呈均匀分布时，流量模拟的 E_{NS} 分布在[−0.27604，0.74314]区间内，E_{NS} 在[0.4, 0.5]范围内的分布达到了 41.6%，E_{NS} 小于 0 的可能性为 2.5%，大于 0.7 的可能性为 0.9%；参数呈对数正态分布时，E_{NS} 分布比较集中，分布在[0.16092, 0.68332]区间内，有 76%的可能性出现在[0.4, 0.5]范围内；参数呈正态分布时，E_{NS} 的分布更为集中，分布在[0.21690, 0.57982]内，有 78.5%的可能性出现在[0.5, 0.6]内，E_{NS} 大于 0.6 的可能性为 0。对泥沙量进行模拟：参数呈均匀分布时，泥沙量模拟的 E_{NS} 分布在[−1084.13, 0.70066]区间内，E_{NS} 小于 0.5 的可能性为 69.7%，取负值的可能性达到了 29.3%；参数呈正态分布时，E_{NS} 分布在[−365.663，0.69524]区间内，E_{NS} 小于 0.5 的可能性为 42.9%，大于 0.6 的可能性为 26.6%；参数呈对数正态分布时，E_{NS} 分布在[−8.98395，0.678459]区间内，E_{NS} 小于 0.5 的可能性为 44.6%，大于 0.6 的可能性为 16.2%。

总体来说，对于流量模拟，参数呈均匀分布时，评价其模拟效果的 E_{NS} 取值的区间最为宽广也最为分散，模型模拟最差和最好的结果都在参数呈均匀分布的时候出现，模型模拟的平均模拟效果最差，但最有可能达到最佳模拟效果，即得到一套或几套最优参数值的可能性最高；参数呈正态分布时，其参数组合的平均模拟效果最好，但获得一套最优参数值的可能性略低于参数呈均匀分布时；参数呈对数正态分布时，其模拟效果介于参数呈均匀分布与正态分布之间，但评价其模拟效果的 E_{NS} 分布最为集中。对于泥沙模拟，参数呈均匀分布时，其平均模拟结果最差，模拟结果的大部分值表现为不可信，模拟效果达到最优的可能性最小；参数呈正态分布时，其平均模拟效果好于参数呈均匀分布而差于对数正态分布，其模拟结果达到最优的可能性最大；参数呈对数正态分布时，其模拟结果差异性最小、平均模拟效果也最好，模拟效果达到最优的可能性介于参数均匀分布与正态分布之间。

　　造成以上现象的原因在于：部分参数在靠近下限或上限部分取值导致其模拟结果极优或极差的可能性较大，而参数呈正态分布或对数正态分布时，参数取接近参数上限或下限区域值的可能性较小，导致其模拟结果同均匀分布的模拟结果差异性较大。GLUE 模拟的似然点图、MC 模拟中模拟值随各参数的变化情况都为以上观点提供了有力的证明。

　　由此可认为：应用 SWAT 模型单独对流量进行模拟时，参数呈均匀分布时的模拟效果比其他分布形式时更有优势，达到最佳模拟效果的可能性最大，正态分布略差于均匀分布；应用 SWAT 模型单独对泥沙进行模拟时，参数呈正态分布时的模拟效果比其他分布形式时更有优势，达到最佳模拟效果的可能性最大，对数正态分布略差于正态分布，均匀分布的模拟效果最差。应用 SWAT 模型同时对流量和泥沙量进行模拟时，在相同的模拟次数下，假设参数呈正态分布能达到更好的模拟效果。

　　(1) 流量、泥沙量相关参数不确定性比较。

　　在 SWAT 模型模拟中，参数的分布形态不同，流量、泥沙量模拟随个别参数的变化情况有所不同。参数 SOL_AWC 呈正态分布时，其流量、泥沙量模拟结果随参数的变化情况不同于均匀分布和对数正态分布，表现出较大的不规律性；参数 ALPHA_BNK 呈均匀分布时，其泥沙量模拟结果随参数的变化情况不同于正态分布和对数正态分布，具体情况见图 3.37。其他参数在不同分布形态下对流量、泥沙量模拟的影响一致。

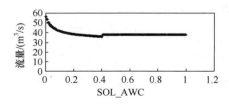
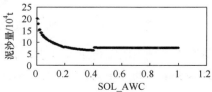

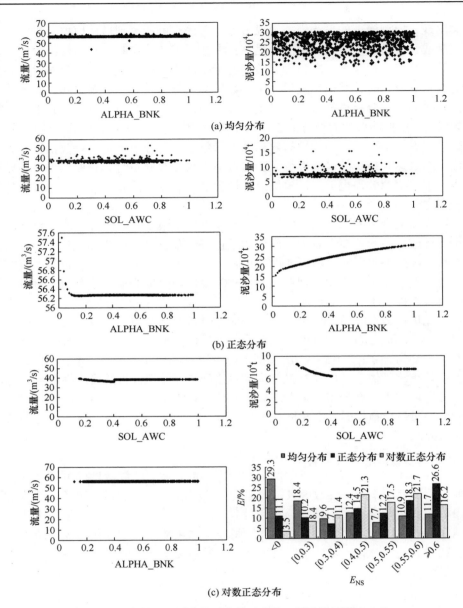

图 3.37　参数呈不同分布时参数对流量、泥沙模拟影响比较

　　研究中，把不确定贡献超过 5%的参数认为是模拟中不确定性较大的参数。分别统计参数呈不同分布状态时流量、泥沙模拟中不确定性较大的参数，见表 3.27。

表 3.27　参数呈不同分布时流量、泥沙模拟中不确定性参数统计

	排序	均匀分布				正态分布				对数正态分布			
		参数	方差不确定性贡献/%	参数	CV不确定性贡献/%	参数	方差不确定性贡献/%	参数	CV不确定性贡献/%	参数	方差不确定性贡献/%	参数	CV不确定性贡献/%
流量	1	SOL_K	42.43	CANMX	28.04	CANMX	52.00	CANMX	35.66	CANMX	67.93	CANMX	42.28
	2	CANMX	33.42	SOL_K	27.74	SOL_K	25.35	SOL_AWC	27.98	SOL_K	15.39	SOL_AWC	23.07
	3	SOL_AWC	21.12	SOL_AWC	27.55	SOL_AWC	20.11	SOL_K	21.71	SOL_AWC	12.37	SOL_K	17.45
	4							CN2	5.04			CN2	7.21
	累积不确定性%		96.97		83.33		97.46		90.39		95.69		90.01
泥沙	1	CH_N2	92.71	CH_N2	39.06	CH_N2	87.14	CH_N2	44.01	CH_N2	58.63	CH_N2	29.95
	2			CH_K2	12.37	CH_EROD	8.36	CH_K2	12.56	CH_EROD	28.53	CH_K2	14.46
	3			SPCON	9.26			CH_EROD	8.75			CH_EROD	12.31
	4			CH_EROD	8.63			SOL_AWC	6.26			SPEXP	9.76
	5			SOL_AWC	7.52			SPEXP	5.90			ALPHA_BNK	7.46
	6			SPEXP	5.74			SPCON	5.77			SOL_AWC	5.39
	7			ALPHA_BNK	5.40			ALPHA_BNK	5.42				
	累积不确定性%		92.71		87.98		95.50		88.67		87.16		79.33

(2) 流量模拟的不确定性参数。

对于流量模拟，参数呈不同分布状态下，通过比较方差不确定性贡献和 CV 不确定性贡献得到的参数不确定性结果基本一致：CANMX、SOL_K、SOL_AWC 和 CN2 是流量模拟中不确定性较大的参数。但各参数的不确定性贡献不同，排序有差异：参数呈均匀分布时，对流量模拟不确定性最大的参数为 SOL_K，但在参数呈正态分布和对数正态分布时，对流量模拟不确定性最大的参数为 CANMX。

(3) 泥沙模拟的不确定性参数。

对于泥沙模拟，参数呈不同分布状态下，通过比较方差不确定性贡献和 CV 不确定性贡献得到的参数不确定性结果有所不同，通过 CV 不确定性贡献得到的不确定性较大的参数个数要远多于以方差不确定性贡献形式得到的参数个数。用方差不确定性贡献来表征泥沙量模拟相关参数不确定性的大小可能会得到某个参数的不确定性极高而其他参数的不确定性极小的结果，不利于对结果的判断，因此推荐用 CV 的不确定性贡献率来比较泥沙量模拟相关参数的不确定性大小。

在运用方差不确定性贡献确定泥沙量模拟不确定性参数时，会出现一个参数的不确定性贡献非常大，而其他参数的不确定性贡献很小的情况，不确定参数来源非常集中，例如，在参数呈均匀分布时，CH_N2 对泥沙量模拟的不确定性贡献达到了 92.61%，在呈正态分布、对数正态分布时，其不确定贡献也分别达到了 87.14%、58.63%。

在运用 CV 不确定性贡献确定泥沙量模拟不确定性参数时，得到的参数不确定性结果基本一致：CH_N2、CH_K2、SPCON、CH_EROD、SOL_AWC、SPEXP 和 ALPHA_BNK 是泥沙量模拟中不确定性较大的参数，其中，参数 CH_N2、CH_K2 在不同的参数分布形态下的不确定性排序都是一致的，分别排在第 1 位和第 2 位。参数的分布形态不同时，各参数的不确定性贡献也不同，CH_N2、CH_K2 以外的参数不确定性排序也不一致。各参数在不同分布形态下对泥沙量模拟的不确定性排序详情见表 3.27。

3.3.2 模型参数组合不确定性

由于模型本身和观测资料的误差，通过观测数据率定出来的模型参数组合也存在一定偏差，它并不能代表一定模型参数下的"真实"参数值，而只是符合某一特定目标函数的似然估计的优化参数值，这样在参数空间就会存在"异参同效"现象，即不同的参数组合可得到相同的似然值。针对模型参数优化过程中的"异参同效"现象，提出了采用 GLUE 方法分析水文模拟的不确定性。

GLUE 方法认为导致模型模拟结果好坏的不是模型的单个参数，而是模型的参数值组合。GLUE 方法可以对一套参数同时抽样以进行模拟，这样便隐式地处理了参数之间的影响。GLUE 方法可以得到很多组非最优的模拟结果，其不确定性区间能较为真实地反映不确定性的大小，其概念较为清晰明了，便于操作。GLUE 方法的分析过程包括：在预先设定的参数分布取值空间内，随机采样获取模型的参数值组合，运行模型。选定似然目标函数，计算模拟结果与观测值之间的似然函数值，再计算这些函数值的权重，得到各个参数组的似然值。在所有的似然值中，设定一个临界值，低于该临界值的参数组似然值被赋值为零；对高于临界值的所有参数组似然值重新归一化，即将这些似然值处理为 0~1 的分布，按照似然值归一化处理后的大小，求出在某置信度下模型预报的不确定性范围。

GLUE 方法运用过程如下。

(1) 定义似然目标函数。似然目标函数主要用于判别模拟结果与实测结果之间的拟合程度。从理论上来讲，当模拟结果与所研究的系统不相似时，似然目标函数值应为零；而当模拟结果相似性增加时，似然目标函数值应该单调上升。本节选用 Nash-Sutcliffe 效率系数作为似然目标函数。Nash-Sutcliffe 效率系数是最常用的似然目标函数，其公式如下：

$$E_{NS} = 1 - \sum_{i=1}^{n}(O_i - P_i)^2 / \sum_{i=1}^{n}(O_i - \overline{O_i})^2 \tag{3.27}$$

式中，O_i 为第 i 个观测值；n 为观测值的数量；$\overline{O_i}$ 为观测值的平均值；P_i 为第 i 个模拟测值(模拟值)的数目。

(2) 确定参数的取值范围和先验分布特征，首先确定模型参数的取值范围。通常情况下，参数的先验分布形式难以确定，往往用均匀分布代替。本节确定参数取值范围为其原始范围，假设参数呈均匀分布，对参数进行采样。

(3) 运行程序，在得到的所有的似然值中，设定一个临界值，将小于该值的模拟结果舍弃。

(4) 确定预报结果的上、下界限，更新似然函数。依据似然值的大小排序，估算出一定置信水平的模型预报不确定性的时间序列，并通过参数似然散点图来探讨参数的不确定性。

针对 SWAT 模型水文、泥沙模拟过程中敏感性相对较大的 20 个参数进行不确定性研究，其中，SPCON、SPEXP、CH_COV、CH_EROD 四个参数仅与泥沙模拟有关，与流量模拟无关。通过查阅相关文献、学习 SWAT 用户手册，确定研究相关参数的上、下限，各参数原始范围及物理意义见表 3.11。

SWAT 模型是基于物理、化学、生物过程的复杂机制模型，不同区域由于土地利用类型、土壤类型、气候方面的差异，参数具有空间上的差异性。SWAT 模型参数众多，不同参数具有不同的物理意义，实际测量起来非常困难，很难判断参数的真实分布形态。

假设所有参数均呈均匀分布，针对流量、泥沙参数在其原始范围内进行随机抽样，对大宁河流域巫溪站 2004～2007 年的流量、泥沙量进行模拟。调用 SWAT-CUP 中的 GLUE 程序模拟 10000 次，将阈值调至足够低，以获取所有的模拟结果。本节探讨 SWAT 模型中的"异参同效"现象，并通过参数似然散点图来探讨参数的不确定性。

通过 GLUE 方法模拟，在 SWAT 模型中，针对流量和泥沙量模拟的结果出现了大量的"异参同效"现象，见表 3.28。模型参数之间的相关性及参数的阈值是导致"异参同效"现象产生的主要原因。"异参同效"参数组中，判断哪组参数在其物理意义上来说更合理很困难，需要结合流域当地的实际情况，通过参数的实际测量确定参数的实际范围，并以此作为判据。由于参数众多及空间上的差异性，实际参数的测量过程非常困难、复杂而又烦琐，实际研究中一般都忽略了其合理性的探讨，把参数优化的结果作为其最佳参数组合。

表 3.28 "异参同效"参数组

编号	参数	流量			泥沙		
		组 1	组 2	组 3	组 1	组 2	组 3
1	r__CN2.mgt	0.0203	−0.1027	−0.0085	0.1363	0.0217	0.0643
2	v__ALPHA_BF.gw	0.4048	0.0087	0.4896	0.3411	0.0191	0.0324
3	v__GW_DELAY.gw	36.0475	24.2712	39.5298	35.3257	13.4576	13.2559
4	v__CH_N2.rte	0.4176	0.3761	0.2179	0.2947	0.2024	0.2178
5	v__CH_K2.rte	32.1141	89.7282	16.4653	10.1802	38.9954	18.0410
6	v__ALPHA_BNK.rte	0.3616	0.4323	0.3980	0.4089	0.9418	0.4505
7	v__SOL_AWC(1～2).sol	0.0796	0.0307	0.0006	0.1660	0.3279	0.1196
8	r__SOL_K(1～2).sol	113.3080	137.3520	166.4420	58.4822	234.5450	48.3082
9	a__SOL_BD(1～2).sol	0.1476	0.1905	0.2797	0.2512	0.3964	0.3136
10	v__SFTMP.bsn	−1.7443	1.9458	3.7872	−1.3314	−3.5880	−0.9027
11	v__CANMX.hru	2.8527	6.3323	24.4465	22.0842	29.0789	6.0640
12	v__ESCO.hru	0.9775	0.0217	0.0800	0.2704	0.7215	0.3153
13	v__GWQMN.gw	1256.920	205.524	913.087	4958.950	372.250	4729.050
14	v__REVAPMN.gw	137.0420	129.2090	434.2130	390.4860	71.2840	34.4314
15	v__USLE_P.mgt	0.5067	0.2462	0.4990	0.1085	0.6628	0.6285
16	r__SLSUBBSN.hru	0.0402	−0.0759	−0.0946	−0.0771	0.0011	0.0481
17	v__CH_Cov.rte				0.8376	0.3398	0.1628
18	v__CH_EROD.rte				0.8894	0.6481	0.5564
19	v__SPCON.bsn				0.0326	0.0391	0.0358
20	v__SPEXP.bsn				1.4285	1.2595	1.3446
	E_{NS}	0.6915	0.6917	0.6919	0.6997	0.6999	0.7000

注：参数中的 1～2 代表土壤层的第 1 层和第 2 层。

参数"异参同效"现象表明了参数的率定结果存在着不确定性，同时印证了 GLUE 方法的重要观点：导致模型模拟结果好与坏的关键是模型参数的组合，而非单个参数。

将得到的和流量、泥沙模拟相关的等效参数组进行总和标准化计算，公式如下：

$$X'_{ij} = \frac{|X_{ij}|}{\sum_{j=1}^{m}|X_{ij}|} \times 100\% \tag{3.28}$$

式中，X'_{ij} 为总和标准化后的新数据；X_{ij} 为原始的数据；i 为参数类别；j 为参数组号，m 为参数组数。

从图 3.38 可见，同类参数在各组中的取值不同，有些参数变化大，如流量模拟中的 GWQMN、CH_K2，泥沙量模拟中的 CN2、SLSUBBSN；有些参数变化小，如流量模拟中的 GW_DELAY、ESCO，泥沙量模拟中的 SPCON、SPEXP，这说明模型中参数的不确定性程度存在差异。

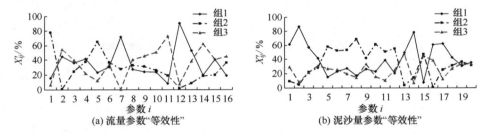

图 3.38　等效参数组总和标准化图

根据大宁河流域巫溪站的 2004～2007 年的月均流量及月泥沙量模拟，以 E_{NS}=0.5 作临界下限，分别作与径流和泥沙相关的参数的似然散点图，见图 3.39、图 3.40。

通过参数似然散点图可以看出，某些参数在其一定范围内对模拟结果的影响较明显，对其模拟结果有一定的不确定性，具体表现为似然点在某些区域分布比较密集而在其他区域分布相对稀疏；某些参数似然点在其参数范围内分布较为均匀，变化趋势不明显，表明其不确定性较小。

总体来说，在大宁河流域 SWAT 模型流量模拟中，参数 SOL_AWC、CANMX、ALPHA_BNK、SOL_K、CN2、ESCO 对其模拟结果的不确定性较大。其中，SOL_AWC、CANMX 对模拟结果的不确定性尤为明显：参数 SOL_AWC 在[0，0.2]区间内似然点分布最为密集，且流量模拟最好的结果都分布在[0，0.2]区间内，参数取值越接近参数的下限值，其模拟结果取最优值的可能性越大；参数 CANMX

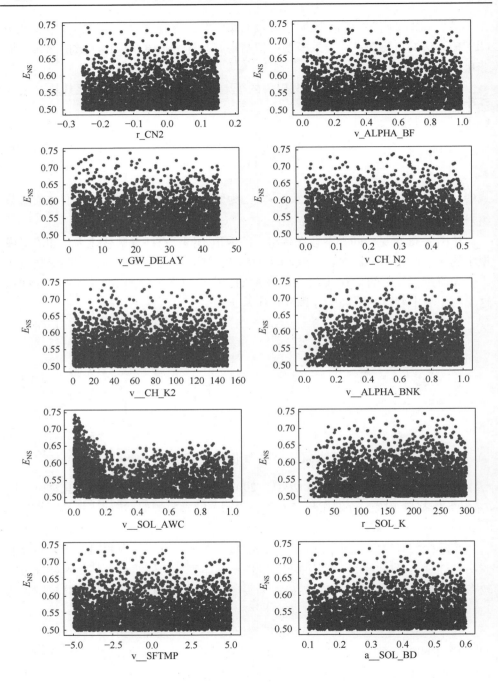

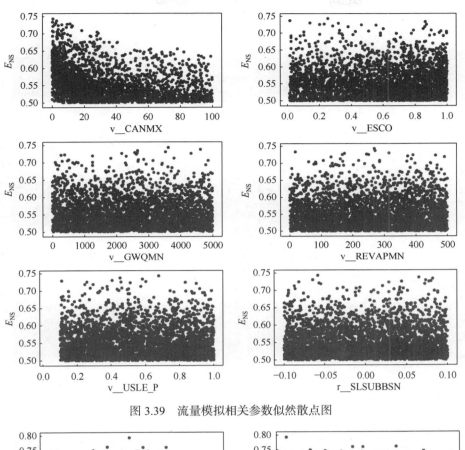

图 3.39　流量模拟相关参数似然散点图

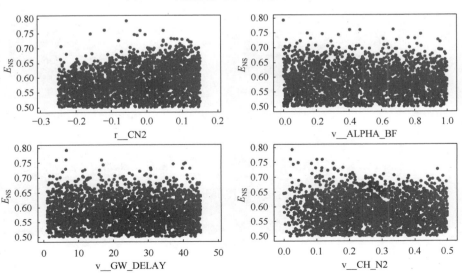

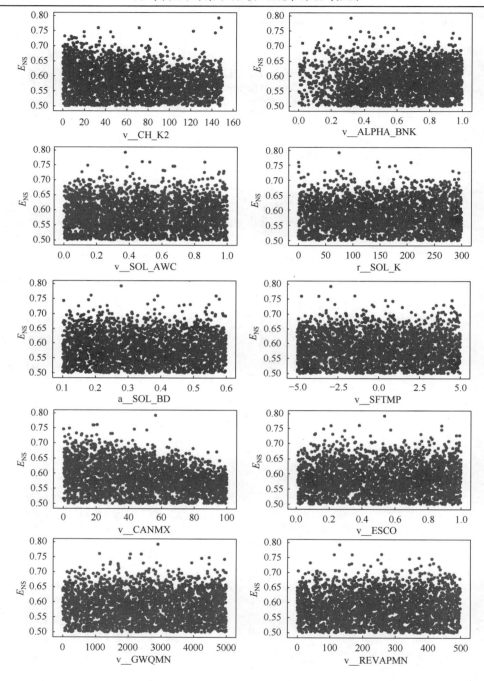

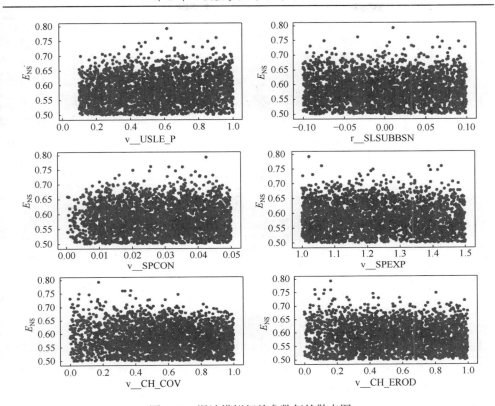

图 3.40　泥沙模拟相关参数似然散点图

对径流的影响同参数 SOL_AWC 非常相似，参数在[0，30] 区间内似然点分布最为密集，参数取值越接近参数的下限，其模拟结果取最优值的可能性越大；ALPHA_BNK 在[0，0.3]范围内似然点分布较为稀疏，在[0.3，1]范围内似然点分布相对较密集且较均匀；参数 SOL_K 的似然点分布情况同 CANMX 的分布情况类似，在[0，80]内分布较为稀疏，在[80，100]范围内分布相对较密集且较均匀。通过参数分布直方图可以较为直接地看到对流量模拟影响较大的参数分布情况，见图 3.41。

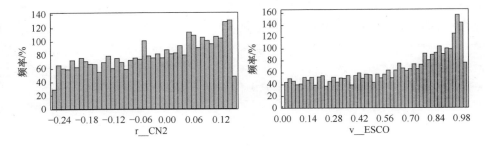

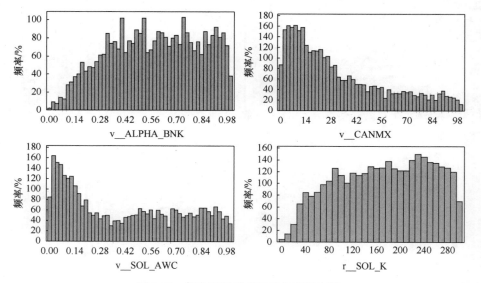

图 3.41　部分流量模拟相关参数直方图

　　在大宁河流域 SWAT 模型泥沙模拟中,参数 CN2、CH_N2、CH_K2、CANMX 、ALPHA_BNK、SPCON、SPEXP、CH_COV、CH_EROD 对其模拟的结果不确定性较大。其中, CH_N2、ALPHA_BNK、SPCON、SPEXP、CH_COV、CH_EROD 对泥沙模拟结果的不确定性尤为明显。参数 CH_N2 在[0, 0.14]范围内似然点分布较为稀疏, 在[0.14, 0.5]范围内似然点分布相对较密集、也较为均匀;参数 ALPHA_BNK、SPCON、CH_COV、CH_EROD 同参数 CH_N2 似然点的分布情况类似, 都是在靠近参数下限的区域似然点分布较稀疏, 其他区域的似然点分布较为密集、也较为均匀。通过参数分布直方图可以较为直接地看到对泥沙模拟影响较大的参数分布情况, 见图 3.42。

　　通过 SWAT 模型手册及相关文献可知:参数 SOL_AWC、CANMX、CN2、ESCO、SOL_K 是地表水响应过程中的相关参数;参数 CH_N2、CH_K2、ALPHA_BNK、SPCON、SPEXP、CH_COV、CH_EROD 是河道响应过程中的相关参数;参数 ALPHA_BF、REVAPMN、GW_DELAY、GWQMN 是地下水响应过程中的相关参数。由此可知, 在大宁河流域应用 SWAT 模型对流量、泥沙量的模拟中, 地表水响应过程中的相关参数对流量模拟影响不确定性较大, 河道响应过程中的相关参数对泥沙量模拟影响的不确定性较大, 地下水响应过程相关参数对流量、泥沙量模拟影响的不确定性很小。

　　注:本章节中给出的参数区间是用来参考的一个大概的范围, 并不保证其准确性。

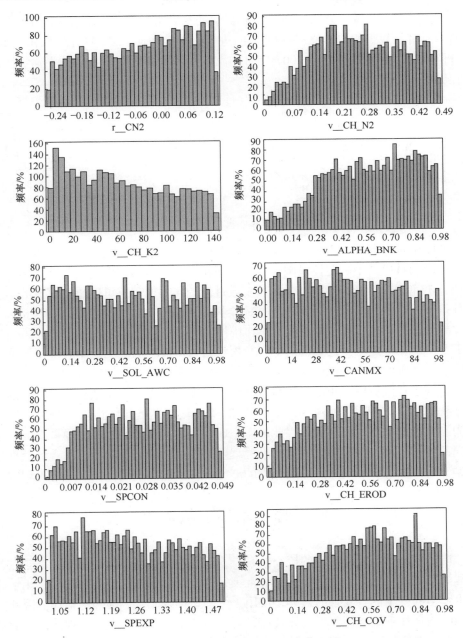

图 3.42　部分泥沙模拟相关参数直方图

本节取 E_{NS} 临界值为 0.5，低于该临界值的参数组似然值被赋为零，高于该临界值的所有参数组的似然值重新归一化，进行大小排序，以 2.5%百分位数和 97.5%百分位数求出巫溪站 2004～2007 年月均流量和月泥沙量模拟 95%的不确定性范围，见图 3.43。

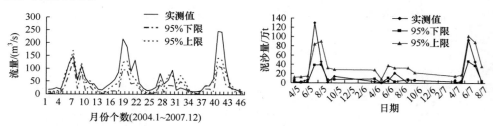

图 3.43　巫溪站 2004～2007 年流量、泥沙量模拟 95%不确定性范围

从图中可以看出，不确定性范围随实测流量、泥沙量而变，在实测流量、泥沙量较高的月份其不确定性范围较大，实测较小的月份其不确定性范围较小。实测值并不完全在不确定性范围内，过高或过低的实测值都有可能超出模拟的不确定性范围，这说明 SWAT 模型并不能完全模拟流域出口断面的流量及泥沙量。

导致部分流量、泥沙量观测值不在模拟 95%不确定性范围内的可能原因包括以下几点。①模型本身的影响。SWAT 模型将短历时降雨变为长历时降雨，这就造成了对暴雨的坦化作用。②流域内雨量站、气象站分布不均的影响。降水及其他气象因子在流域内分布的空间差异性，使得模型输入的气象数据存在一定的误差。③参数先验分布的影响。由于对 SWAT 模型参数的分布形态缺乏足够的了解，认为参数都是呈均匀分布的并以此形态生成参数，这可能会对模型模拟造成一定的误差。④流量、泥沙量观测数据准确程度的影响。流量、泥沙量的观测数据是模型参数率定与验证时所必需的，它的准确性将直接影响模拟结果的准确程度。

3.4　模型结构不确定性

模型结构是非点源模型的核心，它与建模者的知识与经验密切相关。非点源过程深受气候、气象、地形、地貌、土壤、植被等影响，是涉及物理学、化学甚至生物学的一个极其复杂的过程，仅用一个模型难以完全、准确地描述。因此，模型结构存在不确定性，主要体现在以下方面：建模者对非点源过程认识上的缺陷是非点源模型结构不确定性的因素之一；在建模过程中，并不是所有非点源过程的细节都会在模型中有相应描述，对非点源过程的简化必不可少，这种简化有可能会带来模型结构的不确定性；用经验公式或数学物理方程描述这些物理过程时，公式本身都有一定的应用背景与前提假设，直接应用会使模型结构产生一定的不确定性；此外，模型尺度问题也是不确定性的一大来源，理论上对于水文过程的描述是在高度抽象的"质点"上进行的，实际的水文模拟则是在流域这一大的空间尺度上进行的，而水文观测信息则通常是在斑块尺度上进行的，有实验室将研究得出的水运动"质点"方程应用到流域空间尺度上，必然会产生不确定性问题。

　　通常，通过比较模型输出值与观测值、分析模型模拟残差序列的统计特征来评价模型结构的不确定性。然而，由于误差序列通常是不稳定和异方差的，甚至很多模型中感兴趣的输出没有对应的观测值，所以，模型结构不确定性的估计问题变得十分复杂。Butts 等(2004)在同一个模型模拟工具里选择了多个模型结构，评估了不同的模型结构对模拟结果的影响，结果表明，模拟性能的好坏与模型结构紧密相关，模型结构是模型模拟不确定性的重要来源，不可忽视。李占玲(2009)采用 WASMOD 和 SWAT 模型对黑山流域进行模拟并比较，认为模型参数和结构的综合作用可以更好、更全面地解释模拟中的大部分不确定性，在对模型进行不确定性分析时，模型参数与模型结构均是不可忽视的重要因素。

3.4.1　分析方法

　　用模型对真实系统概化时，通常需要进行一定的假设和简化，SWAT 模型亦不例外。SWAT 模型包含水文、泥沙和污染物等模块，代码体系庞大，本节对水文和泥沙的产输机制不作修改，仅对磷的迁移转化模块进行研究。根据对磷迁移转化过程的分析及文献中的最新发现，利用基于 Visual Studio 平台的 Intel Visual Fortran 编译器对 SWAT 模型中控制磷迁移转化的相关代码进行修改，重新编译".exe"可执行文件。利用每个新生成的可执行文件对研究区的 TP 负荷进行模拟，根据模拟结果探讨模型结构的不确定性。

　　SWAT 中的磷迁移转化过程分为土壤中的磷转换、从陆相到水体的迁移和在水体中的迁移转化这三个部分，以下对磷过程的描述根据 SWAT 手册整理得到(Neitsch et al., 2005)。针对磷迁移转化过程表述中的不合理之处，提出了相应的改进和分析方法。

3.4.2　土壤中的磷迁移转化

　　SWAT 将土壤中的磷分为六个不同的磷库(图 3.44)，包括三个无机库和三个有机库。土壤无机库中包含溶液磷、活性无机磷和稳态无机磷，即可分为溶解态库、活性无机库和稳态无机库三个库。溶解态库可以与活性无机库之间快速达到平衡(几天或几个星期)，活性无机库与稳态无机库之间的平衡过程缓慢。土壤有机库中包含新鲜有机磷、活性有机磷和稳态有机磷，即可分为新鲜有机库、活性有机库和稳态有机库三个库。新鲜有机磷存在于作物残余物和微生物生物量中，活性有机磷和稳态有机磷存在于土壤腐殖质中。

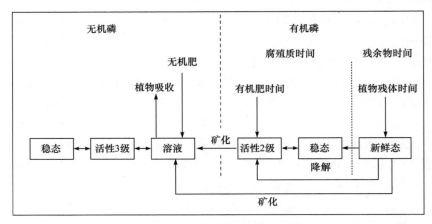

图 3.44　SWAT 土壤磷迁移转化示意图

1. 土壤磷水平的初始化

1) 无机磷初始化

各层土壤中的磷溶液浓度被初始化为每千克土壤 5mg 磷。活性无机磷和稳态无机磷的浓度计算公式为

$$\min P_{act,ly} = P_{solution,ly} \cdot \frac{1 - pai}{pai} \tag{3.29}$$

式中，$\min P_{act,ly}$ 为活性无机库中的磷浓度，mg/kg；$P_{solution,ly}$ 为溶解态库中的磷浓度，mg/kg；pai 为磷可得性指数。

$$\min P_{sta,ly} = 4 \min P_{act,ly} \tag{3.30}$$

式中，$\min P_{sta,ly}$ 为稳态无机库中的磷浓度，mg/kg。

2) 有机磷初始化

腐殖质中的有机磷浓度计算公式为

$$orgP_{hum,ly} = \frac{1}{8} orgN_{hum,ly} = \frac{1}{8} \times 10^4 \times \left(\frac{orgC_{ly}}{14}\right) \tag{3.31}$$

式中，$orgP_{hum,ly}$ 为土层腐殖质中的有机磷浓度，mg/kg；$orgN_{hum,ly}$ 为土层腐殖质中的有机氮浓度，mg/kg；$orgC_{ly}$ 为土层中的有机碳含量，%。

腐殖质中的有机磷分为稳态和活性两种，两者的浓度计算公式为

$$orgP_{sta,ly} = orgP_{hum,ly} \cdot \frac{orgN_{sta,ly}}{orgN_{act,ly} + orgN_{sta,ly}} \tag{3.32}$$

$$orgP_{act,ly} = orgP_{hum,ly} \cdot \frac{orgN_{act,ly}}{orgN_{act,ly} + orgN_{sta,ly}} \tag{3.33}$$

式中，$orgP_{act,ly}$ 为活性有机库中的磷浓度，mg/kg；$orgP_{sta,ly}$ 为稳态有机库中的磷浓度，mg/kg；$orgN_{act,ly}$ 为活性有机库中的氮浓度，mg/kg；$orgN_{sta,ly}$ 为稳态有机库中的氮浓度，mg/kg。

在地表 10mm 的土壤中，新鲜有机磷被设为土壤表面残余物的 0.03%。除此之外，新鲜有机库中的磷设为 0。

$$orgP_{frsh,surf} = 0.0003rsd_{surf} \tag{3.34}$$

式中，$orgP_{frsh,surf}$ 为地表 10mm 的土壤中新鲜有机库磷含量，kg/hm^2，rsd_{surf} 为地表 10mm 的土壤中残余物质量，kg/hm^2。

3) 本部分代码修改

(1) 土壤中溶液磷的初始化浓度 5mg/kg 为经验数值，该值的改变对模拟有一定的影响。由于在整个流域中测量该值有一定的难度，故修改相关代码，令该值在 0～10mg/kg 变化。

(2) SWAT 中将活性无机磷与稳态无机磷之间的比例设置为固定值 1∶4，而 Sharpley 等(2004)的研究表明，稳态无机磷/(活性无机磷+溶液磷)的比例在 0.9～7。基于该文献，将 SWAT 原代码中的活性无机磷/稳态无机磷=1∶4 的关系修改为稳态无机磷/(活性无机磷+溶液磷)=0.9～7，以分析无机库之间比例关系的设置对 TP 负荷模拟的影响。

(3) 式(3.31)中，有机氮与有机磷之比定义为 8，有机碳与有机氮之比定义为 14，即有机磷∶有机碳之比为 1∶112。土壤碳氮比(有机碳/全氮，C/N)通常被认为是土壤矿化能力的标志，C/N 低有利于微生物在有机质分解过程中的养分(N、P)释放，C/N 在 25～30 较适合微生物矿化(Paul et al.，1996)。国内相关文献中的 C/N 研究结果表明，青藏高原祁连山东段南麓土壤 C/N 为 6～14(薛晓娟等，2009)，青藏高原贡嘎山东坡土壤 C/N 为 7～25(王琳等，2004)，内蒙古科尔沁地区土壤 C/N 为 6.2～9.3(赵哈林等，2008)，重庆市荣昌县土壤 C/N 为 3.8～8.6(郑杰炳等，2008)。通过查阅中国科学院南京土壤研究所"中国土壤数据库"及《四川土种志》，可知重庆市不同土种间的有机碳、全氮、全磷含量的相对比例差异较大，因此将上述二值设为唯一的固定值的做法不可取，其值的改变对模拟有一定的影响。另外，最新版本的 SWAT 代码中亦将 C/N 改为 11。本节以 14 为中心，上下调整此值，对有机氮与有机磷之比也进行类似调整。

2. 六个磷库之间的转化

六个磷库之间存在的主要转化形式包括降解、矿化、固化和吸附解吸等。降解是指新鲜有机残余物离解为简单有机物。矿化是将有机的、植物不可利用的磷通过微生物转化为无机的、植物可利用的磷。固化是将植物可利用的无机磷通过微生物转化为植物不可利用的有机磷。

1) 降解

新鲜有机库降解的磷添加到该层的腐殖质有机库。新鲜有机库中磷降解(新鲜有机磷→腐殖质有机磷)的计算公式为

$$P_{\text{dec,ly}} = 0.2\delta_{\text{ntr,ly}} \cdot \text{orgP}_{\text{frsh,ly}} \tag{3.35}$$

式中，$P_{\text{dec,ly}}$ 为新鲜有机库中磷降解量，kg/hm²；$\delta_{\text{ntr,ly}}$ 为残余物降解系数；$\text{orgP}_{\text{frsh,ly}}$ 为土层中新鲜有机库的磷量，kg/hm²。

2) 矿化

矿化包括新鲜有机磷和活性有机磷向无机磷的矿化，矿化的磷添加到该层溶液磷库。新鲜有机库中磷矿化(新鲜有机磷→无机磷)的计算公式为

$$P_{\text{minf,ly}} = 0.8\delta_{\text{ntr,ly}} \cdot \text{orgP}_{\text{frsh,ly}} \tag{3.36}$$

式中，$P_{\text{minf,ly}}$ 为残余物新鲜有机库中磷矿化，kg/hm²；$\delta_{\text{ntr,ly}}$ 为残余物降解系数；$\text{orgP}_{\text{frsh,ly}}$ 为土层中新鲜有机库的磷量，kg/hm²。

腐殖质活性有机磷的矿化(活性有机磷→无机磷)计算公式为

$$P_{\text{min a,ly}} = 1.4\beta_{\text{min}} \cdot \left(\gamma_{\text{tmp,ly}} \cdot \gamma_{\text{sw,ly}}\right)^{1/2} \cdot \text{orgP}_{\text{act,ly}} \tag{3.37}$$

式中，$P_{\text{mina,ly}}$ 为腐殖质活性有机磷矿化量，kg/hm²；β_{min} 为腐殖质有机磷矿化系数；$\gamma_{\text{tmp,ly}}$ 为土层的营养物循环温度因素，$\gamma_{\text{sw,ly}}$ 为土层的营养物循环水分因素；$\text{orgP}_{\text{act,ly}}$ 为活性有机库中的磷含量，kg/hm²。

3) 无机磷的吸附解吸

在溶解态库和活性无机库之间的磷运动取决于平衡方程。

当 $P_{\text{solution,ly}} > \text{minP}_{\text{act,ly}} \cdot \left(\dfrac{\text{pai}}{1-\text{pai}}\right)$ 时，

$$P_{\text{solution,ly}} = P_{\text{solution,ly}} - \min P_{\text{act,ly}} \cdot \left(\frac{\text{pai}}{1-\text{pai}}\right) \tag{3.38}$$

当 $P_{\text{solution,ly}} < \min P_{\text{act,ly}} \cdot \left(\dfrac{\text{pai}}{1-\text{pai}}\right)$ 时，

$$P_{\text{sol|act,ly}} = 0.1\left[P_{\text{solution,ly}} - \text{minP}_{\text{act,ly}} \cdot \left(\frac{\text{pai}}{1-\text{pai}}\right)\right] \tag{3.39}$$

式中，$P_{\text{sol|act,ly}}$ 为在溶解态库和活性无机库之间转化的磷含量，kg/hm²；$P_{\text{solution,ly}}$ 为溶解态库中磷的含量，kg/hm²；$\text{minP}_{\text{act,ly}}$ 为活性无机库中的磷含量，kg/hm²；pai 为磷可得性指数。当 $P_{\text{sol|act,ly}}$ 为正值时，磷从溶解态库向活性无机库运动；当 $P_{\text{sol|act,ly}}$ 为负值时，磷从活性无机库向溶解态库运动。

稳态无机库和活性无机库之间的磷运动取决于以下方程：

$$P_{\text{act|sta,ly}} = \beta_{\text{eq P}}(4\min P_{\text{act,ly}} - \min P_{\text{sta,ly}}), \quad \min P_{\text{sta,ly}} < 4\min P_{\text{act,ly}} \qquad (3.40)$$

$$P_{\text{act|sta,ly}} = 0.1\beta_{\text{eq P}}\left(4\min P_{\text{act,ly}} - \min P_{\text{sta,ly}}\right), \quad \min P_{\text{sta,ly}} > 4\min P_{\text{act,ly}} \qquad (3.41)$$

式中，$P_{\text{act|sta,ly}}$ 为稳态无机库和活性无机库之间转化的磷含量，kg/hm^2；$\beta_{\text{eq P}}$ 为缓慢平衡速率常数($0.0006d^{-1}$)；$\min P_{\text{act,ly}}$ 为活性无机库中的磷含量，kg/hm^2；$\min P_{\text{sta,ly}}$ 为稳态无机库中的磷含量，kg/hm^2。当 $P_{\text{act|sta,ly}}$ 为正时，磷从活性无机库向稳态无机库运动；当 $P_{\text{act|sta,ly}}$ 为负时，磷从稳态无机库向活性无机库运动。

4) 本部分代码修改

(1) SWAT 中将稳态和活性无机磷之间的缓慢平衡常数设置为 $0.0006d^{-1}$ 和 $0.00006d^{-1}$，此数值根据 Jones 等(1984)和 Cox 等(1981)在区域尺度上的观测结果确定。Laboski 等(2003)、Ebeling 等(2003)和 Koopmans 等(2004)通过土壤培养试验发现上述转换的速率可能更快。

(2) SWAT 中新鲜有机磷降解与矿化的百分比分别为 20%和 80%，有一定的经验性，该值的改变对模拟有一定的影响。

3. 降雨

SWAT 原代码中未对降雨中携带的磷加以考虑。通过对巫溪县 2009 年 8 月 2 日和 2009 年 8 月 27 日两场降雨的监测，得知天然雨水中的 PO_4^{3-} 浓度分别为 0.033mg/L 和 0.017mg/L。尽管浓度较低，但其对土壤的磷库仍然有一定的贡献，因此本节在 SWAT 代码中添加降雨含磷模块，并假设 PO_4^{3-} 的浓度可能为 0～0.2mg/L。

4. 施肥

SWAT 中的施肥操作允许用户定义被施加到地表 10mm 土层的肥料部分，剩余的肥料将被添加到第一层土壤中。被添加到土壤中不同库中的磷采用下式计算：

$$P_{\text{solution,fert}} = \text{fert}_{\text{minP}} \cdot \text{fert} \qquad (3.42)$$

$$\text{orgP}_{\text{frsh,fert}} = 0.5\text{fert}_{\text{orgP}} \cdot \text{fert} \qquad (3.43)$$

$$\text{orgP}_{\text{hum,fert}} = 0.5\text{fert}_{\text{orgP}} \cdot \text{fert} \qquad (3.44)$$

式中，$P_{\text{solution,fert}}$ 为施肥操作添加到土壤中溶液态磷库中的磷含量，kg/hm^2；$\text{orgP}_{\text{frsh,fert}}$ 为施肥操作添加到土壤中新鲜有机库的磷含量，kg/hm^2；$\text{orgP}_{\text{hum,fert}}$ 为施肥操作添加到土壤中腐殖质有机库的磷含量，kg/hm^2；$\text{fert}_{\text{minP}}$ 为肥料中无机磷含量；$\text{fert}_{\text{orgP}}$ 为肥料中有机磷含量；fert 为施用于土壤中的肥料量，kg/hm^2。

SWAT 代码中将施肥操作进行了简化，默认肥料施加在地表土壤中，并认为肥料中的养分可迅速添加到相应的土壤磷库。事实上，施肥有两种方式，包括施于地表之上和之下。而且，施肥后养分未必能立即添加到相应的库中，并有可能随降雨冲刷而流失。AnnAGNPS 模型采用了较为合理的方式处理施肥操作。它首先检验施肥当日是否有耕作措施，如果耕作导致土壤扰动超过 50%，可认为肥料被完全混合到土壤中；否则，认为肥料被施加在地表之上。另外，当耕作导致土壤扰动超过 50%时，之前施肥时滞留在地表之上的肥料也将被混合到土壤表层。然后，AnnAGNPS 模型将检验是否有降雨和产流事件发生：发生降雨时，无机磷肥将被溶解为溶液态；产生径流的情况下，认为溶液态的无机磷肥按照径流和下渗的比例随径流流失或者下渗到地表下。AnnAGNPS 中随径流流失的磷和下渗的磷分别按以下公式计算：

$$\text{surf\_sol\_P} = \frac{Q_{\text{surf}}}{Q_{\text{surf}} + \text{inf}} \text{surf\_inorgP} \tag{3.45}$$

$$\text{inf\_sol\_P} = \frac{\text{inf}}{Q_{\text{surf}} + \text{inf}} \text{surf\_innorgP} \tag{3.46}$$

式中，surf_sol_P 为随径流流失的无机磷的含量，kg/hm^2；inf_sol_P 为下渗的无机磷的含量，kg/hm^2；Q_{surf} 为模拟日的地表径流量，mm；inf 为模拟日下渗量，mm；surf_inorgP 为通过施肥添加在地表上的无机磷的含量，kg/hm^2；surf_innorgP 为通过施肥添加的无机磷下渗量。

巫溪的农田多在山地，化肥施用并未实现机械化，而是以农户刨坑施肥的方式，SWAT 和 AnnAGNPS 均不能正确表达该施肥方式。本部分研究结合巫溪实际情况，借鉴 AnnAGNPS 对施肥的处理方式(USDA-ARS)，对 SWAT 代码进行修改。

5. 植物吸收

植物从土壤中吸收一定量的磷作为营养，从某一土层中实际去除的磷量为

$$P_{\text{actualup,ly}} = \min(P_{\text{up,ly}} + P_{\text{demand}}, P_{\text{solution,ly}}) \tag{3.47}$$

式中，$P_{\text{actualup,ly}}$ 为土层的实际磷吸收量，kg/hm^2；$P_{\text{up,ly}}$ 为 ly 土层的潜在磷吸收量，kg/hm^2；P_{demand} 为上层土壤没有满足的磷吸收需求量，kg/hm^2；$P_{\text{solution,ly}}$ 为 ly 土层的溶液磷含量，kg/hm^2。本节对植物吸收模块的不确定性不做讨论。

6. 渗滤

SWAT 允许溶解态磷从表层 10mm 土壤进入第一层土层，迁移量由下式计算：

$$P_{\text{perc}} = \frac{P_{\text{solution,surf}} \cdot w_{\text{perc,surf}}}{10\rho_{\text{b}} \cdot \text{depth}_{\text{surf}} \cdot k_{\text{d,perc}}} \tag{3.48}$$

式中，P_{perc} 为从表层 10mm 土壤进入第一层土层的磷的含量，kg/hm^2；$P_{\text{solution,surf}}$ 为表层 10mm 土壤溶液中磷的含量，kg/hm^2；$w_{\text{perc,surf}}$ 为模拟日从表层 10mm 土壤渗漏到第一层土层的水，mm；ρ_b 为表层 10mm 土壤的容积密度，mg/m^3（假设与第一层土层相同）；$\text{depth}_{\text{surf}}$ 为表层深度(10mm)；$k_{\text{d,perc}}$ 为磷渗漏系数($10\text{m}^3/\text{mg}$)。磷渗漏系数为表层 10mm 土壤溶液中磷浓度与渗漏液中磷浓度的比例。本节对渗滤模块的不确定性不做讨论。

3.4.3　从陆相到水体的迁移过程

1. 溶解态磷

地表径流只能与地表 10mm 中的部分溶液磷反应，地表径流输移的溶液磷为

$$P_{\text{surf}} = \frac{P_{\text{solution,surf}} \cdot Q_{\text{surf}}}{\rho_b \cdot \text{depth}_{\text{surf}} \cdot k_{\text{d,surf}}} \tag{3.49}$$

式中，P_{surf} 为地表径流输移的溶液态磷的含量，kg/hm^2；$P_{\text{solution,surf}}$ 为地表 10mm 中溶液态的磷的含量，kg/hm^2；Q_{surf} 为模拟日的地表径流量，mm；ρ_b 为表层 10mm 土壤的容积密度，mg/m^3；$\text{depth}_{\text{surf}}$ 为地表土层的深度(10mm)；$k_{\text{d,surf}}$ 为磷的土壤分离系数，m^3/mg。

由于对施肥操作的相关代码进行了改进，故随地表径流输移的溶液磷还包括肥料中流失的无机磷。

2. 吸附在泥沙上的磷

SWAT 根据 McElory 等(1976)以及 Williams 和 Hann(1978)推导的公式估算吸附在泥沙上随地表径流迁移的磷，磷的形式包括活性无机磷、稳态无机磷和三种有机磷。

$$\text{sedP}_{\text{surf}} = 0.001\text{conc}_{\text{sedP}} \cdot \frac{\text{sed}}{\text{area}_{\text{hru}}} \cdot \varepsilon_{\text{P:sed}} \tag{3.50}$$

式中，$\text{sedP}_{\text{surf}}$ 为随泥沙被地表径流输移到主河道的磷的含量，kg/hm^2；$\text{conc}_{\text{sedP}}$ 为地表 10mm 中吸附在土壤颗粒上的磷含量，g/t；sed 为模拟日的泥沙产量，t；area_{hru} 为 HRU 的面积，hm^2；$\varepsilon_{\text{P:sed}}$ 为磷富集系数。

其中，地表吸附在土壤颗粒上的磷浓度 $\text{conc}_{\text{sedP}}$ 为

$$\text{conc}_{\text{sedP}} = 100\frac{\left(\text{minP}_{\text{act,surf}} + \text{min P}_{\text{sta,surf}} + \text{orgP}_{\text{hum,surf}} + \text{orgP}_{\text{frsh,surf}}\right)}{\rho_b \cdot \text{depth}_{\text{surf}}} \tag{3.51}$$

式中，$\text{minP}_{\text{act,surf}}$ 为地表 10mm 土层中活性有机库中的磷的含量，kg/hm^2；$\text{minP}_{\text{sta,surf}}$ 为地表 10mm 土层中稳态无机库中的磷的含量，kg/hm^2；$\text{orgP}_{\text{hum,surf}}$ 为地表 10mm

土层中腐殖质有机库中的磷，kg/hm^2；ρ_{b} 为第一层土壤的容积密度，mg/m^3；depth$_{\mathrm{surf}}$ 为地表土层的深度(10mm)。

由式(3.51)可见 SWAT 假定所有泥沙均可吸附磷，而 AnnAGNPS(Bingner et al.，2009)、GLEAMS(Knisel et al., 2000)和 ANSWER～2000(Storm et al., 1988)模型则认为只有地表的黏土才能吸附磷。据此，本节对 SWAT 代码做了相应的改进。

3. 浅层含水层中的磷

SWAT 中浅层含水层中的溶解态磷库没有被直接模拟，而是设置了一个 Gwsolp.gw 参数来表征地下水中的磷浓度，此数值在模拟过程中不变化。

3.4.4　河道中的磷迁移转化

1. 有机磷的变化

河道中的有机磷量可以通过藻类生物量磷转化为有机磷而增加，也可以通过有机磷转化为可溶性磷或者有机磷随泥沙沉淀而减少。

$$\Delta \mathrm{orgP_{str}} = (\alpha_2 \rho_{\mathrm{a}} \cdot \mathrm{algae} - \beta_{\mathrm{P},4} \cdot \mathrm{orgP_{str}} - \sigma_5 \cdot \mathrm{orgP_{str}}) \cdot \mathrm{TT} \tag{3.52}$$

式中，$\Delta \mathrm{orgP_{str}}$ 为有机磷浓度的变化，mg/L；α_2 为藻类生物量中的磷分数，mg/mg；ρ_{a} 为藻类呼吸或死亡速率，d^{-1}；algae 为模拟日开始时的藻类生物量浓度，mg/L；$\beta_{\mathrm{P},4}$ 有机磷矿化速率常数，d^{-1}；$\mathrm{orgP_{str}}$ 为模拟日开始时的有机磷浓度，mg/L；σ_5 为有机磷沉淀速率系数，d^{-1}；TT 为河道水流传播时间，d。

2. 溶解态磷的变化

$$\Delta \mathrm{solP_{str}} = \left(\beta_{\mathrm{P},4} \cdot \mathrm{orgP_{str}} + \frac{\sigma_2}{1000 \mathrm{depth}} - \alpha_2 \mu_{\mathrm{a}} \cdot \mathrm{algae}\right) \cdot \mathrm{TT} \tag{3.53}$$

式中，$\Delta \mathrm{solP_{str}}$ 为溶解态磷浓度的变化；mg/L；$\beta_{\mathrm{P}4}$ 为有机磷矿化速率常数，d^{-1}；$\mathrm{orgP_{str}}$ 为模拟日开始时有机磷浓度，mg/L；σ_2 为溶解态磷的泥沙来源速率常数，[mg/(m^2 · d)]；depth 为河道水流平均深度，m；α_2 为藻类生物量中的磷分数，mg/mg；μ_{a} 为局部藻类生长速率，d^{-1}；algae 为模拟日开始时的藻类生物量浓度，mg/L；TT 为河道水流传播时间，d。

3.4.5　结果与讨论

1. 溶液磷初始化浓度的影响

采用不同的溶液磷初始化浓度进行 TP 负荷量模拟的统计情况见图 3.46。图中的实线代表 TP 年负荷量模拟结果的平均值，误差线代表模拟结果的标准差，柱状图代表模拟结果的变异系数 CV。由图可见，利用修改后的代码进行模拟时的标准差和 CV 都较小，各断面的多年平均 CV 在 0.044～0.076，各年的断面平均 CV 在 0.056～0.076。虽然此处仅修改了初始状态的溶液磷浓度，但由于随径流和泥沙流失溶液磷的总量相对较少，土壤中溶液磷的总量较为恒定，该部分代码的修改对较长时期后 TP 的模拟仍会产生影响。

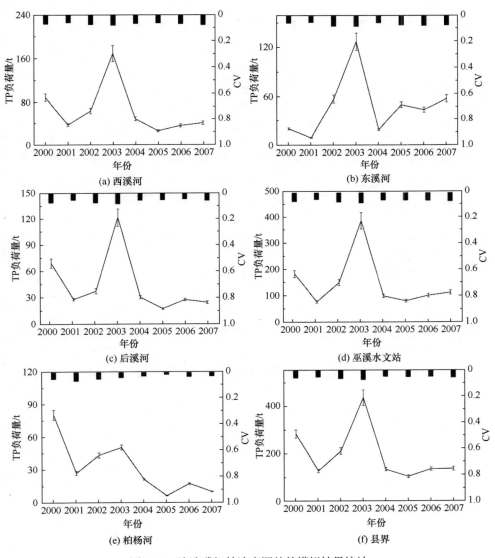

图 3.45　溶液磷初始浓度调整的模拟结果统计

2. 无机磷内部比例的影响

调整无机磷内部的比例关系，将 SWAT 原代码中的活性无机磷/稳态无机磷=1：4 的关系修改为稳态无机磷/(活性无机磷+溶液磷)=0.9～7 后，对 TP 负荷量模拟的统计情况见图 3.46。由图可见，利用修改后的代码进行模拟时的标准差和 CV 都较小，各断面的多年平均 CV 在 0.031～0.065，各年的断面平均 CV 在 0.032～0.083。

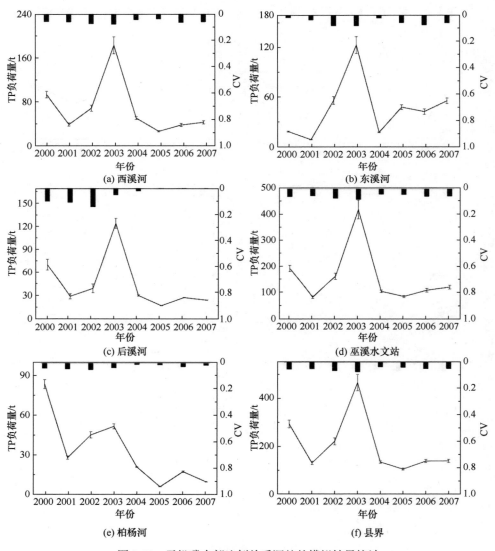

图 3.46　无机磷内部比例关系调整的模拟结果统计

3. 碳氮比的影响

采用不同的碳氮比(C/N)进行 TP 负荷量模拟的统计情况见图 3.47。由图可见，后溪河和柏杨河部分年份 TP 负荷量模拟的标准差和 CV 较高，两个断面的多年平均 CV 分别是 0.199 和 0.143；其余断面的多年平均 CV 较低，在 0.021～0.053。对于各年的断面平均 CV，2000 年、2001 年和 2002 年相对较高，分别为 0.140、0.140 和 0.153；其余各年较低，在 0.018～0.088。

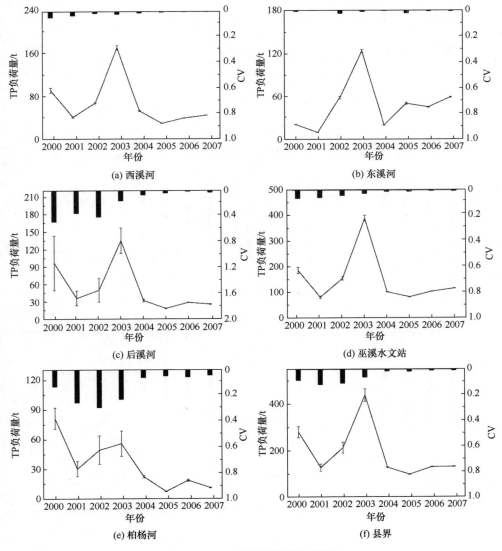

图 3.47　C/N 调整的模拟结果统计

河道中的 TP 负荷量随 C/N 的降低而增加，由于 C/N 具有时空变异性，该比值选取的合理性对模拟效果有一定的影响。本节框架下假定的部分比值导致 TP 负荷量模拟值过高，通过模拟效率阈值的筛选，部分不合理的模拟结果将被弃用，以保证最终 MOS 计算的合理性。

4. 磷氮比的影响

采用不同的磷氮比(P/N)进行 TP 负荷量模拟的统计情况见图 3.48。利用修改

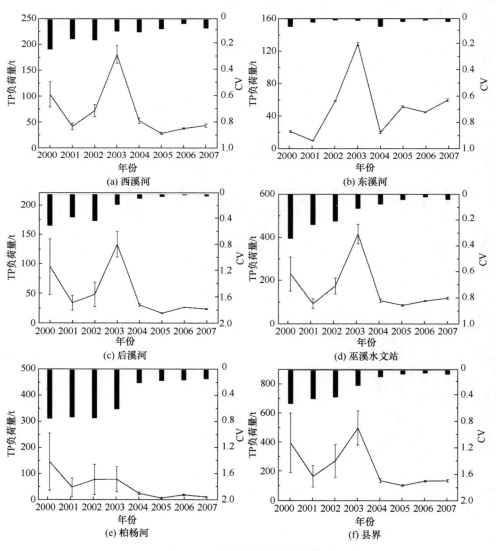

图 3.48　P/N 调整的模拟结果统计

后的代码进行模拟时，东溪河的多年平均 CV 较低(0.029)；其余各断面的多年平均 CV 则较高，在 0.117~0.444。对于各年的断面平均 CV，2000~2004 年较高，在 0.104~0.401；2005~2007 年较低，在 0.049~0.070。

河道中的 TP 负荷量随 P/N 的增大而增加，由于 P/N 具有时空变异性，该比值选取的合理性对模拟效果有一定的影响。本节框架下假定的部分比值导致 TP 负荷量模拟值过高，使模拟值严重偏离"比较值"。通过模拟效率阈值的筛选，部分不合理的模拟结果将被弃用，以保证最终 MOS 计算的合理性。

5. 缓慢平衡常数的影响

改变稳态与活性无机磷之间的缓慢平衡常数后进行 TP 负荷量模拟的统计情况见图 3.49。由图可见，利用修改后的代码进行模拟时的标准差和 CV 都较小，各断面的多年平均 CV 在 0.005~0.015，各年的断面平均 CV 在 0.006~0.012。

随着缓慢平衡常数的增大，河道中 TP 负荷量的模拟值有轻微的降低趋势。主要原因是该常数的增大使得活性无机磷向稳态无机磷的转化增多，导致活性无机磷向溶液磷的转化减少，从而使得降雨径流和侵蚀携带的磷减少。但这一系列变化引起的三个无机库内部的变化较小，对河道中 TP 负荷量的影响较小。

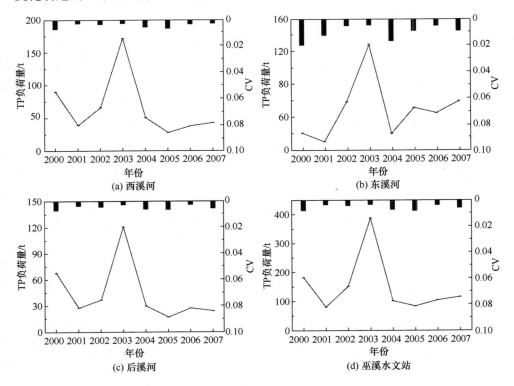

(a) 西溪河　　　　(b) 东溪河

(c) 后溪河　　　　(d) 巫溪水文站

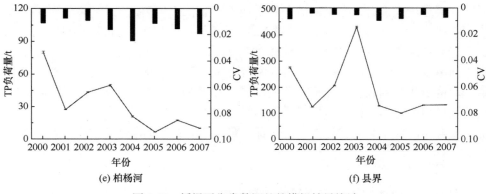

(e) 柏杨河 (f) 县界

图 3.49 缓慢平衡常数调整的模拟结果统计

6. 降解与矿化比例的影响

采用不同的新鲜有机磷降解和矿化产物比例进行 TP 模拟的结果见图 3.50。由图可见，利用修改后的代码进行模拟时的标准差和 CV 都较小，各断面的多年平均 CV 在 0.021~0.048，各年的断面平均 CV 在 0.014~0.059。随着降解与矿化比值的增大，河道中 TP 负荷量逐渐降低，主要原因是降解产物仍为有机磷，而矿化产物为溶解态磷，前者不易随径流迁移至河道。

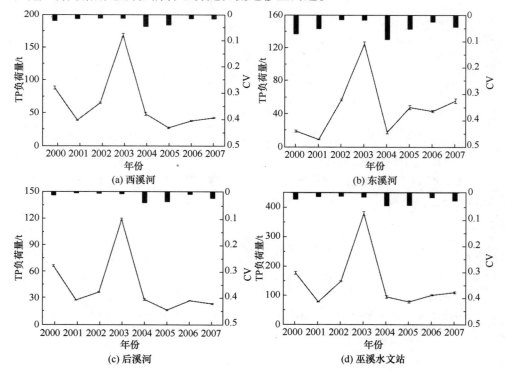

(a) 西溪河 (b) 东溪河

(c) 后溪河 (d) 巫溪水文站

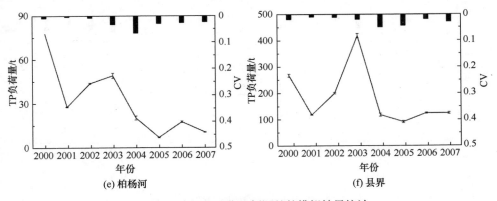

(e) 柏杨河　　　　　　　　　　(f) 县界

图 3.50　降解与矿化比例调整的模拟结果统计

7. 雨水含磷的影响

在 SWAT 原代码中考虑了雨水含磷的情况后，进行 TP 负荷量模拟的统计情况见图 3.51。由图可见，利用修改后的代码进行模拟时的标准差和 CV 都较小，各断面的多年平均 CV 在 0.035～0.064，各年的断面平均 CV 在 0.037～0.075。

本部分代码的增添直接影响了河道中的磷负荷对降雨事件的响应。随着代码中降雨含磷浓度的升高，TP 负荷量的模拟值持续增加。由于该常量具有时空变异

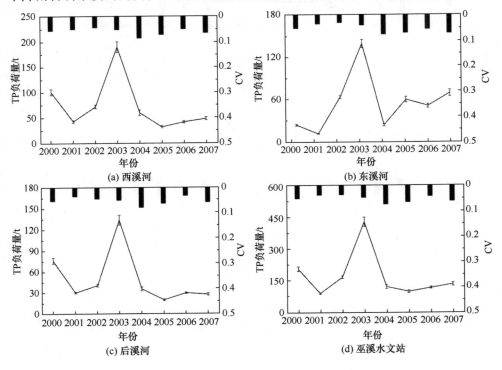

(a) 西溪河　　　　　　　　　　(b) 东溪河

(c) 后溪河　　　　　　　　　　(d) 巫溪水文站

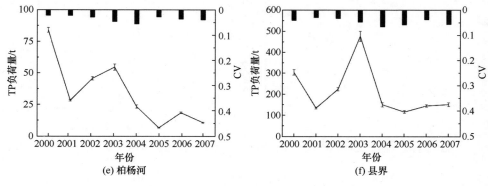

图 3.51　考虑雨水含磷影响的模拟结果统计

性，对其赋值有一定难度，故本节仅通过设置不同的常量值进行模拟，分析其变化对磷模拟的影响。将来的研究可通过对不同时空尺度的天然雨水中污染物浓度的监测，探索雨水中污染物的时空分布规律，以指导模型变量和参数的设置。

8. 施肥代码的影响

施肥代码修改后 TP 负荷量模拟的情况统计见图 3.52。由图可见，利用修改

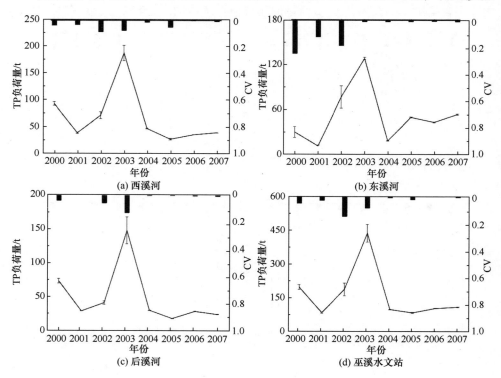

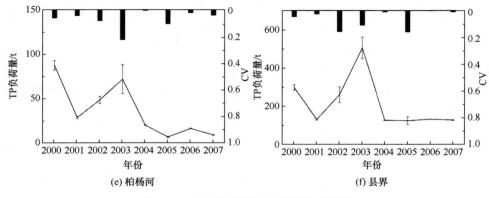

图 3.52　修改施肥代码后的模拟结果统计

后的代码进行模拟时，各断面的多年平均 CV 均较小，在 0.036～0.081。对于各年的断面平均 CV，2002 年和 2003 年较大，分别为 0.123 和 0.109；其余各年较低，在 0.010～0.084。

　　与模型输入不确定性研究中施肥情景的分析结果相比，修改施肥代码引起 TP 负荷量模拟的变异更大，主要原因在于施肥代码修改后，在暴雨冲刷的作用下随径流和侵蚀流失的磷元素增多。利用修改后的代码研究施肥量的影响时，河道中磷的浓度对施肥量变化的响应更为敏感，修改后的模拟更符合真实情况。

9. 泥沙吸附磷代码的影响

　　将 SWAT 原代码中所有质地的土壤都可以吸附磷的假设修改为只有黏土才能吸附磷，据此进行 TP 负荷量模拟的结果见图 3.53。由图可见，此处代码修改对模拟结果的影响较大。

10. 结构不确定性综合分析

　　部分代码的修改对 SWAT 模拟结果影响较小，包括溶液磷初始化浓度的调整、无机磷内部比例的调整、稳态与活性无机磷之间的缓慢平衡常数的调整和新鲜有机磷的降解和矿化产物比例的调整等。部分代码的修改会引起个别年份的 TP 负荷量模拟值变异较大，如碳氮比的调整、磷氮比的调整和施肥代码的修改。

　　以 $E_{NS}=0.6$ 为阈值，将此阈值的模拟结果舍弃，对保留模拟结果的 CV 和标准差进行统计，分别如表 3.29 和表 3.30 所示，可见各年份的 CV 均值介于 0.051 和 0.092。与模型参数和输入部分的分析结果相比，根据不同模型结构进行 TP 负荷量模拟的 CV 相对较低。

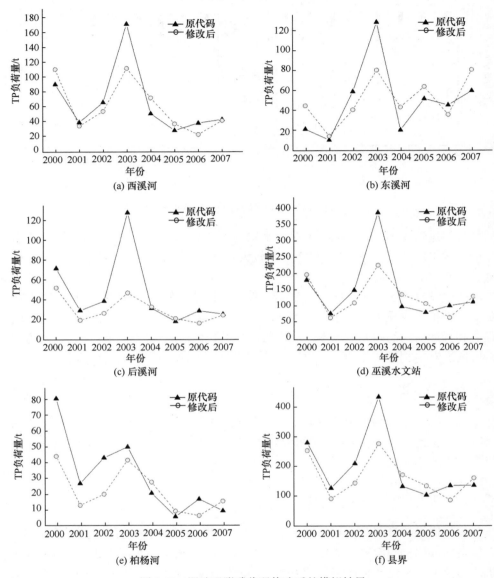

图 3.53　泥沙吸附磷代码修改后的模拟结果

表 3.29　结构不确定性分析的 CV 统计

年份	西溪河	东溪河	后溪河	巫溪水文站	柏杨河	县界	平均值
2000	0.076	0.142	0.092	0.092	0.077	0.070	0.092
2001	0.063	0.066	0.070	0.065	0.091	0.066	0.070
2002	0.072	0.101	0.089	0.088	0.100	0.094	0.091

续表

年份	西溪河	东溪河	后溪河	水文站	柏杨河	县界	平均值
2003	0.080	0.058	0.084	0.069	0.143	0.074	0.085
2004	0.093	0.082	0.073	0.073	0.061	0.064	0.074
2005	0.077	0.072	0.059	0.065	0.049	0.085	0.068
2006	0.075	0.062	0.036	0.049	0.042	0.042	0.051
2007	0.067	0.075	0.058	0.065	0.044	0.058	0.061

表 3.30　结构不确定性分析的标准差统计　　　　　(单位：t)

年份	西溪河	东溪河	后溪河	水文站	柏杨河	县界
2000	7.1	3.0	6.5	17.4	6.3	20.0
2001	2.5	0.6	2.0	5.2	2.5	8.4
2002	4.8	6.1	3.4	13.8	4.4	20.2
2003	14.0	7.6	10.6	27.6	7.5	33.2
2004	4.8	1.6	2.2	7.5	1.3	8.4
2005	2.1	3.7	1.0	5.5	0.3	8.7
2006	2.8	2.8	1.0	5.1	0.7	5.6
2007	2.9	4.5	1.4	7.5	0.4	7.7

以 E_{NS}=0.6 为阈值对模拟结果进行筛选，所得模型结构不确定性综合分析的结果见图 3.54，图中的实线代表 TP 年负荷量模拟的平均值，误差线代表模拟结果的标准差，柱状图代表模拟结果的变异系数 CV。由图可见，由模型结构导致的不确定性与模型参数和输入相比较小。

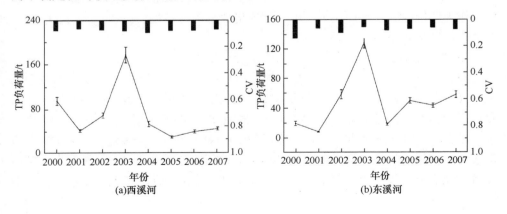

(a)西溪河　　　　　　　　　　　　　　(b)东溪河

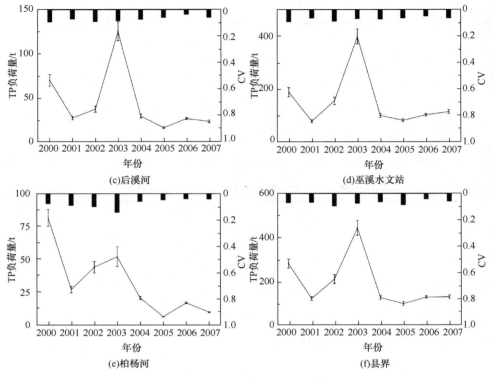

图 3.54　模型结构不确定性的综合统计

3.5　不同来源不确定性的比较

结合大宁河流域非点源污染模拟的其他相关研究成果，对模型结构、参数和输入信息三大类非点源模拟的主要不确定性来源进行统计比较，仍以变异系数 CV 作为评价标准，来描述不同种类不确定性来源对径流、泥沙、总磷、吸附态氮和溶解态氮模拟结果的影响。

不同种类不确定性来源的 CV 均值统计结果见表 3.31。其中，总磷的资料较为完整，包含结构、参数和输入的不确定性结果，其他非点源污染负荷研究数据只有参数和输入的 CV 结果。由表可知，在大宁河流域，参数的不确定性对总磷负荷量模拟结果的影响最大，CV 达到 0.839；输入的不确定性影响较小，CV 为 0.129；结构的不确定性最小，CV 仅为 0.070。对于流量、泥沙量、吸附态氮和溶解态氮负荷量的模拟结果，参数的平均 CV 均远大于输入的 CV，说明在大宁河流域的非点源污染模拟应用中，参数对模拟结果不确定性的影响大于输入信息的影响。

表 3.31　不同输入信息类型的 CV 均值统计结果

不确定性来源	径流	泥沙	总磷	吸附态氮	溶解态氮
结构	—	—	0.070	—	—
参数	0.007	0.888	0.839	0.378	0.677
输入	0.054	0.132	0.129	0.105	0.080

在大宁河或三峡库区其他具有相似气象、地理条件的流域进行非点源污染模拟时，应首先考虑模型参数的影响，确保参数的合理性和精确度。例如，对于机理参数，可在三峡库区范围内进行必要的实地测量以确保其合理性，并建立三峡库区机理参数值的数据库；对于概念参数，可采用高效快捷的方法进行率定，同时考虑"异参同效"现象，在模拟时分析参数的不确定性。其次，可进一步考虑输入信息的影响，在保证降雨空间分布具有较小的变异性前提下，综合考虑数据的可得性和模拟目的，根据研究区模拟对象的特征确定所需数据精度，并进行合理筛选；此外，还需考虑监测数据的测量误差影响，尽可能保证监测数据的测量误差在可接受范围内。

3.6　模型不确定性降低方法

3.6.1　通过关键参数实测降低模型不确定性

在传统的模型构建过程中，土壤物理参数多是通过查阅土种志、利用 SPAW 软件等辅助方法确定，而化学参数的确定多是以模型默认值为初始值，并辅以模型率定调参加以确定。总的来看，缺失对特定研究区的实际情景的考虑。因此，本部分将基于情景 B 输入条件，并固定具有物化意义的可测定参数，以探究土壤属性数据对模型模拟的影响，探索通过固定部分参数降低模型模拟结果不确定性的可能性。

SWAT 模型的土壤属性数据包含物理、化学两类相关参数，参数分别对应于".sol"和"chm"两个输入文件。物理属性参数包含 SOL_ZMX(最大根系深度)、HYDGRP(土壤水文学分组)、SOL_Z、SOL_BD、SOL_AWC、土壤粒径组成(SILY、SAND、CLAY 及 ROCK)、USLE_K(USLE 方程中土壤侵蚀力因子)等共 18 个参数。化学属性参数包含 SOL_NO3(土壤中 NO_3 的起始浓度)、SOL_ORGN(土壤中有机氮的起始浓度)、SOL_SOLP 及 SOL_ORGP，其中土壤化学属性参数为可选项。可以看到，对 SWAT 模型而言，除少数参数以外(如 HYDGRP、USLE_K)，大部分参数具有其特定物理意义，可通过试验测定得到。

根据模型参数敏感性分析结果、参数可测定性确定实测参数。本节中测定的物理参数包括 SOL_BD、SOL_AWC、土壤粒径;化学参数包括 SOL_ORGP 及 SOL_SOLP。其中,SOL_AWC 对流量模拟敏感性排名第一;SOL_ORGP 和 SOL_SOLP 参数则是对总磷模拟影响较大的参数。

对 1∶5 万精度的土壤类型图所包含的 6 类土种类型进行野外采样试验(潮土由于面积不足 1%,而没有布点采样监测),采样点共 6 个(图 3.55)。对每个采样点,根据土壤类型不同,分 2~3 层不等剖面进行采样。采样时间为 2014 年 4 月(避免农作施肥),并避开田埂、路边、农舍及明显受扰动的土壤。每一个采样点的每层土壤采集 3 个重复样品,混合后装入塑封袋。其中,利用环刀采集 6 个土样以测定土壤容重及田间持水量参数,采样后及时装入塑封袋。

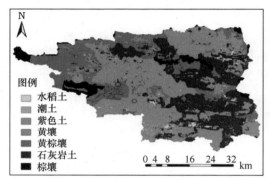

图 3.55　野外采样点布设情况

在情景 B 模式中,将野外实测得到的土壤物化参数直接作为参数代入模型中,并在此基础上进一步对其余参数进行调整,实现模型的率定与验证,下文中将定义此情景为"情景 C"。情景 C 的率定验证结果及所得的参数最佳值结果分别如表 3.32、表 3.33 所示。由表 3.33 可以看到,率定期流量、泥沙量的 R^2 均大于 0.85,E_{NS} 大于 0.68;总磷负荷量模型效果较差,R^2 为 0.88,E_{NS} 为 0.24;验证期流量及泥沙量的 R^2 分别为 0.86、0.75,E_{NS} 分别为 0.71、0.63。另外,图 3.56 给出了固定土壤实测参数输入情景下,巫溪水文站在率定期和验证期模拟值与实测值的比较结果。

表 3.32　固定实测参数情景下 SWAT 模型参数率定与验证结果统计

	数据类型	R^2	E_{NS}
率定期	流量	0.88	0.83
	泥沙量	0.85	0.58
	总磷负荷量	0.88	0.24
验证期	流量	0.86	0.71
	泥沙量	0.75	0.63

表 3.33　固定实测参数情景下参数率定结果

参数序号	参数及变化方式	参数最佳值	参数最佳值下限	参数最佳值上限
1	R__CN2.mgt	0.112993	0.112132	0.1134
2	V__ALPHA_BF.gw	0.674446	0.669926	0.680038
3	V__GW_DELAY.gw	357.56	357.1675	359.7667
4	V__CH_N2.rte	0.29457	0.294525	0.296191
5	v__CH_K2.rte	358.0216	357.8667	358.267
6	r__SOL_K(..).sol	111.2805	111.0638	112.6686
7	r__SOL_Z(..).sol	0.592191	0.588655	0.595003
8	v__CANMX.hru	9.195003	9.131803	9.228587
9	v__ESCO.hru	0.162551	0.162046	0.162594
10	v__EPCO.hru	0.148455	0.145024	0.158272
11	v__GWQMN.gw	3269.138	3268.363	3278.182
12	v__REVAPMN.gw	208.7272	205.3956	209.4144
13	r__SLSUBBSN.hru	−0.96977	−0.97022	−0.96965
14	v__SURLAG.bsn	23.13293	23.10176	23.20198
15	v__TIMP.bsn	0.611291	0.594791	0.616821
16	v__RCHRG_DP.gw	0.138211	0.130141	0.143053
17	v__USLE_P.mgt	0.726901	0.715792	0.72796
18	v__USLE_K(..).sol	0.013133	0.012526	0.013228
19	v__CH_COV1.rte	0.201939	0.199398	0.207362
20	v__SPCON.bsn	0.002074	0.00206	0.002078
21	v__SPEXP.bsn	1.421328	1.420588	1.421448
22	v__RSDCO.bsn	0.029198	0.028247	0.029391
23	v__PHOSKD.bsn	183.7124	183.6517	183.7919
24	v__PPERCO.bsn	16.11988	16.11712	16.12346
25	v__PSP.bsn	0.655361	0.654637	0.656811
26	v__K_P.wwq	0.041709	0.041618	0.04177
27	v__AI2.wwq	0.013886	0.013883	0.013961
28	v__RS2.swq	0.051682	0.051559	0.051705
29	v__RS5.swq	0.080467	0.080404	0.080726
30	v__ERORGP.hru	0.233686	0.232669	0.240549
31	v__ERORGP.hru	3.0886	3.086612	3.096505
32	v__ERORGP.hru	3.69777	3.691803	3.716982
33	v__ANION_EXCL.sol	0.513006	0.511152	0.51719
34	v__BIOMIX.mgt	0.401474	0.400294	0.402604
35	v__SHALLST.gw	13837.36	13734.16	13891.71
36	v__TLAPS.sub	−0.89709	−0.92631	−0.88087
37	v__NPERCO.bsn	0.508988	0.507937	0.516213
38	v__SOL_ALB(..).sol	0.138276	0.137422	0.138372
39	v__SFTMP.bsn	3.996163	3.923138	4.071262

参数序号	参数及变化方式	参数最佳值	参数最佳值下限	参数最佳值上限
40	a__GW_REVAP.gw	−0.00532	−0.00557	−0.00501
41	v__CH_ERODMO(..).rte	0.167716	0.166231	0.170213
42	v__CH_COV2.rte	0.497497	0.494021	0.497975
43	r__SOL_AWC(..).sol	0.007856	0.007766	0.0079
44	r__SOL_BD(..).sol	−0.00186	−0.00191	−0.00186
45	r__SOL_ORGP(..).chm	−0.01506	−0.01517	−0.01502
46	r__SOL_SOLP(..).chm	0.01406	0.013881	0.014095

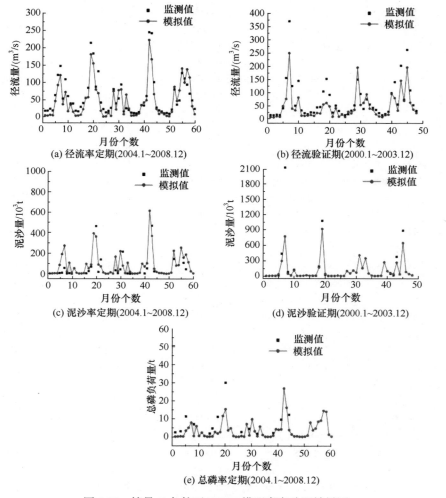

图 3.56　情景 C 条件下 SWAT 模型率定验证效果图

3.6.2　实测值对模拟不确定性的影响

1. 径流量

情景 B、C 条件下径流量的模拟结果如图 3.57 所示。情景 B 条件下径流量模拟的平均值在 $0.639\text{m}^3/\text{s}$(2006 年 1 月)至 $179.888\text{m}^3/\text{s}$(2007 年 6 月)之间，标准差在 $0.017\text{m}^3/\text{s}$(2006 年 12 月)至 $3.321\text{m}^3/\text{s}$(2007 年 6 月)之间，CV 为 0.004(2005 年 6 月)～0.072(2005 年 12 月)。而情景 C 条件下的模拟平均值介于 $0.368\text{m}^3/\text{s}$(2005 年 12 月)至 $216.053\text{m}^3/\text{s}$(2007 年 6 月)之间，标准差在 $0.002\text{m}^3/\text{s}$(2008 年 1 月)至 $0.301\text{m}^3/\text{s}$(2007 年 8 月)之间，CV 为 0.001(2008 年 7 月)～0.014(2005 年 12 月)。从图中可以明显看到，对 2004 年 1 月～2008 年 12 月的逐月模拟结果，呈现情景 C 条件下所得的径流量模拟值高于情景 B，而表征不确定性的指标，标准差和 CV 均为情景 C 小于情景 B，这表明情景 C 条件下所得的径流量模拟不确定性小于情景 B。

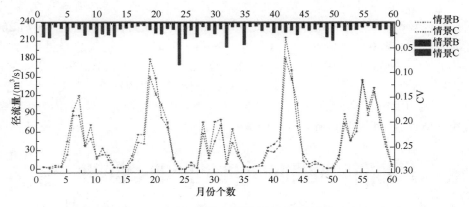

图 3.57　情景 B、C 条件下的径流量模拟结果统计(2004.1～2008.12)

2. 泥沙量

情景 B、C 条件下泥沙量的模拟结果如图 3.58 所示。情景 B 条件下，泥沙量模拟的平均值介于 19643t(2006 年 5 月)至 531968t(2007 年 6 月)之间，对应取得最小的标准差为 472t，最大标准差为 25904t，CV 最小值为 0.020，最大值为 0.229。情景 C 条件下的模拟均值介于 33t(2005 年 12 月)至 426447t(2007 年 6 月)之间，标准差为 0.850 (2008 年 1 月)～3529t(2005 年 7 月)，CV 为 0.004(2008 年 1 月)～0.036(2007 年 3 月)。可以明显看到，情景 C 条件下所得的标准差及 CV 均小于情景 B，表明情景 C 条件下所得的泥沙量模拟不确定性小于情景 B。

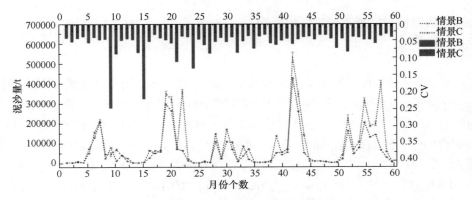

图 3.58 情景 B、C 条件下的泥沙量模拟结果统计(2004.1～2008.12)

3. 总磷负荷量

情景 B、C 条件下总磷负荷量的模拟结果如图 3.59 所示。在情景 B 条件下获得的总磷负荷量模拟值标准差最小值为 0.06 t(2006 年 1 月),最大值为 7407 t(2008 年 4 月),CV 为 0.026(2008 年 2 月)～0.205(2004 年 12 月)。情景 C 条件下的标准差为 0.023 t(2005 年 12 月)～211.866 t(2007 年 6 月),CV 为 0.010(2007 年 4 月)～0.110(2008 年 1 月)。可以明显看到,情景 C 条件下所得的标准差及 CV 均小于情景 B,表明固定土壤实测参数后,情景 C 条件下模拟得到的总磷负荷量的不确定性小于情景 B,即模拟不确定性有所降低。

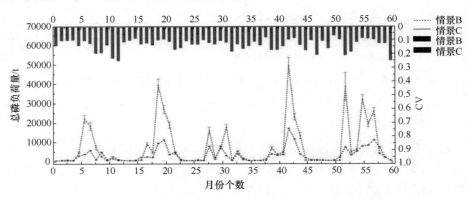

图 3.59 情景 B、C 条件下的总磷负荷量模拟结果统计(2004.1～2008.12)

综合径流、泥沙及总磷的结果可以知道,通过固定土壤物化参数,模型模拟不确定性能够降低,原因可能在于:模型方程变量随部分参数的固定而减少,使得模型误差也相应减小,同时,由于部分敏感参数固定后,参数范围最小化(一个点),使模拟结果的不确定性相应降低。

情景 B、C 下所得的模型对径流、泥沙及总磷的模拟效果对比如表 3.34 所示。

可以看到，径流、泥沙的模拟准确度有所提高，以 inc 为评估指标，其模拟准确度分别改善了 4.9% 和 19.45%。情景 C 条件下的总磷负荷量的模拟效果较差，E_{NS} 仅为 0.24。

表 3.34　情景 B、C 条件下的 SWAT 模拟效果统计

类型	情景 B	情景 C	
	E_{NS}	E_{NS}	inc/%
径流	0.71	0.75	4.90
泥沙	0.55	0.65	19.45
总磷	0.83	0.24	−70.81

对比情景 B、C 条件下对总磷负荷量模拟的高敏感性参数：PPERCO、PHOSKD、ERORGP、SOL_ORGP 及 SOL_SOLP，结果如表 3.35 所示，其中情景 C 中的参数 SOL_ORGP 和 SOL_SOLP 由土壤野外实测确定。由表 3.35 可以看到，参数 PPERCO 与 PHOSKD 在情景 B 和情景 C 中基本相同；两个情景农田的泥沙运移中有机磷的富集比[ERORGP(AGRL)]基本持平，而林地及针叶林泥沙运移中有机磷的富集比[ERORGP(FRST)]在情景 C 中表现得高于情景 B。参数 SOL_ORGP 以及 SOL_SOLP 在情景 B 及情景 C 的表现差异较大，情景 B 条件下通过参数率定所得的 SOL_ORGP 及土层无机磷浓度分别为 58.3~404mg/kg、20.7~90mg/kg，而情景 C 中，根据野外实测所得的 SOL_ORGP 为 31.8~650mg/kg，土层初始无机磷浓度为 1.70~34.8mg/kg。可以看到，情景 B 率定所得的参数值 SOL_ORGP 与土壤实测值相比，有较高的匹配度，处于实测值范围内；而参数 SOL_SOLP 的率定值则明显高于实测值。这在一定程度上解释了情景 C 条件下的总磷负荷量模拟值较低的现象。

表 3.35　情景 B、C 条件下的参数变化统计

参数	情景 B	情景 C	参数	情景 B	情景 C
PPERCO	16.42	16.12	ERORGP(AGRL)	0.22	0.20
PHOSKD	175.82	183.01	ERORGP(FRST)	2.12	3.11
SOL_ORGP	58.3~403.6	31.8~650	ERORGP(PINE)	1.10	3.75
SOL_SOLP	20.7~90.7	1.70~34.8			

本节测得的该参数值偏小，由此分析情景 C 条件下的总磷负荷量模拟准确度的不足，应该是由于总磷负荷量模拟受土壤化学属性影响较大，而本节的采样点较少(土壤化学属性的空间异质性较大)，这导致概化地处理了土壤化学参数，反而降低了模拟准确度。此外，较少的监测数据也可能存在对模型模拟效果的过拟

合评估。

3.6.3　模型结构不确定性降低方法

　　随着对流域系统和相关机理过程的认识，流域非点源污染物质输送过程中的物理、化学和生物过程进行精准描述的模块的开发大大降低了模型结构不确定性。例如，流域的产流过程分为蓄满产流与超渗产流两种。蓄满产流是降水使土壤包气带和饱水带基本饱和而产生径流的方式，是降雨径流的产流方式之一。在降雨量较充沛的湿润、半湿润地区，地下潜水位较高，土壤前期含水量大，由于一次降雨量大，历时长，降水满足植被截留、入渗、填洼损失后，损失不再随降雨延续而显著增加，土壤基本饱和，从而广泛产生地表径流。超渗产流是指地面径流产生的原因是同期的降雨量大于同期植被截留量、填洼量、雨期蒸发量及下渗量等的总和，多余出来的水量产生了地面径流。我国南方湿润流域以蓄满产流为主，北方干旱流域以超渗产流为主，半湿润半干旱流域则是两种产流方式并存。在进行非点源污染模拟过程中，由于不同地区产流方式存在差异，在模型模拟过程中需要根据研究区域的实际产流过程确定该区域模拟时的模型结构。例如，南方湿润地区新安江模型应用已十分成熟，而北方半湿润半干旱地区由于下垫面比较复杂，超渗产流与蓄满产流同时存在，它是一个具有高度阻尼的复杂过程。因此，因地制宜地选取合适的模型结构有助于降低模型的不确定性，是精确模拟的关键。根据研究区域的实际情况，当降雨强度大于入渗强度时，此时入渗的水量全部产生地表径流，由于包气带水流量比较大所以没有产生地下径流和壤中流；当下渗的雨量全部充满包气带时产生壤中流 RI 和地下径流 RG。在汇流过程中首先需要对计算的流域进行 DEM 数据的整理，然后通过 ArcGIS 软件进行权重的划分以及子流域水系的提取，再进行子流域的划分。单个子流域之间的汇流采用单位线法，河道汇流采用马斯京根法，在汇流时采用同一个时段进行叠加计算，在对壤中流和地下径流进行汇流计算时利用线性方法进行汇流叠加计算，从而选取合适的模型进行模拟，这样能够降低模型结构所造成的模型不确定性。

　　另外，多模型集合预报是减少模型结构不确定性的重要方法之一。在无法准确选择模型结构的情况下，采用多方法和多模型结构的集合模拟可以大大降低单个模型结构、单个方法的误差。现在这种多模型集合预报方法已得到广泛的应用，如 IPCC AR4 的关于未来气候变化的预估结果，即建立在集合模式模拟的基础之上。目前的多模型平均方法主要为简单算术平均和加权平均等。加权平均方法使用了一个广泛应用的假设，加权平均的要点为首先对单个模型的模拟能力进行评估，在此基础上，定义一个权重因子系数，对当前模拟较好的模型得到的权重系数较大，模拟不好的权重系数较小，对集合预估结果的贡献也就较小。常用的有可靠加权平均和使用贝叶斯函数的贝叶斯集合平均模式。

3.7　本章小结

本章从模型参数、结构的角度，系统总结了模型自身不确定性的主要来源、表征及降低方法，主要结论如下。

(1) 流域模型关键敏感参数具有显著的尺度效应，建模时空尺度的选择对于模型不确定性控制至关重要。以 HSPF 模型为例，当研究尺度较小(如源头小流域时)，局地的土壤物理性质参数是影响非点源污染输出的关键敏感参数，其对于模拟不确定性的影响最大；当研究尺度拓展到中大尺度流域时，关键敏感参数则变为坡面土壤侵蚀参数和河道参数。模型关键尺度同样体现出明显的时间尺度，在建模时应重点关注研究区的时空尺度。

(2) 模型参数分布函数选择和模型参数组合是模型参数不确定性的主要来源。以 SWAT 模型为例，参数分布为均匀分布将产生较宽的不确定性区间，降低了模拟的置信水平；参数呈正态分布和对数正态分布时，会降低参数变异的敏感性，导致大部分观测数值落在不确定性区间之外。SWAT 模型参数呈均匀分布时产生的不确定性对流量、泥沙量模拟造成的影响最大，其次是正态分布，对模拟结果影响最小的是对数正态分布。

(3) 模型结构同样是模型自身不确定性的主要来源。本章通过修改模型磷循环模块探讨了 SWAT 模型结构不确定性，为流域水文模型结构不确定性研究奠定了基础，未来需要在模型结构不确定性研究方面开展更多工作。

(4) 模型自身不确定性可通过参数野外实测和多模型预报等方式降低。结合研究团队研究成果，推荐通过参数敏感性分析筛选关键参数，对重要参数如土壤理化性质参数开展野外实测工作，并构建模型参数属地化数据库和关键模型参数先验分布；如存在多个模型结构时，可根据流域关键过程机理确定模型主要结构，若限于认识水平无法确定最合适的模型结构时，建议采用贝叶斯加权平均的方法进行多模型结构集合预报，从而有效降低模型自身带来的不确定性。

参 考 文 献

郝改瑞, 李家科, 李怀恩, 等. 2018. 流域非点源污染模型及不确定分析方法研究进展[J]. 水力发电学报, 37(12): 56-66.

李占玲. 2009. 黑河上游山区流域径流模拟与模型不确定性分析[D]. 北京: 北京师范大学.

庞树江, 王晓燕, 马文静. 2018. 多时间尺度 HSPF 模型参数不确定性研究[J]. 环境科学, (5): 2030-2038.

万咸涛. 1999. 江河水质监测中不确定性的应用研究[J]. 江苏环境科技, (2): 1-4.

王琳, 欧阳华, 周才平, 等. 2004. 贡嘎山东坡土壤有机质及氮素分布特征[J]. 地理学报, 59(6):

1012-1019.

薛晓娟, 李英年, 杜明远, 等. 2009. 祁连山东段南麓不同海拔土壤有机质及全氮的分布状况[J]. 冰川冻土, 31(4): 642-649.

尹雄锐, 夏军, 张翔, 等. 2006. 水文模拟与预测中的不确定性研究现状与展望[J]. 水力发电, 32(10): 27-31.

张巍, 郑一, 王学军. 2008. 水环境非点源污染的不确定性及分析方法[J]. 农业环境科学学报, 27(4): 1290-1296.

赵哈林, 周瑞莲, 苏永中, 等. 2008. 科尔沁沙地沙漠化过程中土壤有机碳和全氮含量变化[J]. 生态学报, 28(3): 976-982.

郑杰炳, 王子芳, 周春蓉, 等. 2008. 土地利用方式对紫色土丘陵区土壤剖面碳、氮影响[J]. 生态环境, 17(5): 2041-2045.

Ahmadi M, Arabi M, Ascough J C, et al. 2014. Toward improved calibration of watershed models: Multisite multi objective measures of information[J]. Environmental Modelling & Software, 59: 135-145.

Beck M B. 1987. Water quality modeling: A review of the analysis of uncertainty[J]. Water Resource Research, 23(8): 1393-1442.

Bobba A G, Singh V P, Bengtsson L. 1996. Application of first-order and Monte Carlo analysis in watershed water quality models[J]. Water Resources Management, 10(3): 219-240.

Bicknell B, Imhoff J C, Kittle J L, et al. 1996. Hydrological simulation program-FORTRAN. User's manual for release 11[R]. US Environmental Protection Agency Report No. EPA/600/R-97/080.

Butts M B, Payne J T, Kristensen M, et al. 2004. An evaluation of the impact of model structure on hydrological modeling uncertainty for streamflow simulation[J]. Journal of Hydrology, 298(1-4): 242-266.

Bingner R, Theurer F, Yuan Y. 2009. AnnAGNPS technical processes documentation Version 5.0 [M/OL]. Washington DC: USDA-ARS.

Chalise D R, Haj A E, Fontaine T A. 2017. Comparison of HSPF and PRMS model simulated flows using different temporal and spatial scales in the Black Hills, South Dakota[J]. Journal of Hydrologic Engineering, 23(3): 06017009.

Chavas J P. 2000. Ecosystem valuation under uncertainty and irreversibility[J]. Ecosystems, 3(1): 11-15.

Cukier R I, Levine H B, Shuler K E. 1978. Nonlinear sensitivity analysis of multiparameter model systems[J]. Journal of Computational Physics, 26(1): 1-42.

Cloke H L, Pappenberger F, Renaud J P. 2008. Multi-method global sensitivity analysis(MMGSA) for modelling floodplain hydrological processes[J]. Hydrological Processes, 22(11): 1660-1674.

Cox F R, Kamprath E J, McCollum RE. 1981. A descriptive model of soil test nutrient levels following fertilization[J]. Soil Science Society of America Journal, 45(3): 529-532.

Crawford N H, Linsley R K. 1966. Digital simulation in hydrology: stanford watershed model IV[R]. Stanford University Technical Report No. 39. Palo Alto, CA.

Dong J, Xia X, Wang M, et al. 2015. Effect of water-sediment regulation of the Xiaolangdi Reservoir on the concentrations, bioavailability, and fluxes of PAHs in the middle and lower reaches of the

Yellow River[J]. Journal of Hydrology, 527: 101-112.

Ebeling A M, Cooperband L R, Bundy L G. 2003. Phosphorus source effects on soil test phosphorus and forms of phosphorus in soil[J]. Communications in Soil Science and Plant Analysis, 34(13-14): 1897-1917.

Ferretti F, Saltelli A, Tarantola S. 2016. Trends in sensitivity analysis practice in the last decade[J]. Science of the Total Environment, 568: 666-670.

Ghasemizade M, Baroni G, Abbaspour K, et al. 2017. Combined analysis of time-varying sensitivity and identifiability indices to diagnose the response of a complex environmental model[J]. Environmental Modelling & Software, 88: 22-34.

Guse B, Reusser D E, Fohrer N. 2014. How to improve the representation of hydrological processes in SWAT for a lowland catchment-temporal analysis of parameter sensitivity and model performance[J]. Hydrological processes, 28(4): 2651-2670.

Hojberg A L, Refsgaard J C. 2005. Model uncertainty-parameter uncertainty versus conceptual models[J]. Water Science and Technology, 52(6): 177-186.

Harrar W G, Sonnenborg T O, Henriksen H J. 2003. Capture zone, travel time, and solute-transport predictions using inverse modeling and different geological models[J]. Hydrogeology Journal, 11(5): 536-548.

Hostache R, Hissler C, Matgen P, et al. 2014. Modelling suspended-sediment propagation and related heavy metal contamination in floodplains: A parameter sensitivity analysis[J]. Hydrology and Earth System Sciences, 18(9): 3539-3551.

Herman J D, Kollat J B, Reed P M, et al. 2013. From maps to movies: High-resolution time-varying sensitivity analysis for spatially distributed watershed models[J]. Hydrology and Earth System Sciences, 17(12): 5109-5125.

Jones C A, Cole C V, Sharpley A N, et al. 1984. A simplified soil and plant phosphorus model: I. Documentation[J]. Soil Science Society of America Journal, 48(4): 800-805.

Koopmans G F, Chardon W J, Ehlert P A I, et al. 2004. Phosphorus availability for plant uptake in a phosphorus-enriched noncalcareous sandy soil[J]. Journal of Environmental Quality, 33(3): 965-975.

Knisel W G, Davis F M. 2000. GLEAMS version 3.0 user manual[M].Tifton, GA: US Department of Agriculture, Agricultural Research Service, Southeast Watershed Research Laboratory.

Lindenschmidt K E, Fleischbein K, Baborowski M. 2007. Structural uncertainty in a river water quality modelling system[J]. Ecological Modelling, 204(3-4): 289-300.

Liang S, Jia H, Xu C, et al. 2016. A Bayesian approach for evaluation of the effect of water quality model parameter uncertainty on TMDLs: A case study of Miyun Reservoir[J]. Science of the Total Environment, 560: 44-54.

Liu Y, Yang P, Hu C, et al. 2008. Water quality modeling for load reduction under uncertainty: A Bayesian approach[J]. Water Research, 42(13): 3305-3314.

Laboski C A M, Lamb J A. 2003. Changes in soil test phosphorus concentration after application of manure or fertilizer[J]. Soil Science Society of America Journal, 67(2): 544-554.

Morgan M G, Henrion M. 1990. Uncertainty: A Guide to Dealing with Uncertainty in Quantitative

Risk and Policy Analysis. New York: Camridge University Press.

Massmann C, Wagener T, Holzmann H. 2014. A new approach to visualizing time-varying sensitivity indices for environmental model diagnostics across evaluation time-scales[J]. Environmental Modelling & Software, 51: 190-194.

Melching C S, Bauwens W. 2001. Uncertainty in coupled nonpoint source and stream water-quality models[J]. Journal of Water Resources Planning and Management, 127(6): 403-413.

McElory A, Chiu S, Nebgen J, et al. 1976. Loading functions for assessment of water pollution from nonpoint sources[R]. Washington DC: US Environmetal Protection Agency.

Neitsch S L, Arnold J G, Kiniry J R, et al. 2005. Soil and water assessment tool theoretical documentation, version 2005 [R]. Temple: Texas Water Resources Institute.

Poeter E, Anderson D. 2005. Multimodel ranking and inference in ground water modeling[J]. Ground Water, 43(4): 597-605.

Pianosi F, Wagener T. 2016. Understanding the time-varying importance of different uncertainty sources in hydrological modelling using global sensitivity analysis[J]. Hydrological Processes, 30(22): 3991-4003.

Pianosi F, Sarrazin F, Wagener T. 2015. A matlab toolbox for global sensitivity analysis[J]. Environmental Modelling & Software, 70: 80-85.

Paul E A, Clark F E. 1996. Soil microbiology and biochemistry[M]. San Diego: Academic Press.

Romano G, Abdelwahab O M M, Gentile F. 2018. Modeling land use changes and their impact on sediment load in a Mediterranean watershed[J]. Catena, 163: 342-353.

Reusser D E, Buytaert W, Zehe E. 2011. Temporal dynamics of model parameter sensitivity for computationally expensive models with the Fourier amplitude sensitivity test[J]. Water Resources Research, 47(7): W07551.

Rosolem R, Gupta H V, Shuttleworth W J, et al. 2013. Towards a comprehensive approach to parameter estimation in land surface parameterization schemes[J]. Hydrological Processes, 27(14): 2075-2097.

Refsgaard J C, Seth S M, Bathurst J C, et al. 1992. Application of the SHE to catchments in India Part 1. General results[J]. Journal of Hydrology, 140(1-4): 1-23.

Saleh A, Du B. 2004. Evaluation of SWAT and HSPF within BASINS program for the upper North Bosque River watershed in central Texas[J]. Transactions of the ASAE, 47(4): 1039-1049.

Sharpley A N, McDowell R W, Kleinman P J A. 2004. Amounts, forms, and solubility of phosphorus in soils receiving manure[J]. Soil Science Society of America Journal, 68(6): 2048-2057.

Storm D E, Dillaha III T A, Mostaghimi S, et al. 1988. Modeling phosphorus transport in surface runoff [J]. Transaction of the ASME, 31(1): 0117-0127.

Troldborg L. 2004. The influence of conceptual geological models on the simulation of flow and transport in Quaternary aquifer systems[D]. Copenhagen: Technical University of Denmark.

Volk M, Bosch D, Nangia V, et al. 2016. SWAT: Agricultural water and nonpoint source pollution management at a watershed scale[J]. Agricultural Water Management, 175: 1-3.

Wagener T, McIntyre N, Lees M J, et al. 2003. Towards reduced uncertainty in conceptual rainfall-runoff modelling: Dynamic identifiability analysis[J]. Hydrological Processes, 17(2):

455-476.

Wagener T, Boyle D P, Lees M J, et al. 2001. A framework for development and application of hydrological models[J]. Hydrology and Earth System Sciences Discussions, 5(1): 13-26.

Williams J R, Hann R W J. 1978. Optimal operation of large agricultural watersheds with water quality constraints[R]. Texas: Texas Water Resources Institute.

Vertessy R A, Hatton T J, O'shaughnessy P J, et al. 1993. Predicting water yield from a mountain ash forest catchment using a terrain analysis based catchment model[J]. Journal of Hydrology, 150(2-4): 665-700.

第 4 章　不确定情景下模型率定方法改进

模型参数率定是指调整模型参数值、边界条件以及限制条件，并对比模型模拟结果和实测结果，不断减小两个结果间的误差，从而使模型达到最优化的过程。传统的模型率定通常采取回归方法，通过缩小模拟值和监测值之间差异来获得研究区的最佳参数组，其本质是以点到点距离为优化变量的。标准的参数率定过程是寻找实测和预测状态的细微差别，并通过统计的拟合度来衡量模型的适用性。通过之前章节可知，输入数据、模型参数及模型结构都会带来非点源污染模拟不确定性。而这些不确定性相互作用和影响，在模型模拟中相互叠加，导致模型模拟结果有较大的不确定性，影响模型模拟结果的可靠性；同时，用来率定模型的流量、泥沙量、水质监测数据也具有较大的不确定性，如何在不确定性情景下构建模型是目前研究的难点。

本章在模型模拟不确定性的基础上，介绍流量、泥沙量、水质监测误差来源及不确定性表征方法，进而提出基于点-区间、区间-区间、分布-分布三种模型率定思路，以期为模型使用者提供更多的参考信息。

4.1　传统模型率定方法的问题

虽然非点源模型的评估指标及其对模型效果评估的定量判断指标已被国内外学者们所接受，但是由于受空间数据和属性数据的限制，流域水文模型模拟不确定性是客观存在的。同时，在获取监测数据的过程中，受采集方法、试验设备不完善等周围环境的影响，以及人们认识能力的限制等，试验监测得到的数据(包括径流量、泥沙量、污染物负荷量等)与被测量的真值之间不可避免地存在着差异，即监测值自身也带有不确定性。传统模型评估指标的计算公式均忽略了监测值和模拟值之间存在的不确定性，采用以模拟值与监测值的差值 $O_i - P_i$ 表征模型模拟误差序列，由此计算得到唯一确定的模型适合度指标，在一定程度上该指标能够真实反映模型的评估效果，得到较为正确的模拟效果，但对实际的模型效果评估存在一定的局限性。

针对传统以点对点距离作为评估指标误差项的不全面性，Haan 等(1995)基于区间理论提出以区间的重叠程度作为模型的评估指标；Harmel 等(2007)用基于测量值的区间估计或概率分布来对流量、泥沙量等单一验证数据进行修正，重新评价了模型的适合度，结果显示，对验证数据进行修正以后，模型的模拟结果不确定性有不同程度的减小；Chen 等(2014)提出了基于区间距离的模型率定方法，其研究表明，相较于传统的点对点模型评估方法，考虑不确定性的区间距离的模型评估方法能够为非点源污染模拟提供更为准确的评估。

总之，可以看到，国内外学者对传统的模型评估指标改进的研究还较少，且已有研究中均是对不确定性以"区间范围"的方式加以处理，而并未考虑其可能分布形态。由此，考虑监测及模拟不确定情景的分布对分布的流域水文模型评估方法来说还有待进一步研究，应提出不确定性情景下的模型评估方法，探明不确定性影响下模型模拟效果的变化趋势，以期更好地提高非点源污染模拟效果评估的全面性与可靠性，为污染治理方案的制订提供决策支持。

4.2　径流、泥沙和总磷测量数据的不确定性

4.2.1　监测数据不确定性来源

模型监测数据(response data)(Kavetski et al., 2006)是指在非点源模型的率定和验证阶段，用以评价模型模拟效果的流量、泥沙量、污染物负荷量、地下水水位等数据，是非点源污染模拟中最为重要的输入数据之一。在数据采集和试验测量的过程中，采集方法及试验设备的不完善、周围环境的影响，以及人们认识能力的限制等，使得试验获得的测量数据和被测量的真值之间不可避免地存在着差异，使测量结果带有很强的不确定性，因此测量误差是观测数据不确定性最主要的来源(赵士伟等, 2007)。

尽管监测数据的重要性已被广泛承认，但关于其对非点源污染模拟的影响研究为之甚少，主要有两个原因：一是缺乏对水文水质观测数据测量不确定性来源的识别；二是缺乏相关研究方法的指导(Harmel et al., 2007)。因此，开展水文水质观测数据对非点源污染模拟的影响研究，量化观测数据对模拟结果的不确定性影响，对基于非点源不确定性的水资源管理和相关政策的制定具有重要意义。

水文水质测量数据的不确定性根据监测过程可分为四类，包括流量测量、样品采集、样品储存和实验室分析四个过程。

流量数据是非点源模型最为重要的监测数据之一，是量化非点源污染负荷的基础。一般的流量测量指利用压力传感器、浮子传感器和声呐传感器等监测装置测量水深，然后通过基于断面监测数据建立的水位-流量关系将水深转化成相应的流速和流量数据(Carter et al., 1989)。水位-流量关系的确定一般包括

两种方法：流速面积法和曼宁公式法。流速面积法是在河流断面的多个监测点分别测量水深和流速而获取水位-流量关系的常用方法，在天然河道的测量中，为了减少该方法带来的不确定性，需要大量的监测数据予以支持，同时，水深测量时易受到河床底部鹅卵石和细沙的影响，而水流的波动则会给流速测量带来较大的不确定性；曼宁公式法作为计算明渠道流量的经验公式，其精度较低，且易受河床沉积物、河岸侵蚀、河道尺寸的影响，从而使得通过多点计算获得的平均结果与真值间存在一定的差异。此外，用具有控制流量功能的水工建筑物(如堰、坝和槽等)来确定稳定的水位-流量关系时，水深传感器的校正及其性能的稳定状况，以及渠道的稳定或变化情况等也会给流量测定带来较大的不确定性(Harmel et al., 2006)。

样品采集主要包括定期的基流采集和暴雨径流采集两类。基流样品采集的周期一般小于或等于一个月，通常采用简单的抓取式方法(grab sampling)。由于一般均假设污染物在水流断面呈均匀分布，所以通常在河流断面的几何中心处进行单点采集(Ging, 1999)。对暴雨径流样品的采集，目前包括人工采样和自动采样两种主要方式。在人工采集暴雨径流样品的过程中，常采用两种方法：等间隔宽(equal width increment, EWI)和等排水量(equal distance increment, EDI)法，这两种方法由于采样时间和采样地点的随机选择，给样品监测结果带来较大的不确定性。自动采样法则易受采样时空间隔和采样频率的影响，给样品采集也引入较大的不确定性(Harmel et al., 2003)。

样品的储存方式直接影响着水质数据的测量结果。在样品采集到样品分析的时间段里，各种物化和生物过程会导致污染物浓度的变化(Jarvie et al., 2002)。自动采样技术的普及导致采样时间与样品分析时间存在较大间隔，极大地增加了样品测量结果的不确定性。此外，诸如容器的物化性质、储存的环境条件、化学防腐剂的添加、前期处理和样品过滤等，均会影响到水质数据测量结果的准确性。例如，溶解态磷易吸附在容器内壁，在采集样品前需用乙酸或盐酸对采样瓶进行润洗(Jarvie et al., 2002)；避光储存能够抑制藻类的光合作用营养物质的转化(Haygarth et al., 1995)；冷藏处理能减少野外监测和长储存时间时微生物的生物活性(Kotlash et al., 1998)；过滤时滤纸孔径大小的选择会直接影响微粒、胶体的过滤截留系数(Jarvie et al., 2002)，从而给后续实验室分析带来较大的不确定性。

实验室分析过程引入的不确定性主要来源于样品处理、化学品制备、分析方法、仪器的选择及操作技术的影响等(Caeal, 2003)，其中又以操作技术和分析方法的影响为甚。例如，分析沉积物时，通常先经过干燥和过滤将沉积物与水样分离；分析溶解态氮和磷时需要将水样通过 0.45μm 的滤纸过滤，而总氮、总磷则要在未过滤的样品中进行分析；分析营养负荷最常用的技术是分光光度法(比色法)，包括标准溶液配置、吸收图谱绘制等步骤；分析含有高浓度磷的水样常采用电感耦合等离子体发射光谱技术(ICP-OES)，而针对低浓度磷的水样则常采用电感耦合等离子体质谱技术(Jarvie et al., 2002)。因此，不同分析方法的选择会给实验室分析带来不同的影响，从而给水质测量结果带来较大的不确定性。

在评价非点源模型的模拟效果时，通常是将与模拟值比较的测量数据看作定值或真值，而忽略掉其在测量过程中的不确定性，从而导致计算得到的模型适合度指标(如 R^2 和 E_{NS} 等)是唯一的确定值。这样按照模拟值与实测固定值进行率定和验证后的模型，在某种意义上能获得较为精确的模拟结果，但与真实的水文水质条件仍存在着一定差异。

4.2.2　研究方法

1. 测量不确定性范围的确定

国内缺乏流量、泥沙和总磷监测数据测量误差的相关研究，而且也缺乏相关的评价标准，主要通过对美国相关文献的调研(针对美国常用测量方法和常用仪器特征参数等进行统计)，计算出在不同情景下的美国水文水质数据测量误差范围，并结合中国实情进行选择，从而得到适用于中国水文水质测量数据的不确定性范围，作为后续 SWAT 模型模拟不确定性分析的基础。

1) 误差来源及其不确定性范围确定

主要通过收集已发表的关于流量、泥沙和水质数据测量不确定性的相关文献，从而获取相关监测数据的测量不确定性参数。

2) 均方根误差传递法

利用均方根误差传递法分别计算流量测量、样品采集、样品储存和实验室分析四个步骤中引入的累积概率不确定性区间，在此基础上计算流量、泥沙量和总磷负荷量的总测量不确定性区间。

均方根误差传递法的计算公式如下所示：

$$\text{PER} = \sqrt{\sum_{I=1}^{n}(E_1^2 + E_2^2 + E_3^2 + \cdots + E_n^2)} \tag{4.1}$$

式中，PER(probable error range)为累积误差(或不确定性)区间，%；n 为误差来源的个数；$E_1, E_2, E_3, \cdots, E_n$ 为每种潜在误差的不确定性大小，%。

选择均方根误差传递方法是因为该方法在许多已发表研究中被广泛应用于流量和水质监测数据测量误差的计算(Cuadros Rodriquez et al., 2002)。此外，该方法考虑了所有潜在的不确定性来源，是一种计算总误差较为有效的方法。在数据收集的过程中，假设数据来源于三种情景：理想条件(best case)、典型条件(typical case)和非理想条件(worst case)(Harmel et al., 2006)。其中，理想条件指在理想的水文条件下，有充分的财务和人力投入来满足 EPA 提出的质量保证/质量控制(QA/QC)标准的要求；非理想条件指在较差的水文条件下，财务和人力投入无法满足QA/QC 的要求；典型条件介于理想和非理想条件之间，在美国是最为普通和常见的情形，具体分类参考 Harmel 等(2006)的建议。

数据统计时，将流量测量引入的误差细分为四个方面[即式(4.1)包括四类潜在误差因子]，包括单次流测量的误差、水位-流量关系确定的误差、连续水深测量的误差和不同河床条件带来的误差；同理，将样品采集过程中引入的不确定性分为采样方法的影响和初始采样时最小流量阈值选择的影响；样品储存和实验室分析过程中引入的误差主要受储存、分析技术和方法的影响，因此不再细分。利用式(4.1)计算得到每类不确定性来源的 PER 值，然后再综合四类不确定性来源分别得到径流、泥沙和水质数据的总 PER 值(即该测量值总的不确定性区间)，作为后续研究的基础。

2. 测量误差的确定

通过大量文献调研，获取的径流量、泥沙量和水质数据 PER 值如表 4.1～表4.4 所示，结果用测量误差与真值的百分比表示其不确定性区间大小。

4.2.3　径流、泥沙和总磷测量数据不确定性的研究结果

径流量测量数据的累积不确定性主要来自单次流量测量的误差、水位-流量关系的误差、连续水深测量的误差和不同河床条件等四方面(表 4.1)。经计算得到的非理想条件下流量测量值的 PER 为 36%，非理想条件包括采用曼宁公式法计算水位-流量关系、河床条件非稳定和渠道变化等；对于典型情景，PER 为 4%～16%；理想条件下的 PER 为 2%，理想条件包括理想的水文条件、稳定的河床和渠道、定期校准流量计以及水深测量时水流波动较小等。

样品采集过程中引入的不确定性来自采样方法的影响和初始采样时最小流量阈值选择的影响(表 4.2)。非理想条件下溶解态营养物的样品采集 PER 为 97%，而泥沙、总氮和总磷的 PER 为 101%，非理想条件包括单点测量、低频率定期采样、较大的最小流量阈值等；典型条件下溶解态营养物的样品采集 PER 范围为3%～42%，而泥沙、总氮和总磷的 PER 范围为 3%～45%，典型条件指在适宜的采样时空间隔下的单点采样；理想条件下溶解态营养物、泥沙和总氮总磷的 PER

均为 1%，理想条件指高频率的采样时间间隔、较小的采样空间间隔以及较低的最小流量阈值。

表 4.1　流量测量的不确定性影响

分类			不确定性 [1]
单次径流测量	速度面积法	理想条件	±2%
		平均条件	±6%
	曼宁公式法	非理想条件	±20%
		等断面渠道，断面监测	±15%
		不规则渠道，断面监测	±35%
水位-流量关系		预校准过的流量控制建筑物且定期校准流量计	−8%～−5%或 5%～8%
		预校准过的流量控制建筑物	−5%～−10%或 5%～10%
		固定渠道，每年 8～12 次水位-流量观测	±10%
		变化渠道，每年 8～12 次水位-流量观测	±20%
		天然渠道，理想条件	±6%
连续自动采样测量		浮标记录器	±2%
		浮标记录器	±3mm(±0.00985ft) [2]
		KPSI 173 系列压力传感器	±0.1%，±0.022%热误差
		Campbell Scientific SR50-L 超声测距传感器	大于±1%或距离水面深度的 0.4%
		ISCO 730 气泡式流量计	±0.035ft ±0.0003ft(温度约为 72°F) [3]
观测时段河床条件的影响		固定的，稳定的河床条件	0%
		变化的，非稳定的河床条件	±10%

1) 不确定性表示为误差估计的正负区间(±%)或实际区间(%)，下同；

2) 10ft=0.1%，1ft=1.0%，0.1ft=10%，0.01ft=100%；

3) 72°F 时，10ft=0.0%，1ft=0.4%，0.1ft=3.5%，0.01ft=35%。

　　样品储存过程中引入的不确定性针对不同种类污染物有不同的取值(表 4.3)，总体而言，非理想条件下溶解态营养物质的 PER 为 20%～90%，总氮、总磷的 PER 均为 9%～84%，非理想条件指样品在分析前，先在非冷藏条件下储存 144h 再冷藏储存 48h；典型条件下溶解态营养物质的 PER 为 2%～16%，总氮、总磷的 PER 为 7%~9%，典型条件指样品在分析前冷藏储存了 54h；理想条件下溶解态营养物质的 PER 为 0%~2%，总氮、总磷的 PER 范围均为 1%~3%，理想条件指样品在分析前冷冻储存 6h 的情况。泥沙的浓度不受储存时间和运输过程的影响。

表 4.2　样品采集的不确定性影响

样品采集方法			不确定性
人工采样		混合采样，次暴雨多次采样	溶解态±5%；悬浮态±15%
		混合采样，次暴雨单次采样	溶解态±15%；悬浮态±30%
		单一采样(单点、随机)	溶解态±25%；悬浮态大于 50%
自动采样	单样品影响	溶解态氮(NH_3 , NO_3^- , NO_2^- , $NO_2^- + NO_3^-$)	中位数区间 0%~4%(整体中位数=0%)
		总氮	中位数区间 0%~0%(整体中位数=0%)
		溶解态磷(PO_4^{3-})	中位数区间 0%~0%(整体中位数=0%)
		总磷	中位数区间 0%~17%(整体中位数=0%)
		总悬浮固体(TSS)	中位数区间 14%~33%(整体中位数=20%)
	采样流量间隔	2.5~15mm，至多 6 个混合样	−6%~17%
		1.32~5.28mm，至多 5 个混合样	−9%~3%
		0.2~1.25mm	0%~22%
	采样时间间隔	5min，不连续的	0%~11%
		5min，不连续的	0%
		5min，至多 6 个混合样	−5%~4%
		30min，不连续的	3%~42%
		30min，不连续的	−2%~2%
		30min，至多 6 个混合样	−32%~25%
		120min，不连续的	−15%~13%
		120min，至多 6 个混合样	−65%~51%
	最小流量阈值影响	低阈值	±2%
		高阈值	±20%

表 4.3　样品储存的不确定性影响

分析样品	存储技术	不确定性
氨氮(NH₃-N)	冰存, 6h 内分析	1%～50%(中位数约为 18%)
	酸化至 pH<2, 6h 内分析	4%～58%(中位数约为 8%)
	冷藏, 54h 内分析	79%～83%(中位数约为 18%)
	无冷藏, 192h 内分析	67%～90%(中位数约为 38%)
	无冷藏, 96h 内分析	5%～77%(中位数为 3%)
硝态氮(NO₃-N)	冰存, 6h 内分析	0%(中位数为 0%)
	酸化至 pH<2, 6h 内分析	6%～20%(中位数约为 1%)
	冷藏, 54h 内分析	14%～47%(中位数约为 2%)
	无冷藏, 192h 内分析	65%～71%(中位数约为 2%)
	无冷藏, 96h 内分析	7%～30%(中位数为 1%)
总凯氏氮(TKN)	冰存, 6h 内分析	14%～22%(中位数为 3%)
	酸化至 pH<2, 6h 内分析	16%～49%(中位数约为 1%)
	冷藏, 54h 内分析	28%～32%(中位数约为 9%)
	无冷藏, 192h 内分析	20%～84%(中位数约为 26%)
总磷(TP)	冰存, 6h 内分析	13%～69%(中位数为 7%)
	冷藏, 54h 内分析	7%～92%(中位数为 7%)
	无冷藏, 192h 内分析	9%～64%(中位数约为 11%)
可滤态磷(能通过 0.45μm 直径滤膜的溶解态磷)	冰存, 6h 内分析	47%～267%(中位数约为 7%)
	冷藏, 54h 内分析	52%～600%(中位数为 8%)
	无冷藏, 192h 内分析	20%～39%(中位数约为 17%)

　　实验室分析过程中引入的不确定性针对泥沙、溶解态氮磷、吸附态氮磷等有不同取值(表 4.4)。总体而言，非理想条件下溶解态营养物质的 PER 为 160%～360%，总氮总磷的 PER 为 88%～211%，泥沙的 PER 为 10%，非理想条件主要指样品浓度极低的情况；典型条件下溶解态营养物质的 PER 为 4%～26%，总氮总磷的 PER 范围为 3%～32%，泥沙的 PER 为 1%～5%；理想条件下溶解态营养物质、总氮总磷和泥沙的 PER 分别为小于 2%、4%和 1%。

表 4.4　实验室分析的不确定性影响

分析样品	分类	不确定性
总悬浮固体(TSS)	砂质沉积物	95%置信区间为 5.1%~9.8%，中位数区间约为 2.5%~4.9%
	微粒态沉积物	95%置信区间为 4.4%~5.3%，中位数区间约为 0.4%~1.3%
溶解态 N、P	总磷(ICP)	中位数区间为±4%~210%
	总磷(过硫酸碱消化法)	范围为 22%~24%(平均值 23%)
	总磷(凯氏法)	中位数区间为 1%~3%
	PO_4~-P spec.	中位数区间为 5%~400%
	PO_4-P(比色法)	中位数区间为 5%~9%(中位数为 0%)
	PO_4-P(比色法)	范围为 14%~22%(平均值 18%)
	TKN	中位数区间为 11%~82%
	总氮(过硫酸碱消化法)	范围为 12%~20%(平均值约为 3%)
	NO_3-N	中位数区间为 7%~400%
	NO_3-N(比色法)	中位数区间为 4%~9%(平均值 7%)
	NO_3+NO_2-N(比色法)	中位数区间为 3%~6%
	NH_4-N	中位数区间为 15%~200%
	NH_4-N(比色法)	范围为 22%~26%(平均值 24%)
	NH_4-N(比色法)	中位数区间约为 7%~12%
颗粒态 N、P	TKN	中位数区间为 6%~15%
	总氮(燃烧法)	中位数区间为 4%~30%
	总氮(燃烧法)	范围约为 1%~12%(平均值 2%)
	总磷(盐酸消化法)	范围约为 2%~16%(平均值 7%)
总水样	TKN(凯氏法)	中位数区间约为 0~24%
	TKP(凯氏法)	中位数区间为 0~4%

图 4.1 给出了在理想条件、典型条件和非理想条件下，溶解态营养物、泥沙、径流等多种测量值在四类不同来源中的不确定性范围平均值。从图中可以看出，在非理想条件下，实验室分析过程比其他三类来源引入更多的不确定性；而在典型条件下，样品采集过程是引入不确定性的主要来源。针对理想的测量条件，所有种类的不确定性来源贡献都小于 5%。

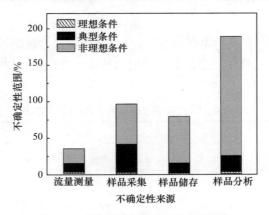

图 4.1　不同来源的平均不确定性范围

　　受大宁河流域监测数据类型的限制，本节仅计算径流、泥沙、总氮和总磷数据的测量不确定性区间。在理想、典型和非理想条件下由不同误差来源导致的径流、泥沙、总氮和总磷测量累积不确定性结果见表 4.5。由表可知，径流数据的不确定性区间较泥沙和污染负荷数据小很多，说明流量测量结果具有较高的可靠性。这是因为在泥沙量和营养负荷量的测量过程中，除了流量测量这一步骤外，还包括样品采集、样品储存和实验室分析等步骤，从而给最终结果引入较大的不确定性。泥沙量的测量误差较营养负荷量小，是因为泥沙在样品储存过程中不受储存时间和储存条件的影响，其稳定性较营养负荷(特别是溶解态氮磷)高许多。

表 4.5　理想、典型和非理想条件下径流量、泥沙量、总氮和总磷数据的累积不确定性范围 (单位：%)

条件	径流量	泥沙量	总氮	总磷
非理想条件	36	102	145	221
典型条件最大值	16	48	60	95
典型条件中值	9	16	23	26
典型条件最小值	4	5	9	7
理想条件	2	2	5	2

4.3　基于点-区间的模型率定方法改进

　　以上多个指标均包含同样的误差项 e_i，它是测量值和模拟值的差值[式(4.2)]。通常，在评价模型效率时将 O_i 和 P_i 看作固定值，因此忽略了验证数据的测量误差问题，给研究引入了一定的不确定性。通过对误差项 e_i 的修正，即将验证数据看作落在某一区间或服从某一分布的随机变量，并基于 PER 的计算结果给变量区间赋值，从而考虑了验证数据的测量不确定性，使模型的评价更为合理。

$$e_i = O_i - P_i \tag{4.2}$$

假设测量数据包括两种主要形态：一为落入某一误差区间的均匀分布；二为服从某一分布，且具有概率密度函数。采用两种修正方法分别对 e_i 进行修正(表 4.6) (Harmel et al., 2007)。

表 4.6　研究监测数据不确定性的修正方法

评价方法	修正方法	计算公式	满足条件
常规法	—	$e_i = O_i - P_i$	—
修正 1	监测数据为服从均匀分布的随机变量	$eul_i = 0$ $eul_i = UO_i(l) - P_i$ $eul_i = UO_i(u) - P_i$	$UO_i(l) \leqslant P_i \leqslant UO_i(u)$ $P_i < UO_i(l)$ $P_i > UO_i(u)$
修正 2	监测数据为服从非均匀分布(正态、对称三角等)的随机变量	$eu2_i = \dfrac{CF_i}{0.5} \times (O_i - P_i)$	—

注：$UO_i(u)$ 为测量值上限，$UO_i(l)$ 为测量值下限；CF_i 为基于测量值概率分布的修正系数。

4.3.1　修正 1：测量值服从均匀分布

修正 1 中，已知每个测量值(O_i)及其 PER，从而获得测量值的最大值和最小值[式(4.3)]，该修正方法认为当测量值落入不确定区间时，误差项等于零，而当测量值落在区间外时，误差项 e_i 等于模拟值 P_i 与离 P_i 最近距离的不确定边界之差。修正后的误差项 eul_i 计算方法和示意图见式(4.4)和图 4.2。本节针对径流、泥沙和总磷数据的测量不确定性，主要关注其在理想条件、典型条件和非理想条件下的 PER。

$$\begin{aligned} UO_i(u) &= O_i + \frac{PER_i \times O_i}{100} \\ UO_i(l) &= O_i - \frac{PER_i \times O_i}{100} \end{aligned} \tag{4.3}$$

式中，$UO_i(u)$ 为每个测量点 O_i 的不确定性区间上限；$UO_i(l)$ 为 O_i 的不确定性区间下限；PER 为 O_i 的不确定性区间。

对于修正 1 的误差项，还符合以下条件：

$$eul_i = \begin{cases} 0, & UO_i(l) \leqslant P_i \leqslant UO_i(u) \\ UO_i(l) - P_i, & P_i < UO_i(l) \\ UO_i(u) - P_i, & P_i > UO_i(l) \end{cases} \tag{4.4}$$

式中，eul_i 为修正后的测量值和模拟值之差。

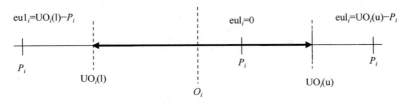

图 4.2　修正 1 的模拟值与测量值的误差项修正方法示意图

4.3.2　修正 2：测量值服从非均匀分布(已知概率密度函数)

相比于修正 1，当每个测量值的概率分布已知时，修正 2 能获得更为真实的误差估计，而式(4.2)中的误差项可根据式(4.5)计算得到。修正 2 中假设修正后的测量值以实测值为均值和中值，呈轴对称分布，在式(4.5)中 CF 除以 0.5 表示单侧概率密度函数(probability density function, PDF)的最大值。

$$eu2_i = \frac{CF_i}{0.5} \times (O_i - P_i) \tag{4.5}$$

式中，CF_i 代表基于测量值分布函数的修正系数；$eu2_i$ 表示修正后的测量值和模拟值之差。

1. 测量值服从正态分布

当测量值服从正态分布时，其取值概率能由标准正态分布计算得到。此时测量值 O_i 表示该分布的均值和中值 μ，方差 σ 可由式(4.6)推导得出。该公式基于"测量值出现在 $(\mu-3.9\sigma, \mu+3.9\sigma)$ 区间的可能性大于等于 99.7%"(Haan，2002)，因此分布的上限和下限分别近似于 $\mu+3.9\Delta$ 和 $\mu-3.9\sigma$[式(4.7)，图 4.3]。通过式(4.8)可将正态分布转换为标准正态分布，通过查标准正态分布表即可直接计算出原正态分布的概率值。CF 值则可通过计算标准正态分布曲线下方覆盖的面积得出，CF 取值范围从 0(当 $O_i = P_i$ 时)到 0.5(当 $\sigma=0$ 或者 $Z_i \geqslant 3.9$，即 P_i 离 O_i 的距离大于 3.9σ)。具体公式如下：

$$UO_i(l) = O_i - 3.9\sigma$$
$$UO_i(u) = O_i + 3.9\sigma \tag{4.6}$$

$$\sigma^2 = \left[\frac{O_i - UO_i(l)}{3.9}\right]^2 \quad 或 \quad \sigma^2 = \left[\frac{UO_i(u) - O_i}{3.9}\right]^2 \tag{4.7}$$

其中，正态分布与标准正态的转换由以下公式可得

$$Z_i = \frac{X_i - u_i}{\sigma_i}$$

$$Z_i = \frac{X_i - U_i}{\dfrac{O_i - \mathrm{UO}_i(\mathrm{l})}{3.9}} \ \text{或}\ Z_i = \frac{X_i - U_i}{\dfrac{\mathrm{UO}_i(\mathrm{u}) - O_i}{3.9}} \tag{4.8}$$

式中，Z_i 为 P_i 在标准正态分布中的线性转换值。

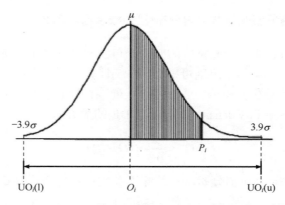

图 4.3　修正 2 的模拟值服从正态分布时的误差项修正方法示意图

2. 测量值服从对称三角分布

当测量值服从对称三角分布(图 4.4)时，要计算 CF 值需要知道对称三角分布的均值、上限值和下限值。在修正 2 中，将测量值 O_i 看作该分布的均值和中值μ，上限和下限分别由该测量值的不确定性边界 $\mathrm{UO}_i(\mathrm{l})$ 和 $\mathrm{UO}_i(\mathrm{u})$ 表示，不确定性边界在 PER 已知的条件下由式(4.9)可计算得出：

$$CF = \begin{cases} 0.5 - \dfrac{\left[P_i - \mathrm{UO}_i(\mathrm{l})\right]^2}{\left[\mathrm{UO}_i(\mathrm{u}) - \mathrm{UO}_i(\mathrm{l})\right] \times \left[O_i - \mathrm{UO}_i(\mathrm{l})\right]}, & O_i \leqslant P_i \leqslant \mathrm{UO}_i(\mathrm{u}) \\[4mm] 0.5 - \dfrac{\left[\mathrm{UO}_i(\mathrm{u}) - P_i\right]^2}{\left[\mathrm{UO}_i(\mathrm{u}) - \mathrm{UO}_i(\mathrm{l})\right] \times \left[\mathrm{UO}_i(\mathrm{u}) - O_i\right]}, & \mathrm{UO}_i(\mathrm{l}) \leqslant P_i \leqslant O_i \\[4mm] 0.5, & P_i > \mathrm{UO}_i(\mathrm{u}),\ P_i < \mathrm{UO}_i(\mathrm{l}) \end{cases} \tag{4.9}$$

本节将水文水质数据的测量误差纳入非点源模型的评价过程，对巫溪水文站的流量、泥沙量和总磷负荷量监测数据进行相关修正(分别考虑测量值服从均匀、正态和三角分布的情况)，将修正后的结果与传统结果进行对比，从而量化监测数据的测量不确定性对非点源模拟效果的影响。

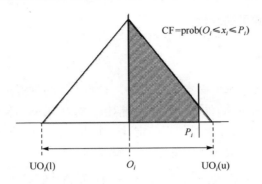

图 4.4   修正 2 的模拟值服从对称三角分布时的误差项修正方法示意图

4.3.3   模拟不确定性分析方法

由式(4.2)可得到基于误差修正后的模拟结果的不确定性区间[式(4.10)]。分别假设模拟结果服从均匀分布和正态分布。当模拟结果呈均匀分布时，由式(4.10)可知模拟结果的均值为测量值，不确定性区间为($O_i - e_i$，$O_i + e_i$)，该分布表示对任一次采样结果，其出现在不确定性区间的概率相等；对于正态分布，由于置信区间为($\mu - 3\sigma$，$\mu + 3\sigma$)时，其置信水平达到 0.997，假设模拟结果呈正态分布时，分布的均值为测量值，取 $3\sigma = e_i$，即表示对任一次测量，其测量值出现在($O_i - e_i$，$O_i + e_i$)区间的可能性为 0.997，则标准差 $\sigma = e_i / 3$。

$$P_i = O_i \pm e_i \tag{4.10}$$

观测数据服从不同分布时的修正误差项 e_i，令观测数据服从正态分布时计算得到的 eu2$_i$ 等于式(4.2)中的误差项 e_i，则可计算得到修正后的模拟结果不确定性区间。以流量为例，2000 年 1 月 1 日至 2007 年 12 月 31 日共有 2922 个日流量的模拟值，针对每个模拟结果 P_i，均有对应的修正误差项 eu2$_i$ (i=1, 2,···, 2922)，则可计算得到日流量模拟结果的不确定性区间为($O_i - e_i$，$O_i + e_i$)。本节基于蒙特卡罗方法，在日流量模拟结果的不确定性区间内进行随机抽样，统计抽样结果的均值、标准差和变异系数等，从而表征流量模拟结果不确定性的大小。泥沙量和总磷负荷量模拟结果的研究方法与流量类似。

由于待抽样数据繁多(每日数据均需抽样 n 次)，为增加抽样效率，采用拉丁超立方方法，在修正后的流量、泥沙量和总磷负荷量模拟结果不确定性区间内各抽样 10000 次，统计抽样结果的均值、标准差和变异系数等，从而表征模拟结果的不确定性大小。该部分由 Matlab 编程实现。

4.3.4　测量误差不确定性分析

1. 流量不确定性

本节采用大宁河流域巫溪水文站 2000～2007 年的月流量监测数据作为测量值，SWAT 模型模拟的月流量数据作为模拟值，分析流量测量数据分别呈均匀分布、正态分布和对称三角分布时其不确定性对非点源模型模拟效果的影响。2000～2007 年共有 96 个月流量监测数据，其平均值为 63.95m³/s，SWAT 模型流量模拟结果的平均值为 57.65m³/s(即 $\bar{O}_i$ =63.95m³/s，$\bar{P}_i$ =57.65m³/s，n=96)。PER 根据表 4.5，分别取理想条件(2%)、典型条件中值(9%)和非理想条件(36%)三种情景用于后续计算。

利用监测数据和 SWAT 模拟值计算得到的基准适合度指标，以及在考虑测量误差影响而对流量测量值进行修正后得到的适合度指标结果见表 4.7～表 4.9，修正方法包括流量测量值服从均匀分布、正态分布和三角分布三种情况。从表 4.7 中可知，当流量测量值的不确定性区间为 36%时，E_{NS} 在流量测量数据呈均匀、正态和三角分布的条件下分别为 0.98、0.91 和 0.84，与未考虑流量修正时的 E_{NS} 值(0.83)相比，分别提高了 18.07%、9.64%和 1.20%，其中以均匀分布的改善程度最大，正态分布次之，三角分布的改善最小。其他适合度指标(d、RMSE、MAE 和 SD)均与 E_{NS} 有一致的变化趋势，d 改善 0.29%～4.21%，RMSE 改善 2.73%～64.77%，MAE 改善 3.68%～83.23%，SD 改善 4.67%～65.77%。总体而言，在考虑了监测数据的测量误差带来的不确定性并对适合度指标进行修正后，适合度指标的计算结果均有不同程度的改善，其中以 MAE 的改善程度最大，d 的改善程度最小。这主要是因为在考虑观测数据的测量误差后，观测值的取值区间拓宽，使得模拟值落入观测值取值区间内的概率增大(也可理解为测量值与模拟值之差 e_i 减小)，从而导致计算得到的适合度指标更为理想。同时，不同指标的计算方法不一样，使得不同指标的改善程度也不一样。对于不同的分布类型，测量值呈均匀分布时各指标的计算结果改善最大，正态分布和三角分布的改善较小，这主要是因为正态分布和三角分布在测量值附近取值的概率远大于均匀分布，若测量值本身与模拟值相差较大，则各适合度指标计算中的误差项 e_i 值也较大，从而使得适合度指标的计算结果不甚理想；而均匀分布在不确定性区间里取值的概率相同，即使有部分测量值取值时偏离平均值较远，但仍有其他部分测量值的取值偏离均值较近，这样就弱化了误差项 e_i 的影响。

表 4.7　月流量修正与未修正的适合度指标比较(PER=36%)

指标	测量值	均匀分布		正态分布		三角分布	
		修正 1	inc[1]/%	修正 2	inc/%	修正 2	inc/%
E_{NS}	0.83	0.98	18.07	0.91	9.64	0.84	1.07
d	0.95	0.99	4.21	0.97	2.11	0.95	0
RMSE	26.74	9.42	64.77	21.69	18.89	26.01	2.73
MAE	18.49	3.10	83.23	11.10	39.97	17.81	3.68
SD	26.12	8.94	65.77	19.52	25.27	24.90	4.67

1)inc 表示适合度指标改善的百分比，表 4.8 和表 4.9 中该符号意思相同。

表 4.8　月流量修正与未修正的适合度指标比较(PER=9%)

指标	测量值	均匀分布		正态分布		三角分布	
		修正 1	inc/%	修正 2	inc/%	修正 2	inc/%
E_{NS}	0.83	0.91	9.64	0.83	0.00	0.83	0.00
d	0.95	0.97	2.11	0.97	2.11	0.95	0.00
RMSE	26.74	20.01	25.17	26.72	0.07	26.74	0.00
MAE	18.49	12.96	29.91	18.33	0.87	18.49	0.00
SD	26.12	15.33	41.31	23.02	11.87	24.90	4.67

表 4.9　月流量修正与未修正的适合度指标比较(PER=2%)

指标	测量值	均匀分布		正态分布		三角分布	
		修正 1	inc/%	修正 2	inc/%	修正 2	inc/%
E_{NS}	0.83	0.85	2.41	0.83	0.00	0.83	0.00
d	0.95	0.95	0.00	0.95	0.00	0.95	0.00
RMSE	26.74	25.17	5.87	26.74	0.00	26.74	0.00
MAE	18.49	17.22	6.87	18.49	0.00	18.49	0.00
SD	26.12	18.45	29.36	26.12	0.00	26.10	0.08

　　由表 4.8 和表 4.9 可知，当流量测量值的不确定性区间分别为 9%和 2%时，各流域水文模型的适合度指标变化情况同不确定性区间为 36%时一致，均有不同程度的改善。当不确定性区间等于 9%时，E_{NS}、d、RMSE、MAE 和 SD 分别改善 0～9.64%、0～2.11%、0～25.17%、0～29.91%和 4.67%～41.31%；当不确定性区间等于 2%时，E_{NS}、d、RMSE、MAE 和 SD 分别改善 0～2.41%、0、0～5.87%、0～6.87%和 0～29.36%。两种情况下均是 SD 的改善程度最大而 d 的改善程度最小。

　　从表 4.7～表 4.9 中可以看出，在相同 PER 条件下，当流量测量值服从均匀分布时，各适合度指标的改善程度最大，当测量值服从正态分布时，改善程度居中，当测量值呈对数分布时，改善程度最小；当不确定性区间不一致(PER 不同)时，不确定性区间越大(即 PER 越大)对模拟结果的评价指标改善程度越大。当 PER 等于 2%时，由于测量值的不确定性区间较窄，即使对测量值进行了修正，各指标的计算结果相差不大。这主要是因为测量值的不确定性区间越大，其取值的区间越宽，模拟结果落入测量值取值区间的概率越大，说明模拟结果能更好地与测量值接近或匹配，测量值与模拟结果之差 e_i 也较小，因此能获得较好的模型评价指标；反之，当测量值的取值区间较窄时，模拟结果落入取值区间的概率变小，模拟结果与测量值的匹配程度降低。

　　SWAT 模型的流量模拟值、测量值及测量值不确定性区间为 36%的比较结果见图 4.5。从图中可以直观看出，当忽略测量值的不确定性时，与测量值相比，模拟结果均有不同程度的低估；当考虑测量值的不确定性时，模拟值均较好地落入了测量值的取值区间内(图 4.5 中的灰色区域)，说明此时流量的模拟值与测量值能很好地匹配，模拟效果更好。

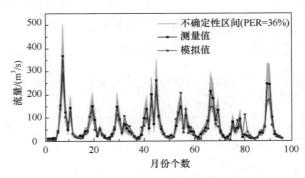

图 4.5　流量测量值与 SWAT 模型模拟结果比较(2000.1～2007.12)

　　流量的 SWAT 模拟值、测量值及测量值不确定性区间分别为 36%和 9%时的累积分布曲线见图 4.6。由图可知，模拟值和测量值有 80%的概率分别小于 156.7m³/s 和 215.6m³/s，印证了模拟值相比于测量值而言对流量有所低估的这一结果。当考虑测量值的不确定性并取 PER 为 9%时，不确定性区间上下限分别有 80%的概率取值小于 215.6m³/s 和 198.4m³/s，模拟值与修正后的测量值累积分布曲线更为接近。当 PER 为 36%时，不确定性区间上下限分别有 80%的概率取值小于 297.7m³/s 和 142.1m³/s，此时模拟值几乎完全落入不确定性区间上下限所对应的累积分布曲线所围成的区域，说明模拟结果与测量值的匹配性较好，模拟效果好于未修正时的结果。

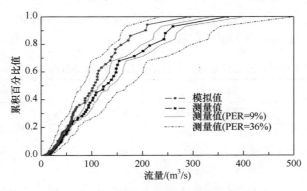

图 4.6　流量测量值与模拟值累积分布曲线比较

2. 泥沙不确定性

采用巫溪水文站 2000～2007 年中有监测记录的 42 个月泥沙量监测数据作为测量值与 SWAT 模型的模拟值进行比较，分析泥沙量测量值分别呈均匀分布、正态分布和对称三角分布时其不确定性对非点源模型模拟效果的影响。42 个月泥沙量数据的测量月均值为 $281×10^3$t，模拟月均值为 $358×10^3$（即 $\bar{O}_i =281×10^3$，$\bar{P}_i =358×10^3$，$n=42$）。PER 取值根据表 4.5 分别取理想条件(2%)、典型条件中值(16%)和非理想条件的值(102%)。

利用月泥沙负荷量监测值和 SWAT 模拟值计算得到的未修正时的适合度指标，以及对泥沙负荷量测量值进行修正后的适合度指标计算结果见表 4.10～表 4.12，修正方法包括泥沙负荷量测量值服从均匀分布、正态分布和三角分布三种情况。由表 4.10～表 4.12 可知，当泥沙负荷量测量值的不确定性区间分别为 102%、16% 和 2% 时，各流域水文模型的适合度指标变化情况同流量一致，在考虑了测量误差带来的不确定性并对适合度指标进行修正后，适合度指标的计算结果均有不同程度的改善。当泥沙负荷测量值的不确定性区间为 102% 时，E_{NS}、d、RMSE、MAE 和 SD 分别提高了 0～28%、5.32%～6.38%、11.44%～60.58%、6.50%～62.57% 和 10.65%～59.02%；当不确定性区间等于 16% 时，E_{NS}、d、RMSE、MAE 和 SD 分别改善了 1.33%～16%、3.19%～6.38%、0.13%～26.42%、1.01%～23.78% 和 0～28.66%；当不确定性区间等于 2% 时，E_{NS}、d、RMSE、MAE 和 SD 分别提高了 0～2.67%、0～6.38%、0～3.63%、0～3.68% 和 0～3.59%。在相同 PER 条件下，除 d 外，当泥沙负荷测量值呈均匀分布时，各适合度指标的改善程度最大，当测量值服从正态分布时，改善程度居中，当测量值呈三角分布时，改善程度最小；其中 RMSE、MAE 和 SD 的改善程度相差不大，E_{NS} 的改善程度较上述三个指标较小，而 d 的改善程度最小。当不确定性区间不一致时，不确定性区间越大(即 PER 越大)，对模拟结果各评价指标的改善程度也越大，例如，当 PER 等于 102% 时，对测量值进行均匀分布修正后的 RMSE 提高了 60.58%，而当 PER 为 2%时，对测量值进行相同分布修正后的 RMSE 仅提高了 3.63%。

表 4.10　泥沙量修正与未修正的适合度指标比较(PER=102%)

指标	测量值	均匀分布		正态分布		三角分布	
		修正 1	inc/%	修正 2	inc/%	修正 2	inc/%
E_{NS}	0.75	0.96	28.00	0.83	10.67	0.75	0
d	0.94	0.99	5.32	1.00	6.38	1.00	6.38
RMSE	227.93	89.85	60.58	193.53	15.09	201.85	11.44
MAE	152.90	57.22	62.57	142.95	6.50	133.90	12.42
SD	171.09	70.12	59.02	136.50	20.22	152.87	10.65

表 4.11　泥沙量修正与未修正的适合度指标比较(PER=16%)

指标	测量值	均匀分布		正态分布		三角分布	
		修正 1	inc/%	修正 2	inc/%	修正 2	inc/%
E_{NS}	0.75	0.87	16	0.76	1.33	0.76	1.33
d	0.94	0.97	3.19	1.00	6.38	1.00	6.38
RMSE	227.93	167.71	26.42	227.44	0.21	227.65	0.13
MAE	152.90	116.53	23.78	146.77	4.01	151.35	1.01
SD	171.09	122.06	28.66	171.09	0	171.09	0

表 4.12　泥沙量修正与未修正的适合度指标比较(PER=2%)

指标	测量值	均匀分布		正态分布		三角分布	
		修正 1	inc/%	修正 2	inc/%	修正 2	inc/%
E_{NS}	0.75	0.77	2.67	0.75	0	0.75	0
d	0.94	0.94	0	1.00	6.38	1.00	6.47
RMSE	227.93	219.65	3.63	227.93	0.00	227.93	0
MAE	152.90	147.26	3.68	149.81	2.02	152.90	0
SD	171.09	164.95	3.59	171.09	0	171.09	0

泥沙量的 SWAT 模拟值、测量值及不确定性区间为 102%时的测量结果比较见图 4.7。从图中可知，由于许多月份缺乏监测数据，对比结果不是十分明显，但在有监测数据的月份，当忽略测量值的不确定性时，在丰水期容易造成模拟结果的低估，而在平水期和枯水期造成模拟结果的高估；当考虑测量值的不确定性时，在有监测数据的月份，模拟值均较好地落入了测量值的取值区间内(图 4.7 中的灰色区域)，说明此时泥沙负荷量的模拟值与测量值能很好地匹配，模拟效果较好。

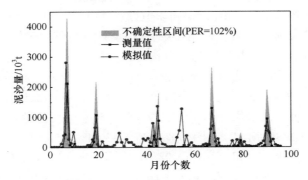

图 4.7　泥沙测量值与 SWAT 模型模拟结果比较(2000.1~2007.12)

　　SWAT 模型的泥沙量模拟值、测量值及不确定性区间分别为 16% 和 102% 时的累积分布曲线见图 4.8。由图可知，模拟值和测量值有 80% 的概率分别取值小于 1324kt 和 1279kt，当考虑测量值的不确定性并取 PER 为 16% 时，不确定性区间上下限分别有 80% 的概率取值小于 1543kt 和 1185kt，模拟值与修正后的测量值累积分布曲线越发接近。当 PER 为 102% 时，不确定性区间上下限分别有 80% 的概率取值小于 2783kt 和 0t，此时模拟值几乎完全落入不确定性区间上下限对应的累积分布曲线所围成的区域，说明模拟结果与测量值的匹配性较好，模拟效果好于未修正时的结果。

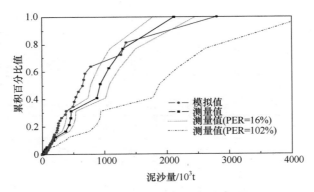

图 4.8　泥沙测量值与模拟值累积分布曲线比较

3. 总磷不确定性

　　采用巫溪水文站 2000~2007 年有监测记录的 22 个月总磷数据作为测量值与 SWAT 模型的模拟值进行比较，分析总磷负荷量测量数据分别呈均匀分布、正态分布和对称三角分布时其不确定性对非点源模型模拟效果的影响。22 个月总磷数据的测量均值为 $\bar{O}_i$=22.39t，月模拟均值为 $\bar{P}_i$=21.51t。PER 取值根据表 4.5 分别取理想条件(2%)、典型条件中值(26%)和非理想条件值(221%)。

利用月总磷负荷量监测值和 SWAT 模拟值计算得到的未修正时的适合度指标，以及对测量值进行修正后的适合度指标计算结果见表 4.13～表 4.15，修正方法包括总磷负荷测量值服从均匀分布、正态分布和三角分布三种情况。由表 4.13～表 4.15 可知，当总磷负荷量测量值的不确定性区间分别为 221%、26% 和 2% 时，各适合度指标的计算结果均有不同程度的改善。当总磷负荷量测量值的 PER 为 221% 时，E_{NS}、d、RMSE、MAE 和 SD 分别提高了 13.64%～51.52%、7.07%、13.70%～98.16%、16.64%～99.37% 和 29.64%～98.20%；当不确定性区间等于 26% 时，E_{NS}、d、RMSE、MAE 和 SD 分别改善了 0.03%～34.85%、5.38%～7.53%、0.02%～44.44%、0.15%～53.66% 和 0.96%～40.81%；当不确定性区间等于 2% 时，E_{NS}、d、RMSE、MAE 和 SD 分别提高 0～3.84%、0.52%～7.07%、0～3.78%、0～8.20% 和 0～3.65%。

表 4.13　总磷负荷量修正与未修正的适合度指标比较(PER=221%)

指标	测量值	均匀分布		正态分布		三角分布	
		修正 1	inc/%	修正 2	inc/%	修正 2	inc/%
E_{NS}	0.66	1.00	51.52	0.77	16.67	0.75	13.64
d	0.93	1.00	7.53	1.00	7.53	1.00	7.53
RMSE	18.52	0.34	98.16	14.93	19.40	15.98	13.70
MAE	11.13	0.07	99.37	8.23	26.05	9.28	16.64
SD	18.94	0.34	98.20	10.11	46.61	13.32	29.64

表 4.14　总磷负荷量修正与未修正的适合度指标比较(PER=26%)

指标	测量值	均匀分布		正态分布		三角分布	
		修正 1	inc/%	修正 2	inc/%	修正 2	inc/%
E_{NS}	0.66	0.89	34.85	0.66	0	0.66	0
d	0.93	0.98	5.38	1.00	7.53	1.00	7.53
RMSE	18.52	10.29	44.44	18.49	0.19	18.52	0.02
MAE	11.13	5.16	53.66	10.88	2.20	11.11	0.15
SD	18.94	8.97	40.81	14.23	6.11	15.01	0.96

在不确定性区间相同条件下，除 d 外，当总磷负荷量测量值呈均匀分布时，各适合度指标提高程度最大，当测量值服从正态分布时，改善程度居中，当测量值呈三角分布时，提高程度最小。其中 RMSE、MAE 和 SD 的改善程度相差

不大，E_{NS} 的改善程度较上述三个指标较小，而 d 的改善程度最小。当不确定性区间不一致时，不确定性区间越大(即 PER 取值越大)，对模拟结果各评价指标的改善程度也越大，例如，当 PER 等于 221%时，对测量值进行均匀分布修正后 RMSE 提高了 98.16%，而当 PER 为 2%时，对测量值进行相同分布修正后的 RMSE 仅提高了 3.78%。而且，与径流和泥沙的结果相比，未修正时总磷的各适合度指标均较差，但修正后的指标改善程度要明显高于径流和泥沙的结果，说明对于本身效果较差的模拟对象，在考虑其测量不确定性后，对适合度指标的改善更为明显。

表 4.15　总磷负荷量修正与未修正的适合度指标比较(PER=2%)

指标	测量值	均匀分布		正态分布		三角分布	
		修正 1	inc/%	修正 2	inc/%	修正 2	inc/%
E_{NS}	0.66	0.68	3.84	0.66	0	0.66	0
d	0.93	0.94	0.52	1.00	7.07	1.00	7.07
RMSE	18.52	17.82	3.78	18.52	0	18.52	0
MAE	11.13	10.22	8.20	11.13	0	11.13	0
SD	18.94	14.60	3.65	15.16	0	15.16	0

　　总磷负荷量的 SWAT 模拟值、测量值及不确定性区间为 221%时的测量结果比较见图 4.9。由图可知，在有监测数据的月份，当忽略总磷数据的测量误差时，在丰水期容易造成模拟结果的低估，而在平水期和枯水期造成模拟结果的高估，变化趋势与泥沙一致；当对监测数据进行修正后，模拟值更接近于测量值的取值区间(图 4.9 中的灰色区域)，说明此时总磷负荷量的模拟值与测量值匹配度更好一些，造成总磷模拟效果不太理想的主要原因是监测数据的缺乏，从而导致在总磷的率定和验证过程中，其模拟效果比径流和泥沙稍差。

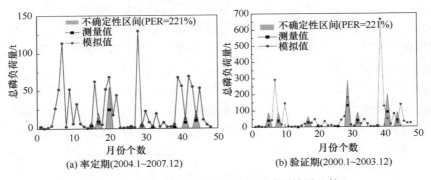

(a) 率定期(2004.1~2007.12)　　(b) 验证期(2000.1~2003.12)

图 4.9　总磷测量值与 SWAT 模型模拟结果比较

　　总磷负荷量的 SWAT 模拟值、测量值及不测量值确定性区间为 221%和 26%时的累积分布曲线见图 4.10。从图中可知，模拟值和测量值有 80%的概率分别取值小于等于 127.3t 和 100.5t，当考虑测量值的不确定性并取 PER 为 26%时，不确定性区间上下限分别有 80%的概率取值小于 127.9t 和 75.1t，模拟值与修正后的测量值累积分布曲线越发接近。当 PER 为 221%时，不确定性区间上下限分别有 80%的概率取值小于 335.6t 和 0t，此时模拟值几乎完全落入不确定性区间上下限对应的累积分布曲线所围成的区域，说明模拟结果与测量值的匹配性较好，模拟效果好于未修正时的结果。

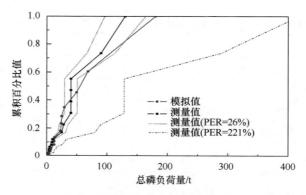

图 4.10　总磷负荷量测量值与模拟值累积分布曲线比较

4.3.5　模拟结果不确定性分析

　　由式(4.2)可知，当观测值和修正误差项 e_i 均已知时，可得到模拟结果的不确定性区间($O_i - e_i$, $O_i + e_i$)。由于大部分测量值多服从正态分布(赵士伟等，2007)，因此本章节主要关注测量值服从正态分布时的修正误差项 $eu2_i$。流量的 $eu2_i$ 计算结果见表 4.16。从表中可知，随着 PER 的增加，修正后的流量观测值与模拟值之差逐渐减小，表明 SWAT 模型对于流量模拟的效果变好。由于泥沙和总磷的观测值较少，因此仅给出泥沙和总磷的多年平均值，见表 4.17。由表可知，泥沙和总磷的修正误差项变化趋势与流量一致，随着 PER 的增大而减小，表明在考虑了观测值的测量不确定性后，模型的模拟效果有一定的提高。

　　中国的水文测量仪器精度普遍偏低、人员操作欠规范、对质量保证和质量管理的重视程度较小，因此导致流量和泥沙量测量值的不确定性较大；但同时，由于中国的河流污染严重，本底值比美国大，因此污染负荷量测量值的不确定性相对较小。综合考虑中国国情和测量值最为常见的分布形态，在分析中，选取表 4.5 中"典型条件中值"(径流量、泥沙量和总磷量的 PER 分别为 9%、16%和 26%)且观测值服从正态分布时计算得到的修正误差项 $eu2_i$ 作为式(4.2)中的误差项进行后续不确定性指标的计算。

表 4.16　流量测量值的修正误差项 eu2$_i$ 计算结果

年份	流量测量值/(m³/s)	eu2$_i$ /(m³/s)		
		PER=2%	PER=9%	PER=36%
2000	81.58	16.90	16.57	6.46
2001	53.88	11.30	11.23	7.69
2002	50.82	12.86	12.29	10.40
2003	88.97	25.82	25.26	12.66
2004	59.51	18.71	18.59	17.10
2005	77.41	24.41	24.38	11.42
2006	34.36	21.91	21.61	19.72
2007	68.24	18.06	17.65	3.93
多年平均值	64.35	18.75	18.45	11.17

表 4.17　泥沙和总磷测量值的修正误差项 eu2$_i$ 计算结果

测量值		eu2$_i$		
		PER=2%	PER=16%	PER=102%
泥沙量/10³t	281.64	153.46	150.35	146.44
总磷负荷量/t	22.39	11.13	10.88	8.23

　　流量模拟值分别服从均匀分布和正态分布时的 10000 次抽样统计结果，见表 4.18。从表中可知，当流量模拟值服从均匀分布时，其平均值为 34.36(2006 年)～89.22m³/s(2003 年)；当流量模拟值服从正态分布时，其平均值为 34.42(2006 年)～89.28m³/s(2003 年)，流量模拟结果呈不同分布形态时得到的平均值相差不大。但呈正态分布时，10000 次流量抽样结果的标准差和 CV 分别为 6.10m³/s 和 0.101，都比均匀分布时小；而当流量测量数据呈均匀分布，模拟值的标准差和 CV 分别为 10.68m³/s 和 0.178，较正态分布时的结果分别增大了 75.1%和 76.2%，说明呈正态分布时的流量模拟结果的不确定性比均匀分布时要小。

　　以流量 10000 次抽样结果的 5%百分位数和 95%百分位数表示置信水平为90%时的置信区间上限和下限，用以表征流量模拟结果的不确定性范围(表 4.19)。由表可知，当流量模拟值呈正态分布时其不确定性区间比呈均匀分布时窄。置信区间的宽度与流量值的大小密切相关，在 2003 年流量模拟值最大的年份，均匀和正态分布时的置信区间宽度均最大，分别为 44.68m³/s 和 27.14m³/s；在流量模拟值最小的 2006 年，均匀和正态分布的置信区间也最窄，宽度分别为 20.39m³/s 和

11.90m^3/s。

表 4.18　流量模拟结果统计

年份	均匀分布			正态分布		
	平均值/(m^3/s)	标准差/(m^3/s)	CV	平均值/(m^3/s)	标准差/(m^3/s)	CV
2000	81.80	9.45	0.115	81.75	5.48	0.067
2001	53.70	6.34	0.118	53.97	3.64	0.067
2002	50.71	7.04	0.139	50.96	4.09	0.080
2003	89.22	14.13	0.158	89.28	8.24	0.092
2004	59.65	10.85	0.182	59.42	5.94	0.100
2005	77.49	14.09	0.182	77.50	8.25	0.106
2006	34.36	12.56	0.365	34.42	7.10	0.206
2007	67.97	10.97	0.161	68.03	6.03	0.089
多年平均值	64.36	10.68	0.178	64.41	6.10	0.101

表 4.19　流量模拟结果 90%置信区间统计

年份	均匀分布		正态分布	
	5%百分位数	95%百分位数	5%百分位数	95%百分位数
2000	66.96	96.51	73.05	90.78
2001	43.59	63.98	48.12	60.02
2002	39.88	61.97	44.10	57.54
2003	66.96	111.64	75.52	102.66
2004	42.61	76.18	49.49	68.95
2005	55.12	99.50	64.65	90.71
2006	14.45	53.56	22.40	46.52
2007	50.83	85.74	57.66	77.82
多年平均值	47.55	81.14	54.37	74.37

　　泥沙量和总磷负荷量的 10000 次抽样平均值、标准差、CV 以及 90%置信区间结果见表 4.20。由表可知，泥沙量模拟值分别呈均匀和正态分布时，其抽样平均值分别为 283.65kt 和 280.34kt，相差不大，而正态分布的标准差(50.70kt)和 CV(0.181)均小于均匀分布的标准差(85.34kt)和 CV(0.301)。此外，泥沙量服从正态分布时的置信区间也比均匀分布的置信区间窄，与流量结果一致。总磷量的平均值、标准差、CV 和置信区间结果与流量和泥沙量结果变化趋势一致。

表 4.20　泥沙和总磷模拟结果不确定性特征值统计

模拟项	分布形态	平均值/kt	标准差/kt	CV	90%置信区间	
					5%下限	95%上限
泥沙量/10³t	均匀分布	283.65	85.34	0.301	149.12	416.63
	正态分布	280.34	50.70	0.181	194.79	364.15
总磷负荷量/t	均匀分布	22.24	6.31	0.284	12.58	32.29
	正态分布	22.41	3.60	0.161	16.55	28.45

　　总体而言，泥沙量的多年平均 CV 最大，总磷负荷量次之，流量的 CV 最小，说明泥沙量监测数据的测量误差对其模拟结果的不确定性影响最大，总磷负荷量的影响次之，流量的测量误差对其模拟结果的不确定性影响最小。

4.4　基于区间-区间的模型率定方法改进

　　非点源污染模拟不确定性区间是客观存在的，而传统的模型率定是基于点到点距离的，在处理不确定性上存在一定的局限性。因此本节提出了基于区间距离的模型率定方法(interval deviation approach, IDA)，以在充分考虑模型不确定性的前提下，利用改进的模型率定方法获取更为准确的模型参数组。

4.4.1　基本思路

　　已有研究表明(Shen et al., 2012)，不确定性区间通常会以三种方式表示：①置信区间，将模拟值(监测值)从大到小排序并按一定的置信度给出其可能的区间范围；②均方根法，首先确定不确定性来源的个数及影响程度，然后以计算累积误差的方式确定总的不确定性区间；③概率分布函数法，用概率函数表现样本的分布情况。显然，传统的点-点定方法(P_i-O_i)无法考虑模拟值和监测值可能的区间范围。在不确定性区间可以估算或假设的情况下，本节的基本思路是利用模拟值不确定性区间与监测值不确定性区间之间的距离作为模型评估的基本指标。模拟值和监测值的不确定性区间可以用集合的概念表示如下：

$$P_i = \left[P_i^-, P_i^+ \right] = \left\{ x \in R \mid P_i^- \leqslant x \leqslant P_i^+ \right\} \tag{4.11}$$

$$O_i = \left[O_i^-, O_i^+ \right] = \left\{ x \in R \mid O_i^- \leqslant x \leqslant O_i^+ \right\} \tag{4.12}$$

式中，所有的模拟值 P_{i1}，P_{i2}，$\cdots$，P_{ij}，$\cdots$，P_{in} 都位于区间内；同样，所有的监测值 O_{i1}，O_{i2}，$\cdots$，O_{ij}，$\cdots$，O_{in} 都位于区间内；模拟值区间与监测值区间之间的距离可以用来表示模型模拟准确度。

方法一(IDA1):只知道置信区间或均方根，而不知道概率分布函数。

当只知道不确定性区间的大概范围时，置信区间和均方根可被定义为由区间数涵盖的一段数据，所有的模拟值和监测值都落入到这段数据区间内。此时，模拟值区间和监测值区间之间的距离可以通过区间数计算来实现。具体而言，两段区间的拟合程度可通过计算区间数的最近距离和最远距离来实现。如图 4.11 所示，如果两段区间有所重叠的话，那么需要将区间的最近距离定义为 0。

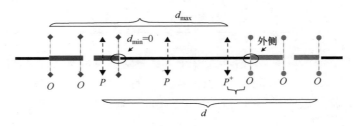

图 4.11　区间距离示意图

反之，两段区间的最远距离和最近距离则通过以下公式计算：

$$d_{i\max} = \mathrm{Max}\Big[d(p_i^-, o_i^-), d(p_i^+, o_i^-), d(p_i^-, o_i^+), d(p_i^+, o_i^+) \Big] \tag{4.13}$$

$$d_{i\min} = \mathrm{Min}\Big[d(p^-, o^-), d(p^-, o^+), d(p^+, o^-), d(p^+, o^+) \Big] \tag{4.14}$$

此时，模拟值区间和监测值区间的拟合程度可由最远距离和最近距离加权平均值得到，计算公式如下所示：

$$\big|P_i - O_i\big| = x_i \times d_i (1 - x_i)_{i\max} \tag{4.15}$$

式中，x_i 为权重，代表了模型使用者的偏好，x_i 越大表示模型使用者对最远距离越有信心。

方法二(IDA2)：已知分布概率函数。

当已知分布概率函数时，将模拟值区间和监测值区间的距离处理为概率统计问题。基本思想是计算两段区间每段距离的数学期望。具体而言，区间距离可用点与点距离乘以该距离出现的概率求得，其中点与点距离概率等于对应模拟值或监测值各自出现的统计概率。方法二的数学表达如下所示：

$$\big|P_i - O_i\big| = \int_{p_i^-}^{p_i^+} \int_{o_i^-}^{o_i^+} \big|p - o\big| \times \mathrm{prob}(p) \times \mathrm{prob}(o)\,\mathrm{d}o\,\mathrm{d}p \tag{4.16}$$

式中，$\mathrm{prob}(o)$ 为监测值区间 O_i 的分布概率函数；$\mathrm{prob}(p)$ 为模拟值区间 P_i 的分布概率函数。

4.4.2 研究案例

本节以大宁河为案例对 IDA 进行了验证。关于监测不确定性区间的生成方法可参考 Harmel 等(2006)和 Harmel 等(2010)的相关研究。IDA 的基本流程如图 4.12 所示，研究框架遵循自上而下的原则。

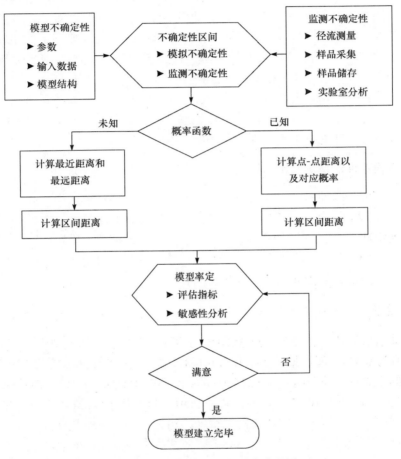

图 4.12 区间距离方法的基本流程图

为使结果更具可推广性，本节在 E_{NS} 的基础上增加了三种适应度指标，包括 d、RMSE 和 MAE。

本节选择了 2000～2008 年径流、泥沙、总磷的监测数据，数据来源为长江水利委员会和巫溪县生态环境监测站。生成监测不确定性区间包含以下三个步骤。

步骤一：根据监测数据获取过程，将不确定性来源分为流量测量、样品采集、样品储存和实验室分析四种情况。

步骤二：计算每个步骤可能引起的误差量。根据 Harmel 等(2006)的统计结果，流量测量数据误差主要来自单次测量误差、水深测量误差、水位-流量关系偏差和河床条件；非理想条件、典型情景和理想条件下其误差分别是 36%、4%～16%和2%。样品采集不确定性主要来自流量阈值的选择和采样方法误差；非理想条件、典型情景和理想条件下误差分别可达 101%、3%～45%和1%。样品运输过程误差主要为不同污染物的处理方式，其中非理想条件、典型条件和理想条件的误差范围分别为 9%～84%、7%～9%和1%～3%。在非理想条件、典型条件和理想条件下，泥沙的实验室分析误差分别为 10%、1%～5%和小于 1%，氮磷分析误差则分别为 88%～211%、3%～32%和小于 4%。

步骤三：采用均方根误差分析法(Harmel et al., 2009)，生成流量、泥沙量和总磷负荷量的监测不确定性区间。均方根误差分析法是目前考察测量误差的通用方法，同时该方法能充分考虑不同误差来源，参考式(4.1)。

4.4.3　不确定性对率定结果的影响

本节设置了四种不确定性情景以验证 IDA：情景一，不考虑不确定性，基于点-点距离；情景二，只考虑模拟不确定性，基于区间-点距离；情景三，只考虑监测不确定性，基于点-区间距离；情景四，同时考虑模拟不确定性和监测不确定性，基于区间-区间距离。在结果分析中，以情景一为基准情景，不确定性对率定结果的影响通过评估指标的相对变化得到。

1. 情景一：基准情景(基于点-点距离)

基准情景的建立，是基于点-点距离的传统率定方法。从表 4.21 可知，流量的 E_{NS} 值为 0.834，泥沙量的 E_{NS} 值为 0.754，总磷负荷量的 E_{NS} 值为 0.659。为避免判断的主观性，综合前人研究(Moriasi et al., 2007)将 E_{NS} 分为了四个等级：非常满意(0.75～1)、较好(0.65～0.75)、满意(0.50～0.65)和不满意(≤0.5)。当模型率定等级达到"满意"以上，即认为模拟精度已达到要求。根据此标准，在大宁河流域，流量模拟和泥沙量模拟精度达到了"非常满意"等级，而总磷负荷量的模拟结果则是"较好"等级。

2. 情景二：只考虑模拟不确定性(基于区间-点距离)

模拟不确定区间对模型率定结果的影响如表 4.21 所示，可以看出，IDA 显著地改变了率定指标的大小。与基准情景相比，IDA1 使得流量、泥沙量、总磷负荷量的 E_{NS} 值分别降低了 13.91%、144.56%、178.76%，而 d 则分别降低了 3.79%、41.96%、28.12%。与之对应的是，流量、泥沙量、总磷负荷量的 MAE 分别增加了 70.12%、345.48%、648.08%，RMSE 则分别增加了 25.93%、137.25%、105.26%。

IDA2 则使得 E_{NS} 值分别降低了 8.63%、75.46%、41.73%，d 分别降低了 2.32%、15.02%、7.27%，MAE 分别增加了 18.52%、82.02%、26.32%，E_{NS} 分别增加了 18.52%、26.31%、82.02%。以上结果表明，在考虑模拟不确定性时，率定指标呈现变差的趋势。对流量模拟而言，IDA1 和 IDA2 使得模型率定结果等级分别为"满意"和"非常满意"，这表明模拟不确定性区间对流量模拟影响不大。对泥沙量而言，模型率定结果等级由"非常满意"变成"不满意"，而总磷负荷量的率定等级则从"满意"变成了"不满意"，RMSE、MAE 和 d 的结果也呈现出同样的规律。这与"参数不确定性对径流模拟影响不大，对污染物模拟则影响显著"一致，这证明了 IDA 的合理性。

表 4.21　基于区间距离的模型率定方法对模型评估结果的影响

变量	指标	情景 1	情景 2		情景 3			情景 4	
			IDA1	IDA2	理想	典型	非理想	IDA1	IDA2
流量 /(m³/s)	E_{NS}	0.834	0.718	0.762	0.834	0.833	0.780	0.777	0.764
	RMSE	715	1216	1026	715	716	951	964	1022
	MAE	27	34	32	27	27	31	31	32
	d	0.949	0.913	0.927	0.949	0.949	0.932	0.931	0.929
	PR	非常满意	满意	非常满意	非常满意	非常满意	非常满意	非常满意	非常满意
泥沙量/t	E_{NS}	0.754	−0.336	0.185	0.754	0.750	0.322	−1.071	0.187
	RMSE	51954	388659	172402	51954	52491	143425	438002	172332
	MAE	228	623	415	228	229	379	662	413
	d	0.939	0.545	0.798	0.939	0.939	0.832	0.487	0.799
	PR	非常满意	不满意	不满意	非常满意	满意	不满意	不满意	不满意
总磷负荷量/t	E_{NS}	0.659	−0.519	0.384	0.659	0.657	−0.916	−0.898	0.387
	RMSE	343	1528	619	180	180	1010	1910	615
	MAE	19	39	24	13	13	32	44	23
	d	0.935	0.672	0.867	0.926	0.926	0.587	0.638	0.872
	PR	满意	不满意	不满意	满意	满意	不满意	不满意	不满意

　　如图 4.13 所示，流量、泥沙量、总磷负荷量不确定性区间内数据的平均变异系数分别为 0.43、1.27、1.54(由于总磷负荷量的监测数据较少，因此并没有出现在图中)。这表明泥沙量和总磷负荷量的模拟不确定性都要远远高于流量。这个结

论对丰水期、平水期和枯水期都适用，可能由于泥沙、总磷的产生、迁移和转化过程更为复杂，除了受径流影响外，还受土壤、植被等下垫面环境影响。为了进一步提高泥沙量、总磷负荷量的模拟精度，需要识别出关键参数，尤其是获得更为精准的河道参数，开展野外实测分析。

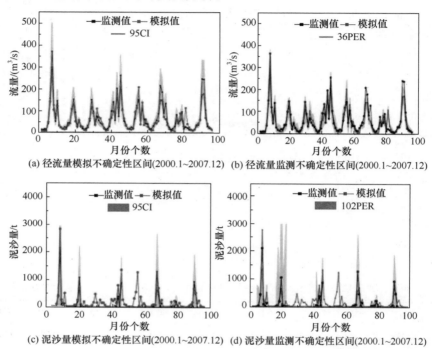

图 4.13　流量、泥沙量的模拟不确定性区间和监测不确定性区间

3. 情景三：只考虑监测不确定性(基于点-区间距离)

在情景三中，考虑了三种不确定性区间：理想状态、典型条件和非理想状态。其中，理想状态指在理想的水文条件下，同时有先进的设备和充足的预算来保证监测数据的 QA/QC；非理想状态指非典型的水文条件，且监测设备老化，无充足人力保障；典型条件则介于理想状态和非理想状态之间，是国内外最常见的状态。根据 Harmel 等(2006)的研究，三种状态下的径流 PER 分别为 2%、9%和 36%，泥沙的 PER 分别为 2%、16%和 102%，而总磷的 PER 分别为 2%、26%和 221%。对流量模拟而言，理想状态、典型状态和非理想状态下的 E_{NS} 值分别降低了 0.00%、0.12%和 6.47%，d 分别降低了 0.00%、0.00%和 1.79%，RMSE 分别增加了 0.01%、0.14%和 33.01%，而 MAE 则增加了 0.00%、0.00%和 14.81%。根据 Moriasi 等(2007)划定的标准，即使是使用非理想状态下获得的水文监测数据，模型率定结果等级

仍然为"非常满意"，这表明水文监测数据的不确定性对流量模拟精度影响不大。然而，泥沙模拟的 E_{NS} 数值由 0.754 下降到 0.322，总磷模拟的 E_{NS} 则由 0.659 下降到 –0.916。泥沙和总磷的模型率定结果等级均为"不满意"。当监测数据存在误差时，非点源污染的模拟精度将显著下降。

由图 4.13 可以看出，泥沙(总磷)的监测数据比流量的监测数据有着更大的不确定性，主要原因是污染物的监测数据更依赖于样品的前处理和实验室分析 (Harmel et al., 2007)。IDA 方法表明，如果污染物的监测数据是在非理想状态下获取的，监测数据质量无法得到保证时不能用来当作模型率定的基准数据。因此，为保证大宁河流域非点源污染的模拟精度，不能使用误差超过 102%的泥沙监测值，以及误差超过 221%的营养盐监测值。反之，如果使用超过误差阈值的监测数据，那么所谓"率定"后的模型不会比未率定的模型精度更高。对大宁河流域而言，随着三峡库区自动监测系统的建立，其水质监测设备均已通过国家的计量认证，其基础设备和人员投入至少能满足典型条件下的水质监测能力。因此接下来的研究将重点考虑典型条件下的监测误差。

4. 情景四：同时考虑模拟和监测不确定性(区间-区间距离)

当同时考虑模拟不确定性和监测不确定性时，与基准情景相比，IDA1 使得 E_{NS} 分别下降了 6.83%、242.04%和236.27%，d 分别下降了 190%、48.14%和31.76%，RMSE 分别增加了 34.83%、743.06%和 456.85%，MAE 则分别增加了 14.81%、190.35%和131.58%，IDA2 则使得 E_{NS} 值分别下降了 8.39%、75.20%和41.27%，d 分别下降了 2.11%、14.91%和6.74%，RMSE 分别下降了 42.94%、231.70%和79.30%，MAE 则分别增加了 18.52%、81.14%和21.05%，相对于基准情景，IDA1 和 IDA2 得出的流量、泥沙和总磷的率定结果等级是一致的，分别为"非常满意"、"满意"和"不满意"，与之前情景对比，当同时考虑模拟不确定性和监测不确定性时，率定指标要比只考虑监测不确定性差，但要好于只考虑模拟不确定性时的指标。这表明为提高模型模拟的准确性，需进一步降低模拟的不确定性区间。为了提高非点源污染模拟精度，未来研究可对河道参数和土壤初始磷含量开展实测研究。值得注意的是，即使同时考虑模拟不确定性和监测不确定性，仍有 5%和46%的泥沙和总磷数据区间没有任何重叠部分，可能是模型结构的影响。为了得到更准确的污染物模拟结果，未来研究可对模型的河道模块和坡面污染物模块进行一定的改进。

4.4.4　与传统方法的对比

在上述研究中，式(4.15)中的权重 x_i 被设置为 0.5，代表对区间的最远距离和最近距离并没有明确偏好。为进一步验证 IDA，本节研究了 x_i 对率定结果的影响。

当 x_i 被设置为 1 和 0.75 时，表示对最远距离有更大偏好，而 x_i 等于 0 和 0.25 时，表示对最近距离有更大偏好。如表 4.22 所示，当 x_i 从 1 下降到 0，所有的率定指标都有所改善：径流量模拟的 E_{NS} 从 0.616 增加到了 0.972，泥沙量的 E_{NS} 从 −1.341 增加到了 1.000，总磷负荷量的 E_{NS} 则从 −1.275 增加到了 0.996。尤其是当 x_i 被设置为 0 时，IDA 实质上是使用最近距离来计算区间距离，这与 Harmel 等(2007)所提出的修正系数方法是类似的。显然，在这种情景下，随着不确定性区间宽度的增加，模拟不确定性区间和监测不确定性区间重合的概率也随之增加。当不确定性区间增加时，模型的率定指标均有所改善，而泥沙和总磷的评估指标反而超过了径流，这和实际情况显然是不符的。从模型应用的角度，修正系数方法将不利于分辨不确定性来源、大小以及解决途径。这证明了在模拟不确定性或监测不确定性存在时，IDA 更适合作为模型率定的基本评估指标。

表 4.22　　IDA 权重对模型率定结果的影响(考虑参数不确定性和典型监测误差)

变量	指标	1	0.75	0.5(IDA1)	0.25	0	范围
径流量 /(m³/s)	E_{NS}	0.616	0.776	0.777	0.917	0.972	0.616~0.972
	RMSE	1658	966	964	359	119	119~1658
	MAE	41	31	31	19	11	11~41
	d	0.882	0.931	0.931	0.974	0.991	0.882~0.991
	PR	合格	非常满意	非常满意	非常满意	非常满意	合格~非常满意
泥沙量/t	E_{NS}	−1.341	−1.193	−1.071	0.534	1.000	−1.341~1
	RMSE	495262	455885	438002	98656	0	0~495262
	MAE	704	672	662	314	0	0~704
	d	0.420	0.430	0.487	0.885	1.000	0.420~1
	PR	不满意	不满意	不满意	满意	非常满意	不满意~非常满意
总磷负荷 量/t	E_{NS}	−1.275	−0.936	−0.898	0.605	0.996	−1.275~0.996
	RMSE	2289	1945	1910	398	4	4~2289
	MAE	48	45	44	20	2	2~48
	d	0.566	0.585	0.638	0.925	0.999	0.566~0.999
	PR	不满意	不满意	不满意	合格	非常满意	不满意~非常满意

对径流量模拟而言，即使当 x_i 增加到 1，模型率定结果的等级仍被评判为"合

格”，而当 x_i 小于 0.75 时，模型率定等级均为“非常满意”。对泥沙量模拟而言，当 x_i 不小于 0.5 时，模型率定等级均被评定为“不满意”，而当 x_i 等于 0.25 和 0 时，模型率定等级分别为“满意”和“非常满意”。对于总磷负荷量，当 x_i 不小于 0.25 时，模型率定等级被评定为“不满意”或“及格”，只有当 x_i 等于 0 时，模型率定等级才被判定为“非常满意”。这些指标的变化范围表明，对自然规律认识的模糊性和不确定性，将导致模型精度存在一个变化范围，这对模型应用是至关重要的。

4.5　基于分布-分布的模型率定方法改进

流域水文模型模拟效果评估是非点源污染时空分布模拟乃至污染方案制定的前提和基础。因此，对模型模拟效果的合理、准确评估直接影响非点源污染模拟效果，从而对污染治理方案的制定起决定性的影响。受气候、土地利用、土壤、植被覆盖和人类活动等多种因素影响，非点源污染的变化是随机且具有不确定性的。同时，实现非点源污染模拟的机理模型是人类对自然客观规律的认识抽象化的构建，受限于认识的模糊性与不精确性，对污染的模拟存在一定的不确定性(郝芳华等，2004)，而模型中包含大量方程和数以百计的参数，受参数范围、非线性关系等因素的影响，模型率定中常出现“异参同效”现象。由此使得模型模拟值存在着不确定性。另外，对模拟的监测数据来说，受仪器系统偏差、观测者操作以及估算误差等影响，监测值也存在着不确定性。

传统的模型评估指标中，通常以单个监测值-模拟值之间的距离作为评价指标的误差项($O_i - P_i$)。当模拟不确定性和监测不确定性客观存在时，传统的评估指标计算方法所得到的唯一评估值对模型的实际效果评估就存在一定的局限性。Haan 等(1995)、Harmel 等(2007)、Chen 等(2014)对传统指标的局限性做了相应修正，提出了区间对区间的模型效果评估指标。本节在前人研究基础上进一步提出考虑监测及模拟不确定性分布的模型评估指标，以提高非点源污染模拟效果评估的全面性与可靠性。

4.5.1　模拟和监测不确定性的处理

1. 监测不确定性

鉴于目前我国对径流、泥沙和总磷监测数据测量误差的相关研究及评价标准的缺乏，本节所用到的监测不确定性主要参考美国相关文献的调研(针对美国常用测量方法和常用仪器特征参数统计得到))(Harmel et al., 2010)。考虑流量测量、样品采集、样品储存和实验室分析四个过程。

根据监测误差来源分析,计算每个来源的误差。利用均方根误差传递法计算得到径流、泥沙和总磷的总监测不确定性的范围(Harmel et al., 2009)。

本研究定量计算了三种情景下的监测不确定性大小:理想条件、典型条件和非理想条件。三种情景下的径流、泥沙及总磷的监测不确定性区间如表 4.23 所示。

表 4.23　径流、泥沙和总磷的不确定性区间(PER, %)

条件	径流	泥沙	总磷
非理想条件	36	102	221
典型条件	9	16	26
理想条件	2	2	2

赵士伟等(2007)的研究表明,大部分的测量值误差服从正态分布,因此本节中认为监测值不确定性符合正态分布,并用于后续的计算分析中。

2. 模拟不确定性

根据 SWAT-CUP 软件可得到模型模拟的不确定性区间。利用 SPSS 软件 K-S 检验及 P-P 图对模拟值进行分布检验,结果如图 4.14 所示。流量、泥沙量及总磷负荷量的正态及均匀分布均不能通过 0.05 的检验。可见,径流量、泥沙量及总磷负荷量模拟值不确定性难以通过唯一、常规的分布形式。为全面评估模型模拟不确定性对模型评估结果的影响,本节将对模拟值不确定性分布形式进行正态、均匀及对数正态分布假设。

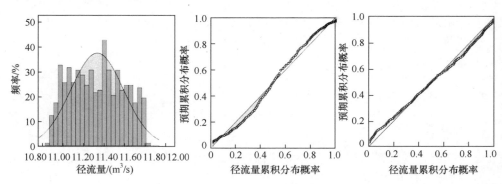

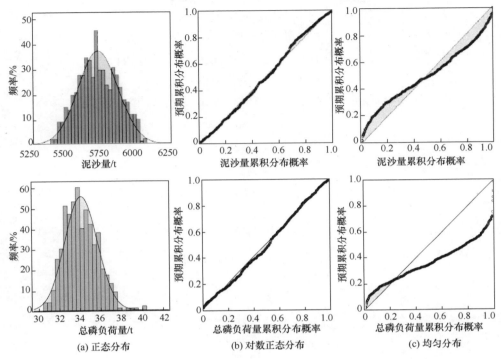

图 4.14 径流量、泥沙量及总磷负荷量的正态、对数正态及均匀分布检验图

4.5.2 基于累积分布的模型评估方法

1. 指标构建

传统的模型评估指标，包括 E_{NS}、d、RMSE 和 MAE。它们均是以模拟值与监测值的差值 $O_i - P_i$ 计算得到的模型模拟的误差序列，忽略了模型模拟值与实际监测值存在的不确定性。

本节所述方法所构建的基于累积分布的模型评估指标，是在综合考虑模拟值及监测值不确定性的基础上，用累积分布函数之间的度量距离 D 代替传统评估指标中的误差项 $O_i - P_i$，通过对评估指标进行修正实现对模型的评估。选择累积分布函数的原因是，相较于概率分布函数，累积分布函数具有单调递增、值域区间有限且可积的性质，在计算函数间的距离差时可清晰、直观地转化为函数之间的面积差。该方法的具体实现步骤如下。

(1) 确定模拟值与监测值的不确定性区间及累积概率分布形态，即分别得到包含模拟值与监测值不确定性的累积概率分布函数 $F_o(x)$、$F_p(x)$。

(2) 计算 $F_o(x)$ 与 $F_p(x)$ 之间的度量距离 D，该距离与传统点与点距离具有类似的含义，可用于表征模拟与监测之间的差异。

下面对 $F_o(x)$ 与 $F_p(x)$ 之间度量距离 D 的合理性进行证明。

D 的定义为：取集合 $A=\{f\,|\,f$ 为连续的累积概率分布函数$\}$。

对 f 作如下变化：$\forall f \in A$；记变化为 g，g 的定义如下：

(1) 若 $\exists x_1, x_2 \in R_s, tf(x)=0$ 且 $f(x)=1$，则令 $x_1 < x_2$，

$$f'(x) = \begin{cases} 0, & x < x_1 \\ f(x), & x_1 \leqslant x \leqslant x_2 \\ 1, & x > x_2 \end{cases} \tag{4.17}$$

(2) 若 $\exists x_1 \in R_s, tf(x)=0$ 且 $\exists! x_2 \in R_s, tf(x)=1$，则令

$$f'(x) = \begin{cases} 0, & x < x_1 \\ f(x), & x \geqslant x_1 \end{cases} \tag{4.18}$$

(3) 若 $\exists x_2 \in R_s, tf(x)=1$ 且 $\exists! x_1 \in R_s, tf(x)=0$，则令

$$f'(x) = \begin{cases} f(x), & x \leqslant x_2 \\ 1, & x > x_2 \end{cases} \tag{4.19}$$

(4) 若 $\exists! x_1, x_2 \in R_s$，$tf(x)=0$ 且 $f(x)=1$，则令 $f'(x)=f(x)$，于是，记 $B = \{h\,|\,h=g[f(x)]\}$，易证 h 为连续函数，易有 $B \neq \varnothing$。

在非空集合 B 上定义拓扑距离 D（即一个度量）：$D = \int_a^b |f_1 - f_2|$，其中 $a < b$；$a, b \in \mathbf{R}$，a, b 为取定的有限实数。

此处 a, b 取定的规则是在后期需要使用时，将 a, b 取尽可能离原点远。这样不用在无穷区间里进行积分，而且这种情况下的结果几乎处处与在 $\mathbf{R}$ 上积分的结果相等，即与在 $\mathbf{R}$ 上积分的结果之差可以任意小。此时 D 是有限值，即

$$\forall D \notin \left\{ D \,\middle|\, D = \int_a^b |f_1 - f_2| \mathrm{d}x, \forall f_1, f_2 \in B \right\}, \quad \exists m \in R_s, tm \geqslant D$$

于是，在上述定义下证明 (B, D) 可以组成一个拓扑空间：

(1) $B \neq \varnothing$，且 D 为映射，而且 D 是 $B \times B \to \mathbf{R}$ 上定义的映射。

(2) 正定性：

$\forall j \in B$，有 $|j_1 - j_2| = 0$，则 $D = \int_a^b |j_1 - j_2| \mathrm{d}x = 0$，则 $D(j_1, j_2) = 0$，正定性成立。

(3) 对称性：

取 $\forall j_1, j_2 \in B$，有 $|j_1 - j_2| = |j_2 - j_1|$，这是因为绝对值度量的对称性，则 $D(j_1, j_2) = D(j_2, j_1)$，对称性成立。

(4) 三角不等式：

取 $\forall j_1, j_2, j_3 \in B$，有 $|j_1 - j_3| = |j_1 - j_2 + j_2 - j_3| \leqslant |j_1 - j_2| + |j_2 - j_3|$，这是由绝对

值的三角不等式得到，于是有

$$\int_a^b |j_1 - j_3| \, dx \leqslant \int_a^b (|j_1 - j_2| + |j_2 - j_3|) dx = \int_a^b |j_1 - j_2| dx + \int_a^b |j_2 - j_3| dx$$

即 $D(j_1, j_3) \leqslant D(j_1, j_2) + D(j_2, j_3)$。

于是由上述①~④可以知道，D 为一个度量，且(B, D)形成一个合理的度量空间，则对于上述定义的 D 在 B 上具有合理性，可以用作度量。即 $F_p(x)$ 与 $F_o(x)$ 之间的距离(差异)是合理可取的，用 D 代替误差项 $O_i - P_i$ 是可取的，可用于评估指标的改进。为方便理解给出图 4.15，图中阴影部分即为拓扑距离 D 在不同情景的可视化表达。

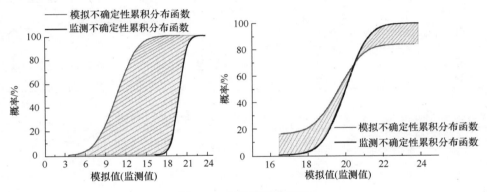

图 4.15　拓扑距离示意图

2. 结果讨论

1) 流量模拟效果评估

利用监测值和模型最佳模拟值计算得到基准适合度指标，同时计算考虑监测不确定性和模拟不确定性后得到的基于累积分布的模拟评估指标，结果如表 4.24~表 4.26 所示。从表 4.25 中可以看到，当流量监测值的不确定性区间为 9%时(典型条件)，E_{NS} 在流量模拟数据呈正态、均匀和对数正态分布的条件下分别为 0.751、0.742 和 0.751，与未考虑模拟监测不确定性时的 E_{NS}(0.736)相比，分别改善 20.380‰、8.152‰和 20.380‰。其他适合度指标(d、RMSE 和 MAE)均与 E_{NS} 有一致的变化趋势，d 改善 2.179‰~5.447‰，RMSE 改善 10.293‰~28.771‰，MAE 改善 2.717‰~26.894‰。总体而言，在同时考虑了监测和模拟数据的不确定性，用度量距离 D 代替 $O_i - P_i$ 对评估指标进行改进后，适合度指标的计算结果均有不同程度的改善，其中以 RMSE 的改善程度最大，d 的改善程度最小。这主要是因为在考虑监测和模拟数据的不确定性后，监测值与模拟值的区间扩宽，使得监测值与模拟值之差减小(对单个模拟值而言，总是计算值与其最接近的监测值之差)，从而导致计算得到的评估指标(下同)更为理想。同时，由于不同指标的计算方法不一样，使得不同指标的变化程度也不一样。对于不同的分布类型，模拟值不确定性呈对数正态分布时各指标的计算结果提高最大，正态分布次之，均匀分布的提高最小。这主要是因为均匀分布较正态分布和对数正态分布而言，在模拟值附近的取值概率较小，因此，当最佳模拟值与实际监测值相差较小时，则各适合度指标计算中的误差项值较大，从而使得适合度指标计算结果不甚理想。

表 4.24 新旧指标对流量模拟效果评估结果对比(PER=2%)

指标	点对点(基准)	正态分布		均匀分布		对数正态分布	
		分布对分布	inc/‰	分布对分布	inc/‰	分布对分布	inc/‰
E_{NS}	0.736	0.752	21.739	0.742	8.152	0.752	21.739
d	0.918	0.923	5.447	0.920	2.179	0.923	5.447
RMSE	28.953	28.079	30.187	28.654	10.327	28.073	30.394
MAE	21.715	21.102	28.229	21.654	2.809	21.099	28.367

表 4.25 新旧指标对流量模拟效果评估结果对比(PER =9%)

指标	点对点(基准)	正态分布		均匀分布		对数正态分布	
		分布对分布	inc/‰	分布对分布	inc/‰	分布对分布	inc/‰
E_{NS}	0.736	0.751	20.380	0.742	8.152	0.751	20.380
d	0.918	0.923	5.447	0.920	2.179	0.923	5.447
RMSE	28.953	28.127	28.529	28.655	10.293	28.120	28.771
MAE	21.715	21.135	26.710	21.656	2.717	21.131	26.894

表 4.26 新旧指标对流量模拟效果评估结果对比(PER=36%)

指标	点对点(基准)	正态分布		均匀分布		对数正态分布	
		分布对分布	inc/‰	分布对分布	inc/‰	分布对分布	inc/‰
E_{NS}	0.736	0.744	10.870	0.736	0	0.744	10.179
d	0.918	0.921	3.268	0.918	0	0.921	2.528
RMSE	28.953	28.553	13.815	28.975	0.760	28.539	14.323
MAE	21.715	21.773	2.671	22.277	25.881	21.766	2.331

由表 4.24 可知，当流量监测值的不确定性区间为 2%时，各流域水文模型的适合度指标变化情况同不确定性区间为 9%时一致，均有不同程度的改善。E_{NS}、d、RMSE 和 MAE 分别改善 8.152‰~21.739‰、2.179‰~5.447‰、10.320‰~30.394‰、2.809‰~28.367‰，不同适合度指标提高程度各不相同。同时，模拟

值不确定性呈对数正态分布时各指标的计算结果提高最大，正态分布次之，均匀分布最小。

值得提出的是，当流量监测值的不确定性区间为 36%时，由表 4.26 可知，各流域水文模型的适合度指标变化情况同不确定性区间 2%和 9%有所不同。可以明显看到，除 d 以外，其余适合度指标均出现评价效果降低的现象。尤其以平均绝对误差 MAE 的降低最为明显(2.331‰~25.881‰)。这在一定程度上表明，随着监测不确定性的增大，传统点对点模型率定评估指标可能会造成对模型效果的高估。

总体来说，根据以上的指标计算可以看到，对流量监测而言，无论是在理想、典型还是非理想条件下所得到的流量监测值，对模型流量模拟的影响较小，均可以较好地实现模型流量的合理模拟。

从表 4.24~表 4.26 中可以看出，在相同 PER 条件下，当流量监测值服从对数正态分布时，各适合度指标的提高程度最大；当监测值服从正态分布时，提高程度居中；当监测值呈均匀分布时最小。当不确定性区间不一致(PER 不同)时，PER 越大，对评价指标的提高程度越小。这主要是因为监测值的不确定性区间越大(PER 越大)，其极端值较大，导致此部分的模拟值与监测值之间差值越大，因此得到的评价指标提高程度低于不确定性区间小的指标；反之，当监测的不确定性区间较窄时，监测值的极端值较小，此部分模拟值与监测值之差较小，使得评价指标提高程度较大。

2) 泥沙量模拟效果评估

利用监测值和模型模拟值计算得到基准适合度指标，同时计算考虑监测不确定性和模拟不确定性后得到的适合度指标结果，如表 4.27~表 4.29 所示。从表 4.28 中可以看到，当泥沙量监测值的不确定性区间为 16%时(典型条件)，E_{NS} 在泥沙量模拟数据呈正态、均匀和对数正态分布的条件下分别为 0.657、0.661 和 0.657，与未考虑监测不确定性时的 E_{NS}(0.642)相比，分别提高了 23.364‰、29.595‰和 23.364‰，其中以均匀分布提高程度最大，对数正态分布次之，正态分布最小。适合度指标 d 和 RMSE 与 E_{NS} 有一致的变化趋势，其中，d 提高了 7.034‰~8.206‰，RMSE 提高了 24.756‰~26.273‰。与径流量适合度指标的变化趋势有所不同，在模拟值不确定性呈均匀分布时泥沙适合度指标提高程度最大。分析原因主要是因为泥沙量模拟值的真实分布与假设的正态分布和对数正态分布的匹配性较低，从而使得监测值与模拟值之差较大，适合度指标提高程度小。这表明，为更好地推广新的适合度评价指标，应该更好地获取监测值与模拟值的真实分布。适合度指标 MAE 提高了 0.469‰~19.841‰，而其变化趋势与 E_{NS} 等指标有明显不同，以对数正态分布提高程度最大，正态分布次之，均匀分布提高最小。分析原因主要是由于 MAE 指标公式中不包括平方项，与其他指标相比对极值的敏感度较低，从而对结果有一定的坦化作用。

表 4.27　新旧指标对泥沙量模拟效果评估结果对比(PER=2%)

指标	点对点(基准)	正态分布		均匀分布		对数正态分布	
		分布对分布	inc/‰	分布对分布	inc/‰	分布对分布	inc/‰
E_{NS}	0.642	0.660	28.037	0.661	29.595	0.660	28.603
d	0.853	0.860	8.206	0.860	8.206	0.860	8.206
RMSE	123113.2	120065.4	24.756	119878.4	26.275	120026.1	25.075
MAE	90135.36	88222.4	21.223	90060.81	0.827	88093.59	22.652

表 4.28　新旧指标对泥沙量模拟效果评估结果对比(PER=16%)

指标	点对点(基准)	正态分布		均匀分布		对数正态分布	
		分布对分布	inc/‰	分布对分布	inc/‰	分布对分布	inc/‰
E_{NS}	0.642	0.657	23.364	0.661	29.595	0.657	23.364
d	0.853	0.859	7.034	0.860	8.206	0.859	7.034
RMSE	123113.2	120591.8	20.480	119878.6	26.273	120553.3	20.793
MAE	90135.36	88408.23	19.162	90093.11	0.469	88347.02	19.841

表 4.29　新旧指标对泥沙量模拟效果评估结果对比(PER=102%)

指标	点对点(基准)	正态分布		均匀分布		对数正态分布	
		分布对分布	inc/‰	分布对分布	inc/‰	分布对分布	inc/‰
E_{NS}	0.642	0.551	141.745	0.545	150.090	0.437	319.215
d	0.853	0.815	44.549	0.813	46.893	0.768	98.859
RMSE	123113.2	137949.4	120.509	138772.9	127.198	154393.2	254.075
MAE	90135.36	97965.15	86.867	101148.2	122.182	105980.8	175.796

　　由表 4.27 可知,当泥沙量监测值的不确定性区间为 2%(理想条件)时,各流域水文模型的适合度指标变化情况同不确定性区间为 16%时一致,均有不同程度的提高。E_{NS}、d、RMSE 和 MAE 分别提高了 28.037‰～29.595‰、6.998‰～8.951‰、20.480‰～26.273‰和 0.469‰～19.841‰,以 E_{NS} 提高程度最大。同时,E_{NS}、d、RMSE 在模拟值不确定性呈均匀分布时提高程度最大,对数正态分布次之,正态分布最小;MAE 在模拟不确定性呈对数正态分布时提高最大,正态分布次之,均匀分布的提高最小。

　　由表 4.29 可知,当泥沙量监测值的不确定性区间为 102%(非理想条件)时,各流域水文模型的适合度指标变化情况与理想条件和典型条件均有显著的不同。所有适合度指标均出现评价效果降低的现象,尤其以 E_{NS} 的降低最为明显(142.433‰～319.215‰)。特别指出,当模拟值不确定性呈对数正态分布时,E_{NS}=0.437,不能通过 E_{NS}>0.5 的评估界限。这表明,此条件下所得的泥沙量监测值对非点源污染模拟的精度有很大的影响。较径流量而言，泥沙量监测值的可靠性对非点源污染模拟有较大的影响。

当不确定性区间不一致时，不确定性区间越大(PER 越大)，评价指标的提高程度越小，例如，当 PER 为 2%且假设模拟值不确定性呈正态分布时，评价指标 E_{NS} 提高了 27.255‰，而当 PER 等于 16%时，做相同的假设分布后 E_{NS} 提高了 22.597‰。

总体来说，根据以上的指标计算可以看到，在理想及典型条件下所得到的泥沙量监测值，对模型泥沙量模拟效果的影响较小，可以较好地用于泥沙量的率定过程。但在非理想情景下，泥沙量监测值不能实现模型泥沙量的可靠模拟。

3) 总磷负荷量模拟效果评估

利用监测数据和 SWAT-CUP 模拟值计算得到基准适合度指标，同时计算考虑监测不确定性和模拟不确定性后得到的适合度指标结果，见表4.30～表4.32所示。当总磷负荷量监测值不确定性为 2%(理想条件)时，E_{NS}、d、RMSE 和 MAE 分别改善了 34.483‰～39.591‰、7.400‰～8.457‰、124.641‰～142.056‰和 57.567‰～92.347‰；当监测值的不确定性为 26%时(典型条件)，E_{NS}、d、RMSE 和 MAE 分别改善了 7.663‰～39.591‰、1.057‰～8.457‰、26.626‰～142.095‰和 16.221‰～92.078‰；当监测值不确定性为 221%(非理想条件)时，E_{NS}、d、RMSE 和 MAE 则出现较传统点对点评估值效果降低的现象，分别降低了 975.734‰～1092.5‰、211.416‰～225.48‰、3690.44‰～3936.76‰和 911.711‰～931.942‰。在不确定性区间一致情况下：PER=2%和 PER=26%时，所有适合度指标在模拟值呈均匀分布时改善最大，呈正态分布时改善最小。PER=221%时，所有适合度指标均呈降低趋势，且均在模拟值呈均匀分布时降低程度最小；除 MAE 外，在对数正态分布时降低程度最大，MAE 在正态分布时降低程度最大。均匀分布时，各评估指标在PER=2%和PER=26%时改变程度几乎一致；在不确定性区间不一致时，随总磷负荷量不确定性区间增大(PER 取值越大)，模拟结果各评价指标的改善程度减小，例如，当PER=2%时，对模拟值进行正态分布假设后，E_{NS}改善了34.589‰，而当PER=26%时，对模拟值进行相同的分布假设后，E_{NS}改善了7.389‰。

表 4.30　新旧指标对总磷负荷量模拟效果评估结果对比(PER=2%)

指标	点对点(基准)	正态分布		均匀分布		对数正态分布	
		分布对分布	inc/‰	分布对分布	inc/‰	分布对分布	inc/‰
E_{NS}	0.783	0.810	34.483	0.814	39.591	0.812	37.455
d	0.946	0.953	7.400	0.954	8.457	0.953	7.730
RMSE	11409207	9987155	124.641	9788466	142.056	9869354	134.966
MAE	2955.262	2785.136	57.567	2682.352	92.347	2747.011	70.4679

表 4.31　新旧指标对总磷负荷量模拟效果评估结果对比(PER=26%)

指标	点对点(基准)	正态分布		均匀分布		对数正态分布	
		分布对分布	inc/‰	分布对分布	inc/‰	分布对分布	inc/‰
E_{NS}	0.783	0.789	7.663	0.814	39.591	0.791	10.459
d	0.946	0.947	1.057	0.954	8.457	0.948	2.159
RMSE	11409207	11105425	26.626	9788013	142.095	10979205	37.689
MAE	2955.262	2907.326	16.221	2683.146	92.078	2900.041	18.686

表 4.32　新旧指标对总磷负荷量模拟效果评估结果对比(PER=221%)

指标	点对点(基准)	正态分布		均匀分布		对数正态分布	
		分布对分布	inc/‰	分布对分布	inc/‰	分布对分布	inc/‰
E_{NS}	0.783	0.056	928.480	0.019	975.734	0.072	1092.5
d	0.946	0.737	220.930	0.746	211.416	0.733	225.48
RMSE	11409207	55453488	3860.42	53514240	3690.44	56324523	3936.76
MAE	2955.262	5709.393	931.942	5649.607	911.711	5685.957	924.011

　　总体来说，根据以上的指标计算可以看到，在理想及典型条件下所得到的总磷负荷量监测值，对模型模拟的影响较小，该条件下所得到的监测值可以较好地实现泥沙量的合理模拟。但在非理想情景下，考虑监测及模拟不确定性下，总磷评估指标出现大幅度降低的现象，表明非理想条件下的总磷负荷量监测值不能实现总磷污染的可靠模拟。

4.5.3　基于蒙特卡罗抽样的模型评估方法

　　考虑监测及模拟不确定性的模型评估方法能够更为全面、合理地实现对模型效果的评估。但是，其具有一定的局限性，难以实现离散或难以假设分布的不确定性情景的处理。基于此缺陷，下面提出基于蒙特卡罗抽样的模型评估方法。

1. 方法构建

　　蒙特卡罗方法又称随机模拟方法、随机抽样技术或统计试验方法。该方法的基本思路是，首先建立一个随机过程(概率模型)，使它的参数等于问题的解；其次，通过对过程(模型)的观察或抽样计算所求参数的统计特征；最后给出所求解的近似值。

目前，随着计算机计算能力的提高，越来越多的实际问题通过蒙特卡罗方法得到解决。常见的应用蒙特卡罗方法解决的问题类型主要包括以下几类：

(1) 对求解问题建立简单而又便于实现的概率统计模型，使所求的解恰好是所建立过程的概率分布或数学期望。

(2) 根据概率统计模型的特点和计算实践的需要，尽量改进模型，以便减小方差和降低费用，提高计算效率。

(3) 建立对随机变量的抽样方法，其中包括建立产生伪随机数的方法和建立对所遇到的分布产生随机变量的随机抽样方法。

(4) 给出获得所求解的统计估计值及其方差或标准差的方法。

基于本节的目的，即得到考虑模拟及监测不确定性的模型模拟评估值，本方法将利用蒙特卡罗方法可对所遇到的分布产生随机变量的特点，即上述常见应用内容(3)，实现对模拟值与监测值不确定性分布的抽样，通过两个随机过程巧妙地恰当地处理了模拟与监测不确定性。相较于基于累积分布的模型评估方法，基于蒙特卡罗抽样的模型评估方法能够处理监测及模拟不确定性为离散分布的情景。同时，可得到模型模拟效果的风险概率。

该方法的具体步骤如图 4.16 所示。

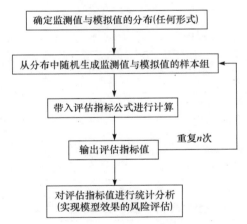

图 4.16　基于蒙特卡罗方法的评估值计算流程

(1) 确定模拟值与监测值的不确定性区间及取值情况，即分别确定包含监测值与模拟值的分布函数 $f_o(x)$、$f_p(x)$，该分布函数可为连续、离散两种形式。

(2) 利用蒙特卡罗抽样方法，为提高效率可采用拉丁超立方抽样，对 $f_p(x)$ 与 $f_o(x)$ 同时抽样，获取样本组。

(3) 将抽样得到的若干组随机样本值代入评估指标公式中进行计算。为了使所得结果较为普适，选择 E_{NS} 作为评估指标。

(4) 对所得的若干组评估指标进行统计分析，表征评估值不确定性大小，验证传统评估值的有效性。

本节中，蒙特卡罗抽样过程利用水晶球作为辅助软件实现。需要注意的是，变量的概率分布和变量的抽样次数是应用蒙特卡罗方法需要考虑的两个重要因素。因此，首先分别随机生成 100 组、500 组、1000 组、2000 组、5000 组监测值（O_i）和模拟值（P_i）的样本组，代入评估指标 E_{NS} 进行计算，并对流量、泥沙量、总磷负荷量的 E_{NS} 结果进行统计分析，确定合理的抽样次数，统计结果详见表 4.33～表 4.41。

表 4.33　不同分布及模拟次数下流量评估指标计算结果统计表(PER=2%)

模拟次数	正态分布			均匀分布			对数正态分布		
	平均值	标准差	变异系数	平均值	标准差	变异系数	平均值	标准差	变异系数
100	0.731	0.004	0.006	0.740	0.005	0.007	0.736	0.004	0.005
500	0.736	0.004	0.005	0.740	0.005	0.006	0.737	0.003	0.005
1000	0.738	0.004	0.005	0.742	0.005	0.006	0.736	0.004	0.005
2000	0.737	0.004	0.005	0.742	0.005	0.006	0.736	0.004	0.005
5000	0.737	0.004	0.005	0.741	0.005	0.006	0.737	0.004	0.005

表 4.34　不同分布及模拟次数下流量评估指标计算结果统计表(PER=9%)

模拟次数	正态分布			均匀分布			对数正态分布		
	平均值	标准差	变异系数	平均值	标准差	变异系数	平均值	标准差	变异系数
100	0.737	0.009	0.012	0.744	0.009	0.012	0.736	0.014	0.019
500	0.734	0.009	0.012	0.733	0.010	0.014	0.731	0.010	0.013
1000	0.734	0.010	0.013	0.736	0.010	0.013	0.735	0.010	0.014
2000	0.734	0.009	0.013	0.738	0.010	0.013	0.732	0.010	0.013
5000	0.733	0.010	0.013	0.737	0.010	0.013	0.733	0.010	0.013

表 4.35　不同分布及模拟次数下流量评估指标计算结果统计表(PER=36%)

模拟次数	正态分布			均匀分布			对数正态分布		
	平均值	标准差	变异系数	平均值	标准差	变异系数	平均值	标准差	变异系数
100	2.418	0.084	0.035	0.050	0.008	0.167	0.243	0.006	0.023
500	0.078	0.027	0.347	1.086	0.011	0.010	0.449	0.008	0.019
1000	0.578	0.032	0.055	0.824	0.012	0.014	0.713	0.011	0.015
2000	0.683	0.032	0.047	0.748	0.010	0.013	0.730	0.010	0.013
5000	0.693	0.033	0.048	0.737	0.010	0.013	0.737	0.010	0.013

表 4.36 不同分布及模拟次数下泥沙量评估指标计算结果统计表(PER=2%)

模拟次数	正态分布			均匀分布			对数正态分布		
	平均值	标准差	变异系数	平均值	标准差	变异系数	平均值	标准差	变异系数
100	0.637	0.022	0.035	0.656	0.031	0.047	0.641	0.020	0.031
500	0.641	0.020	0.031	0.655	0.030	0.046	0.642	0.017	0.026
1000	0.643	0.019	0.029	0.657	0.029	0.043	0.641	0.018	0.028
2000	0.642	0.019	0.030	0.657	0.029	0.044	0.642	0.018	0.028
5000	0.642	0.019	0.030	0.657	0.029	0.044	0.642	0.019	0.029

表 4.37 不同分布及模拟次数下泥沙量评估指标计算结果统计表(PER=16%)

模拟次数	正态分布			均匀分布			对数正态分布		
	平均值	标准差	变异系数	平均值	标准差	变异系数	平均值	标准差	变异系数
100	0.645	0.022	0.034	0.659	0.030	0.045	0.642	0.026	0.041
500	0.640	0.024	0.037	0.650	0.033	0.051	0.637	0.025	0.039
1000	0.639	0.025	0.039	0.652	0.033	0.050	0.640	0.036	0.057
2000	0.640	0.025	0.038	0.654	0.032	0.049	0.637	0.025	0.038
5000	0.638	0.025	0.039	0.653	0.032	0.049	0.638	0.024	0.038

表 4.38 不同分布及模拟次数下泥沙量评估指标计算结果统计表(PER=102%)

模拟次数	正态分布			均匀分布			对数正态分布		
	平均值	标准差	变异系数	平均值	标准差	变异系数	平均值	标准差	变异系数
100	1.443	0.615	0.426	0.030	0.341	11.537	0.140	0.293	2.098
500	0.050	0.260	5.166	0.638	0.434	0.680	0.258	0.441	1.709
1000	0.378	0.309	0.818	0.484	0.478	0.987	0.467	0.572	1.224
2000	0.440	0.313	0.713	0.440	0.398	0.906	0.415	0.502	1.210
5000	0.446	0.320	0.717	0.433	0.396	0.914	0.424	0.514	1.213

表 4.39 不同分布及模拟次数下总磷负荷量评估指标计算结果统计表(PER=2%)

模拟次数	正态分布			均匀分布			对数正态分布		
	平均值	标准差	变异系数	平均值	标准差	变异系数	平均值	标准差	变异系数
100	0.765	0.034	0.045	0.780	0.037	0.048	0.771	0.033	0.043
500	0.771	0.032	0.041	0.780	0.036	0.046	0.772	0.028	0.037
1000	0.773	0.029	0.038	0.782	0.034	0.044	0.771	0.030	0.039
2000	0.772	0.030	0.039	0.782	0.035	0.044	0.771	0.030	0.039
5000	0.771	0.030	0.039	0.781	0.035	0.045	0.772	0.031	0.040

表 4.40　不同分布及模拟次数下总磷负荷量评估指标计算结果统计表(PER=26%)

模拟次数	正态分布			均匀分布			对数正态分布		
	平均值	标准差	变异系数	平均值	标准差	变异系数	平均值	标准差	变异系数
100	0.750	0.049	0.065	0.755	0.073	0.097	0.749	0.058	0.077
500	0.745	0.052	0.070	0.744	0.081	0.109	0.744	0.054	0.073
1000	0.744	0.055	0.074	0.747	0.080	0.106	0.747	0.080	0.106
2000	0.745	0.054	0.073	0.749	0.078	0.104	0.744	0.054	0.072
5000	0.743	0.054	0.073	0.748	0.079	0.105	0.746	0.054	0.072

表 4.41　不同分布及模拟次数下总磷负荷量评估指标计算结果统计表(PER=221%)

模拟次数	正态分布			均匀分布			对数正态分布		
	平均值	标准差	变异系数	平均值	标准差	变异系数	平均值	标准差	变异系数
100	0.348	2.214	6.362	0.010	1.068	104.112	0.051	0.752	14.614
500	0.012	0.937	77.161	0.221	1.358	6.135	0.095	1.131	11.906
1000	0.091	1.114	12.224	0.168	1.496	8.907	0.172	1.467	8.529
2000	0.106	1.118	10.543	0.153	1.246	8.172	0.148	1.293	8.737
5000	0.108	1.153	10.716	0.150	1.240	8.249	0.156	1.318	8.449

　　可以看到，应用蒙特卡罗方法模拟 100～5000 次的过程中，随着模拟次数的增加，流量、泥沙量和总磷负荷量评估指标的平均值、标准差及变异系数均逐渐趋于稳定，模拟次数在 2000 次之后，评估指标的均值、标准差及变异系数的差异均在 1% 以内。因此，在计算效率的可接受的范围内，本节在各分布情景下设置抽样次数为 5000 次，对应获得的 5000 组监测值和模拟值将作为后续评估指标(E_{NS})计算的输入。

　　2. 结果讨论

　　1) 流量模拟效果评估

　　在考虑流量监测不确定性及模型模拟不确定性情景下，所得的基于蒙特卡罗抽样计算的流量模拟效果评估结果(E_{NS} 为评价指标)，如图 4.17(a)～(c)，其分别为流量模拟不确定性呈正态、均匀、对数正态分布时所得的计算结果。

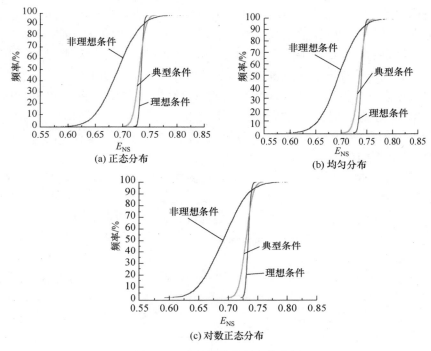

图 4.17 流量评估值累积分布图

由图可以看到，三种不同的分布假设所得到的评估指标具有趋势较为一致的累积分布曲线。由表 4.33～表 4.35 可看到，在不同监测不确定性条件下，评估指标平均值范围为 0.050～2.418，标准差为 0.003～0.084，变异系数为 0.005～0.167。将各情景下所得评估指标平均值与传统计算方法得到的评估值(E_{NS}=0.736)作比较可知，采用典型及非理想条件下所得的流量监测值进行模型径流模拟评估时，传统的评估指标计算方法对模拟效果的评估效果有高估的可能。另外，可以看到，随不确定性的增大(PER 增大)，评估指标的标准差、变异系数和平均值都呈变大趋势，由此表明：随着不确定性的增大，模型评估效果逐渐变差。

为了去除噪声的影响，将排名前 2.5%和排名后 97.5%的计算值去掉，得到评估值 95%的置信区间。所得结果显示，在监测不确定性 PER=2%时(理想条件)，E_{NS} 下限为 0.73，上限在正态分布和对数正态分布时为 0.74，均匀分布时为 0.75；监测不确定性 PER=9%时(典型条件)，E_{NS} 下限为 0.71，上限在正态分布和对数正态分布时为 0.75，均匀分布时为 0.76；监测不确定性 PER=36%时(非理想条件)，E_{NS} 下限均为 0.63，上限均为 0.79。易见，在分布假设相同的条件下，随着监测值不确定性的增大，评估指标值的 95%区间也逐渐增大，由此表明：监测值的准确度对模型评估的精确度有正相关的影响。

当模拟值不确定性呈不同分布时，评估值的计算结果差异较小。但具体而言，均匀分布假设所得到的评估指标范围较正态分布和对数正态分布更宽；并且分析指标计算结果的分布情况可以看到，均匀分布假设情景下评估值更多地集中于高值。例如，以传统率定方法所得 E_{NS}=0.736 作为基准，当 PER=2%时，正态、均匀及对数正态分布得到的 E_{NS}>0.736 的概率分别为 63.5%、89.7%和 64.5%；当 PER=9%时，正态、均匀及对数正态分布得到的 E_{NS}>0.736 的概率分别为 40.9%、58.1%和 40.9%；当 PER=36%时，正态、均匀及对数正态分布得到的 E_{NS}>0.736 的概率则分别为 10.6%、11.8%和 10.6%。

总的说来，由计算结果可知，在流量监测值不确定性理想与非理想情况下，E_{NS} 的差异达到 0.24，但均大于 0.5。可以说，流量监测值的不确定性对模型模拟结果的效果影响程度较小。在模型率定验证过程中，即使是采用非理想条件下所得的流量监测值，仍可较好地实现对模型的校正与合理评估。

2) 泥沙量模拟效果评估

同时考虑泥沙量监测不确定性及模型模拟不确定性时，所得的 E_{NS} 分布情况如图 4.18(a)～(c)所示，其分别为泥沙量模拟不确定性呈正态、均匀、对数正态分布时的结果。由图可见，均匀分布所得到的评估指标累积分布坡度较缓，在监测不确定性 PER=102%时，不同分布假设的累积分布趋势差异较大。由表 4.36～表 4.38

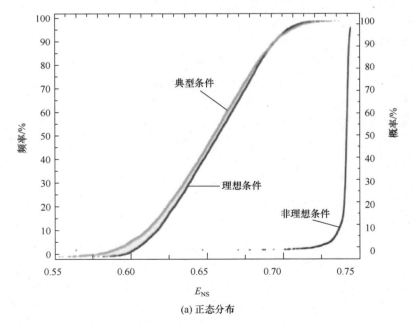

(a) 正态分布

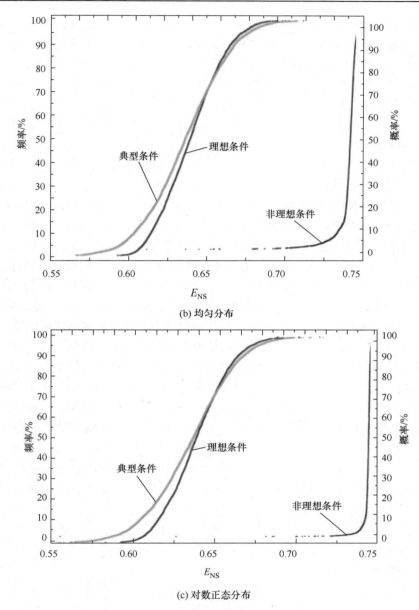

(b) 均匀分布

图 4.18　泥沙量评估值累积分布图

可知，在不同监测不确定性条件下，评估平均值变化范围为 0.378~1.443，标准差为 0.022~0.029，变异系数为 0.038~5.166。

　　具体来说，在理想条件下，当同时考虑监测值和模拟值不确定性时，E_{NS} 的最小值与最大值分别为 0.58、0.73，差异达到 0.15，但均大于 0.5；在典型条件下，

E_{NS} 对最小值与最大值分别为 0.55、0.74，也均通过 $E_{NS} > 0.5$ 的检验。可以判断，在理想及典型条件下所得到的泥沙监测值可有效地运用在模拟率定中，其率定结果可靠有效。然而，在非理想条件下，泥沙监测不确定性 PER=102% 时，在假设模拟不确定性为正态、均匀及对数正态分布下，其评估指标 $E_{NS} > 0.5$ 的概率分别为 70.9%、72.3% 和 66.1%，这表明，若将在非理想条件下所得到的监测值用于泥沙的非点源污染模拟中，其所得模拟结果与实际的情况将存在较大偏差，不能实现模型的准确评估。

　　分析不同不确定性条件下所得评估值的 95% 区间情况。当监测不确定性 PER=2% 时(理想条件)，正态、均匀及对数正态分布得到的 E_{NS} 的 95% 置信区间下限分别为 0.61、0.60 和 0.61，上限分别为 0.69、0.70 和 0.69；当监测不确定性 PER=16% 时(典型条件)，E_{NS} 下限均为 0.59，上限分别为 0.69、0.71 和 0.68；当监测不确定性 PER=102% 时(非理想条件)，E_{NS} 下限分别约为 0.31、0.53 和 0.28，上限分别为 0.67、0.68 和 0.66。可以看到，与径流类似，在分布假设相同的条件下，随监测不确定性增大，95% 置信区间增大，评估指标的可靠性降低。同时，泥沙量对应的 95% 区间大于径流量，这表明泥沙量模拟评估的不确定性大于径流量模拟。

　　在不同分布条件下，与径流量类似，均匀分布假设所得到的评估指标范围较正态分布和对数正态分布更宽且更多地集中于高值数据区。例如，以传统率定方法所得 $E_{NS}=0.642$ 作为基准，当 PER=2% 时，正态、均匀及对数正态分布得到的 $E_{NS} > 0.642$ 的概率分别为 50.1%、67.2% 和 49.6%；当 PER=16% 时，正态、均匀及对数正态分布得到的 $E_{NS} > 0.642$ 的概率分别为 45.5%、63.8% 和 46.5%；当 PER=102% 时，正态、均匀及对数正态分布得到的 $E_{NS} > 0.642$ 的概率则分别为 6.3%、8.1% 和 4.3%。

　　总的来说，综合以上分析可知，泥沙量监测的不确定性对泥沙量模拟效果的影响程度大于径流量模拟。理想及典型条件下获得的监测数据可以较好地用于传统方法的模型率定验证中；而非理想条件下的监测数据，对模型模拟评估会有较大的偏差，不能实现模型的准确评估。所得结论与基于累积分布的模型评估方法一致。

　　3) 总磷负荷量模拟效果评估

　　同时考虑总磷负荷量监测不确定性及模型模拟不确定性时，所得的 E_{NS} 分布情况如图 4.19(a)～(c)所示，其分别为总磷负荷量模拟不确定性呈正态、均匀、对数正态分布时的结果。由图可见，不同分布假设所得到的评估指标累积分布差异较径流量与泥沙量更大。由表 4.39～表 4.41 可知，在不同监测不确定性条件下，评估平均值变化范围为 0.012～0.772，标准差为 0.029～2.214，变异系数为 −77.161～0.038。将各情景下所得评估指标平均值与传统计算方法得到的评估值 ($E_{NS}=0.783$) 作比较可知，新方法所得的评估指标平均值均小于传统计算方法。这表明传统的评估方法对总磷负荷量的评估较径流量和泥沙量有更大的高估模拟效果的可能性。当总磷负荷量监测值为非理想条件下(PER=221%)测得时，新方法所得平均值为–0.156～0.108，不能通过 E_{NS}=0.5 的模型有效评估线。具体来说，在理想条件下，同时考虑监测值和模拟值不确定性情况下，E_{NS} 最小值为 0.63，大于 0.5；在典型条件下，评估指标 E_{NS} 的最小值为 0.55，大于 0.5。这表明，在理

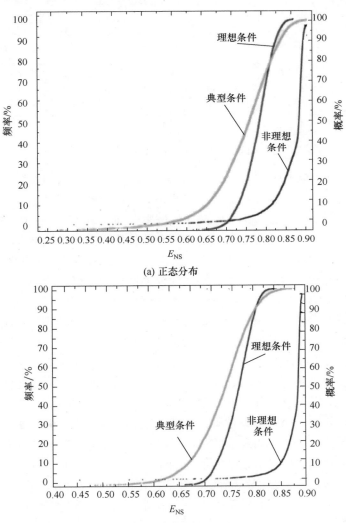

(a) 正态分布

(b) 均匀分布

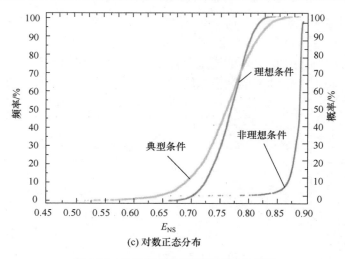

(c) 对数正态分布

图 4.19 总磷负荷量评估值累积分布图

想及典型监测条件下所得到的总磷负荷量监测值可有效地运用在模拟率定中，实现模型的合理率定。在非理想条件下，当模拟不确定性分布呈正态、均匀及对数正态分布情景下，其评估指标 $E_{NS}>0.5$ 的概率分别为 19.0%、25.1% 和 17.2%，可以判断，在非理想条件下监测所得的总磷负荷量不能满足模型率定的基本要求。若将此条件下所得到的监测值用于总磷的非点源污染模拟中，其所得结果与实际的情况可能存在较大偏差，难以准确判断模型模拟的效果。

分析不同监测不确定性情况下所得评估值的 95% 区间情况。当监测不确定性 PER=2%时(理想条件)，正态、均匀分布得到的 E_{NS} 的 95%置信区间下限均为 0.71，对数正态分布时的下限为 0.69，上限则分别为 0.82、0.84 和 0.81；当监测不确定性 PER=26%时(典型条件)，正态和对数正态分布得到的 E_{NS} 下限为 0.62，上限为 0.83，均匀分布时的下限为 0.55，上限为 0.86；当监测不确定性 PER=221%时(非理想条件)，E_{NS} 下限分别为–3.10、–3.27 和–3.01，上限分别达 0.67、0.72 和 0.67。可以看到，在相同分布假设条件下，随监测不确定性增大，95%置信区间增大，评估指标的可靠性降低。相较于径流量及泥沙量，总磷负荷量评估值的 95%区间更宽，表明总磷负荷量评估结果的不确定性大于径流量及泥沙量。

在不同分布条件下，总磷负荷量的评估指标范围在均匀分布假设条件下更宽，且更多地集中于高值。例如，以传统率定方法所得 E_{NS}=0.783 作为基准，当 PER=2%时，正态、均匀及对数正态分布得到的 $E_{NS}>0.783$ 的概率分别为 39.8%、52.9% 和 20.9%；当 PER=26%时，正态、均匀及对数正态分布得到的 $E_{NS}>0.783$ 的概率分别为 23.7%、36.5%和 24.9%；当 PER=221%时，正态、均匀及对数正态分布得到的 $E_{NS}>0.783$ 的概率则分别为 0.3%、0.9%和 0.3%。

总的来说，监测的不确定性对总磷负荷量模拟效果的影响程度大于泥沙量及径流量模拟。理想及典型条件下获得的监测数据可以较好地用于传统方法的模型率定验证中；而将非理想条件下的监测数据用于模型评估，存在较大的偏差，不能实现模型的准确评估。所得结论与基于累积分布的模型评估方法一致。

4.6　本章小结

传统的模型率定是基于模拟值和观测值点对点的拟合实现的，但模型模拟不确定性和监测不确定性是客观存在的，传统模型率定方法未充分考虑模型模拟值和观测值的不确定性，降低了模型构建的可靠性。本章针对传统模型率定方法的缺点，构建了基于点-区间、区间-区间、分布-分布三种模型率定方法，主要结论如下。

(1) 径流、泥沙、水质观测数据不确定性是客观存在的，主要来源为流量测量、样品采集、样品储存和实验室分析；在系统分析误差来源的基础上，本章给出了非理想条件、典型条件、理想条件下径流量、泥沙量、水质观测数据的误差范围。

(2) 仅考虑观测值误差范围时，本章提出了基于误差项 e_i 修正的点-区间模型率定方法，这种方法可探讨单一不确定性来源对于模型率定结果的影响，但由于影响模型结果的不确定性来源较多，无法综合考虑监测和模拟不确定性，建议作为不确定性情景下模型率定的定性分析方法。

(3) 当可获取模型和观测不确定性误差范围时，本章提出了一种基于区间-区间的模型率定方法；与传统方法对比，IDA 同时考虑了模拟不确定性和监测不确定性。案例研究表明，IDA 能够更准确地分辨不确定性来源、大小以及解决途径，从而提高了模型模拟的准确性。

(4)当可精准获取模型和观测不确定性分布特征时，构建了一种基于累积分布的模型率定方法；同时考虑到难以实现离散或难以假设分布的不确定性情景的处理，提出了一种基于蒙特卡罗抽样的模型评估方法，进而形成了一套相对完整的不确定性情景下的模型率定方法。

参 考 文 献

郭生练. 2000. 水库调度综合自动化系统[M]. 武汉:武汉水利电力大学出版社.

郝芳华, 任希岩, 张雪松, 等. 2004. 洛河流域非点源污染负荷不确定性的影响因素[J]. 中国环境科学, 24(3): 270-274.

郝改瑞, 李家科, 李怀恩, 等. 2018. 流域非点源污染模型及不确定分析方法研究进展[J]. 水力发电学报, 37(12):56-66.

赵士伟，王洁行. 2007. 测量误差与测量不确定度[J].气象水文海洋仪器,(4): 32-34.

Abbaspour K C, Yang J, Maximov I, et al. 2007. Modelling hydrology and water quality in the pre-alpine/alpine Thur watershed using SWAT[J]. Journal of Hydrology, 333(2-4): 413-430.

Caeal. 2003. Policy on the estimation of uncertainty of measurement in environmental testing[R]. Ontario: Canadian Association For Environmental Analytical Laboratories Available.

Carter R W, Davidian J. 1989. General procedure for gaging streams[R]. Washington DC: Techniques of Water-Resources Investigations of the United States Geological Survey.

Chen L, Shen Z, Yang X, et al. 2014. An interval-deviation approach for hydrology/water quality model evaluation[J]. Journal of Hydrology, 509: 207-214.

Cuadros Rodriguez L, Hernandez Tores M E, Almansa L E, et al. 2002. Assessment of uncertainty in pesticide multiresidue analytical methods: Main sources and estimation[J]. Analytica Chimica Acta, 454(2): 297-314.

Ging P. 1999.Water-quality assessment of south-central Texas: Comparison of water quality in surface-water samples collected manually and by automated samplers[R]. Washington DC: USGS.

Haan C T, Allred B, Storm D E, et al. 1995. Statistical procedure for evaluating hydrologic/water quality models[J]. Transactions of the ASABE, 38(3): 725-733.

Haan C T. 2002.Statistical Methods in Hydrology[M]. Ames: Iowa State Press.

Harmel R D, King K W, Slade R M. 2003. Automated storm water sampling on small watersheds[J]. Applied Engineering in Agriculture, 19(6): 667-674.

Harmel R D, Cooper R J, Slade R M, et al. 2006. Cumulative uncertainty in measured streamflow and water quality data for small watersheds[J]. Transactions of the ASABE, 49(3): 689-701.

Harmel R D, Smith P K. 2007. Consideration of measurement uncertainty in the evaluation of goodness-of-fit in hydrologic and water quality modeling[J]. Journal of Hydrology, 337(3-4): 326-336.

Harmel R D, Smith D R, King K W, et al. 2009. Estimating storm discharge and water quality data uncertainty: A software tool for monitoring and modeling applications[J]. Environmental Modelling & Software, 24(7): 832-842.

Harmel R D, Smith P K, Migliaccio K W. 2010. Modifying goodness-of-fit indicators to incorporate both measurement and model uncertainty in model calibration and validation[J]. Transactions of the ASABE, 55(1): 55-63.

Haygarth P M, Ashby C D, Jarvis S C. 1995. Shortterm changes in the molybdate reactive phosphorus of stored waters[J]. Journal of Environmental Quality, 24(6): 1133-1140.

Jarvie H P, Withers P J A, Neal C. 2002. Review of robust measurement of phosphorus in river water: Sampling, storage, fractionation, and sensitivity[J]. Hydrology and Earth System Science, 6(1): 113-132.

Kavetski D, Kuczera G, Franks S W. 2006. Calibration of conceptual hydrological models revisited: 1. Overcoming numerical artefacts[J]. Journal of Hydrology, 320: 173-186.

Kotlash A R, Chessman B C. 1998. Effects of water sample preservation and storage on nitrogen and phosphorus determinations: Implications for the use of automated sampling equipment[J]. Water

Resource, 32(12): 3731-3737.

Moriasi D, Arnold J, Van Liew M, et al. 2007. Model evaluation guidelines for systematic quantification of accuracy in watershed simulations[J]. Transactions of the ASABE, 50(3): 885-900.

Romano G, Abdelwahab O M M, Gentile F. 2018. Modeling land use changes and their impact on sediment load in a Mediterranean watershed[J]. Catena, 163: 342-353.

Shen Z, Chen L, Liao Q, et al. 2012. Impact of spatial rainfall variability on hydrological and nonpoint source pollution modeling[J]. Journal of Hydrology,(472-473): 205-215.

Volk M, Bosch D, Nangia V, et al. 2016. SWAT: Agricultural water and nonpoint source pollution management at a watershed scale[J]. Agricultural Water Management, 175: 1-3.

第5章 不确定情景下非点源污染控制方法

BMP 是防治或减轻非点源污染最有效和最实际的控制方法, 主要用来控制流域内污染物的产生和运移, 防止污染物进入水体。措施实施前和实施后进行科学系统的监测是评估措施去除效果最准确的方式, 但是由于气象条件、地形特征和土壤属性等在流域间或流域内的高度空间异质性, BMPs 的去除效率通常呈现出其固有的不确定性。Gitau 等(2005)报道了等高条状种植对磷负荷量的削减率区间为 8%~93%。BMPs 去除效率的变化浮动对其实施方案的最终效果产生了显著的不确定性, 不确定性致使在满足水质控制要求的过程中存在着水质不达标的隐患。Dodd 等(2016)强调在未考虑 BMPs 效果不确定时的 "意外后果(unintended consequences)", 并指出如若在 BMPs 实际施工前未全面预测不确定性的影响, 实现北美五大湖农业流域支流的水污染防控将是 "无的放矢(shot in the dark)", 并会加大潜在的富营养化风险。Ni 等(2018)采用保护耕作措施, 相对于传统措施对于径流的削减达到53%, 同时, 保护耕作措施的使用也降低了累积性泥沙、总氮、总磷的产量, 相似结论在其他研究中也有所提及(Sharpley et al., 1994; Tuppad et al., 2010)。目前仍存在一些问题: ①BMPs 效果大多采用固定的削减效率, 关于 BMPs 不确定性的研究较少; ②BMPs 组合方案缺乏对措施不确定性的考虑, 导致目前方案的鲁棒性不强; ③流域水环境管理方案少有针对非点源污染不确定性的考虑, 水质超标风险较高。

因此, 本章研究的目的在于: ①系统分析措施效果的不确定性来源, 阐述措施效果对措施特征参数不确定性的响应; ②识别不同类型场次事件对措施去除率不确定性的影响; ③在措施效果不确定性分析的基础上, 将措施效果作为不确定性的随机变量引入空间优化设计中, 构建多场次事件的 BMPs 不确定性优化方法; ④认识不同靶标方案对 BMPs 最优配置的影响, 为决策者提供更多的偏好选择。

5.1 BMPs 效果不确定性

5.1.1 BMPs 效果不确定性的量化

考虑到次降雨过程模拟的需要, 采用流域水文模型 HSPF 模型对设施效果不确定性进行量化。

对于营养物在陆面上的产生和传输，通常伴随着降雨产流过程，与场次降雨事件密切相关。HSPF 模型认为降雨对地面的冲撞是污染物脱离土壤的动力，且径流是污染物陆面迁移进入水体的动力。模型主要通过 PQUAL 模块针对透水地面下的污染物迁移进行模拟，污染物的形态也被划分为溶解态和吸附态，并通过以下四种形式模拟其传输：①污染物质的成分受泥沙过程的直接影响，即潜在因素法(QUALSD)；②污染物质在陆面积累，通过地表径流以一阶速率消减(QUALOF)；③污染物质存在于壤中流中并随之入河(QUALIF)；④污染物质存在于基流中并随之进入河道(QUALGW)。而在非透水陆面下，HSPF 模型通过 IQUAL 模块进行污染物模拟，仅考虑传输形式①和②。

吸附于泥沙上的污染物的陆面传输，主要是通过用户定义的动能系数(potency factors)来表征，即吸附量占据泥沙量的比例。对于每种营养物需要设置两种动能系数：①地表径流冲刷分离泥沙的动能系数(POTFW)；②地表径流冲刷土壤基质的动能系数(POTFS)。溶解性污染物通过地表径流的传输被 HSPF 模型概化为堆积和冲刷，即采用了污染物在非透水陆面常用模拟思路：在干燥期，灰尘污垢和污染物在陆面上进行累积(build-up)；当降雨发生，一部分或全部的堆积污染物被地表径流冲刷(wash-off)，此过程在一年中重复循环进行。HSPF 模型认为堆积过程是线性的，最大堆积量(SQOLIM)和堆积速率(ACQOP)是最为重要的两个输入参数；冲刷过程由指数型方程表示，冲刷速率受到地表径流、污染物初始蓄积量和每小时冲刷 90%污染物量的径流深(WSQOP)的综合控制。壤中流和基流作为贡献入河径流中污染物的另两个重要来源，HSPF 模型允许用户设置月际间不同的浓度值作为模型的输入。污染物通过四种传输途径汇入至 RCHRES 模块中进行河道内的污染物传输演算。RCHRES 模块可以模拟一系列与溶解性营养物相关的衰减过程。本节运用 HSPF 模型时选择了一阶衰减方程。吸附于泥沙表面的营养物会进行释放，溶解于水体中，反之，溶解性营养物也会吸附于泥沙表面，两种过程在一定的水动力条件下达到动态平衡。

针对非点源污染物(悬浮泥沙 SSC、总氮 TN 和总磷 TP)，小流域场次模拟下的采样方案必须反映完整的次降雨产流过程，设计方案如下：采样点选址于张家冲小流域出口控制站处，在降雨发生之后且产流之前，取基流水样 1 次；在产流发生时，采集水样 1 次；之后的第 1 个小时内，每隔 15min 采集水样 1 次；之后的第 2 个小时内，每隔 30min 采集水样 1 次；此后每隔 1h 采集水样 1 次，当控制站水位趋于平缓时，停止采样。

选取 4 场降雨事件用于场次事件下的 SSC、TN 和 TP 模型率定，选取 4 场降雨事件用于模型验证，率定期与验证期中的降雨事件均包含不同的降雨等级，以保证构建的模型具有广泛的适用性。营养物参数基本信息见表 5.1。在率定期，编号为 1、2、3 和 6 的降雨事件，其类型分别为大暴雨、大雨、大雨和中雨。在参数率定过程中，发现并不能找到一套参数可以适用于不同级别的降雨事件，因此针对率定期中三类事件共得到三套参数组；在验证期，各类降雨事件分别采用了与之相对应或相似的事件下率定的参数组。

表 5.1　HSPF 模型模拟营养物所需参数的基本信息

参数	定义	单位	最小值
SQO	透水陆面下地表径流中污染物最初的存储量	kg/acre	0
POTFW	被冲刷分离的泥沙中污染物含量	kg/t	0
POTFS	被冲刷分离的土壤基质中污染物含量	kg/t	0
ACQOP	透水陆面下地表径流中污染物的累积速率	kg/(acre · d)	0
SQOLIM	透水陆面下地表径流中污染物最大的存储量	kg/acre	10^{-6}
WSQOP	可以冲刷 90% 污染物的地表径流流速	in/h	0.01
IOQC	壤中流中的污染物浓度	kg/ft³	0
AOQC	有效地下水中的污染物浓度	kg/ft³	0

模拟和观测的 SSC 量、TP 浓度和 TN 浓度在场次内的过程线分别见图 5.1、图 5.2 和图 5.3。通过统计指标计算拟合度的结果汇总于表 5.2。总体来说，观测到的 SSC 过程线具有非常明显的涨水和落水阶段，在率定与验证期的模拟中均得到了非常好的拟合，8 个场次的 R^2 平均值高达 0.88。E_{NS} 最高可达 0.89，仅在验证期的第 5 场次低于 0.5。RMSE 呈现出的差异较大，出现较大 RMSE 的主要原因是个别时间点的 SSC 拟合效果较差，体现在场次 1 和 6 峰值点的模拟值偏小，以及在场次 5 中落水期第一个点的模拟值偏小。TP 浓度场次内过程线与 SSC 过程线具有相似趋势，且模拟的趋势可以较好吻合观测线，从各场次事件的 E_{NS} 也可以反映出来，8 场事件的 E_{NS} 值均在 0.5 以上，平均值可达 0.7。均值高达 0.9 的 R^2 也反映出模拟值和观测值具有较好的相关性。从 E_{NS} 来看，TN 浓度的模拟结果略低于泥沙量和 TP 浓度，但总体的趋势过程线仍能较好捕捉，且 R^2 均值高达 0.95。8 场降雨事件中，第 6 场的模拟结果偏差主要由于 TN 浓度模拟和观测过程线的错位，导致 E_{NS} 低于 0.5 且 RMSE 略高。

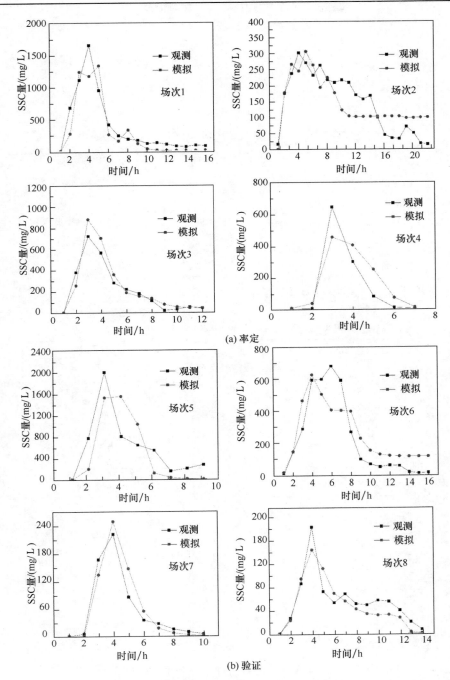

图 5.1 场次降雨事件下模拟和观测的 SSC 过程线

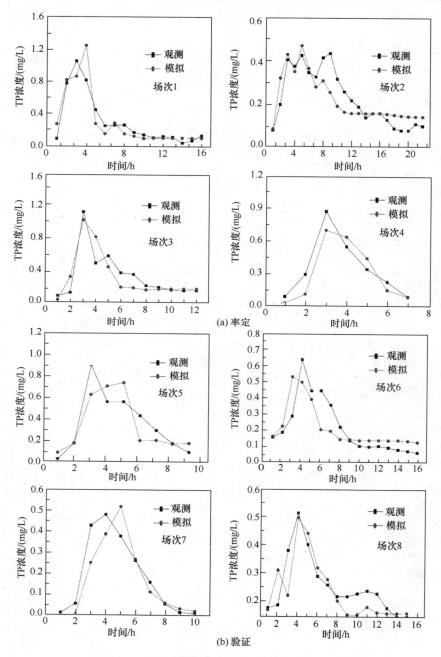

图 5.2　场次降雨事件下模拟和观测的 TP 过程线

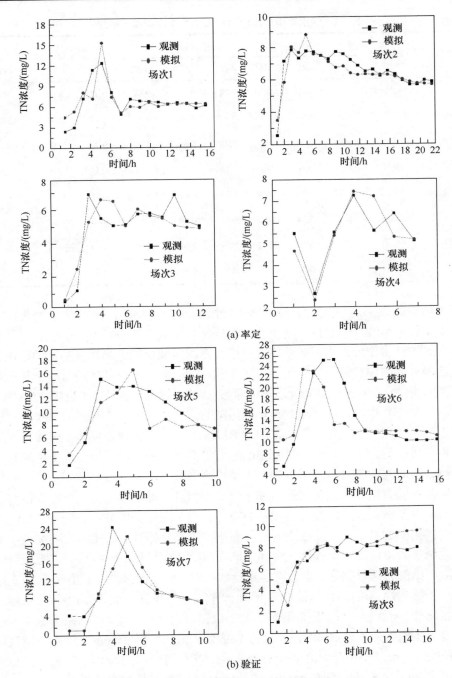

图 5.3　场次降雨事件下模拟和观测的 TN 过程线

表 5.2　场次降雨非点源污染模拟的率定和验证结果

场次事件	降雨等级	SSC			TP			TN		
		E_{NS}	R^2	RMSE	E_{NS}	R^2	RMSE	E_{NS}	R^2	RMSE
1	大暴雨	0.80	0.88	203.31	0.78	0.91	0.14	0.57	0.94	1.75
2	大雨	0.62	0.89	57.95	0.68	0.93	0.07	0.76	0.99	0.58
3	大雨	0.88	0.94	76.89	0.75	0.89	0.14	0.74	0.96	1.05
6	中雨	0.75	0.86	121.38	0.56	0.85	0.11	0.39	0.90	4.72
4	大雨	0.77	0.84	106.86	0.81	0.92	0.12	0.62	0.98	0.86
5	暴雨	0.45	0.74	418.24	0.68	0.88	0.15	0.60	0.94	2.65
7	中雨	0.89	0.93	24.92	0.79	0.90	0.09	0.59	0.89	3.74
8	大雨	0.78	0.92	19.81	0.58	0.95	0.06	0.45	0.96	1.45

评估措施效率的前提是了解不同类型措施对污染物的产生和传输的作用方式。非工程型 BMPs 会通过提高土壤的渗透能力而减少地表径流的产生，以等高种植和保护性耕作为代表，后者还可以提高降雨的截留能力和地表洼地的蓄积能力。这种对降雨和径流的影响还会作用于泥沙的分离、冲刷和传输过程，从而减少面蚀和沟蚀。非工程型 BMPs 还可以直接(如施肥管理)或间接(如免耕)地减少土壤层的化学物蓄积量，从而减少非点源污染的潜在产生量。工程型 BMPs 主要影响径流与泥沙相关的过程，与非工程型 BMPs 类似，也是通过提高土壤渗透率而减少地表径流量，但工程型 BMPs(如植被过滤带)更加关注对泥沙在面上传输过程的影响，因此泥沙吸附态的污染物更容易受到影响。

措施基础数据库中包含候选 BMPs 的基本信息，即基本定义、功能介绍与成本投入。由于措施自身属性与流域局地特征的不匹配性，BMPs 的控制效果时常无法达到期望的水平。因此在空间优化前应初步剔除不具备可实施性的措施，增加优化结果的可信度并节省优化时间。邱嘉丽(2012)将 BMPs 的特征进行统计，并建立了措施初选数据库。本节将运用此数据库，以气候条件、下垫面特征(土地利用、土壤属性、坡度)和其他特殊要求(政策规定的位置、面积等)为筛选指标，结合张家冲小流域当地特征和措施自身的实施尺度，在不同土地利用类型中筛选出具有可实施性的 6 种 BMPs，分别为工程型 BMPs：梯田(terraces, TR)、植被过滤带(filter strips, FS)和滞留池(detention pond, DP)；管理型 BMPs：免耕、等高种植和减少 20%的施肥量(fertilizer management, FM)。流域模型是流域系统功能的概念化模型，而 BMPs 的影响方式则是基于流域特征可量化的子过程。针对初选出的 6 种 BMPs，通过 HSPF 流域水文模型，对不同的 BMPs 方式及其去除率进行评估。首先，营养物及农药管理措施评估运用 HSPF 模型中的 SPEC-ACTIONS 模块。此模块可以输入与控制人类活动对流域系统的情景模式，如水坝运行模式、耕作和收获的时间与方式、施肥量的大小、施肥时间和化肥种类等，均可以通过 SPEC-ACTIONS 模块在 HSPF 模型中体现。本节考虑减少 20%施肥量作为施肥管理 BMP，并通过 SPEC-ACTIONS 模块实现评估。等高种植、植被过滤带、免耕和梯田，是基于每种措施削减污染物的机理过程，通过对相应的 HSPF 模型参数调整，实现其去除效果的评估。涉及的参数包括水土保持因子参数 SMPF、坡面曼宁系数 NSUR、上层土壤蓄水量参数 UZSN 等；对于滞留池，由于现有的 HSPF 模型结构中并无对应的模块可以实现基于过程型的评估，因此借鉴之前在三峡库区中的相关研究中获得的滞留池去除率(陈磊, 2013)。表 5.3 列出了此 4 种 BMPs 实施的关键参数，以及参数受影响的变化形式(增加、减少、保持不变，分别用+、~、○表示)。

表 5.3　BMPs 模拟涉及参数

相关要素	参数	简介	NT	CF	TR	FS
径流	CEPSC	冠层截留系数	~	○	○	○
	UZSN	额定上层土壤层蓄积	+	+	+	+
	NSUR	坡面曼宁系数	+	○	○	+
	INFILT	土壤渗透率	+	+	+	+
泥沙	COVER	植被覆盖比例系数	+	○	○	+
	SMFP	水土保持因子参数	○	~	~	○
	KSER	面上泥沙冲刷方程系数	○	○	○	~
	DETS	面上分离的泥沙蓄积量	~	○	○	○
营养物	SQO	地表径流中污染物最初的存储量	~	○	○	○
	IFLW-CONC	壤中流中污染物最初的存储量	~	○	○	○

注：○ 表示 BMPs 对此参数无影响；~表示 BMPs 的实施会导致此参数值减小；+表示 BMPs 的实施会导致此参数值增大。

　　由于涉及 BMPs 评估的研究分布在不同的地理时空，本节的调参思路基于相关研究(Woznicki et al., 2014；Ahn et al., 2016)，认为 BMPs 参数值在一定范围内的均匀分布并非单一固定值，以此反映参数的不确定性。表 5.4 列出了 BMPs 参数的边界值。基于取值范围和分布特征，对 BMPs 参数组进行 3000 次的 LHS 并执行模型，输出结果并与基准情景下的模拟值进行对比，分析 BMPs 去除率。LHS 是一种关于随机抽样的改进技术，通过多维分层抽样，可以利用较少的抽样次数准确建立输入分布。因此，本节采用 LHS 方法对 BMPs 特征参数组进行抽样组合，具体抽样过程运用 SimLab 软件实现。LHS 方法的执行步骤如下：①定义抽样数目 N；②在每一个输入的取值空间内，等概率地分割出 M 个区域，各输入样本中此区域的位置是随机的，抽样点位置的选取则是根据各区域的概率密度函数。

表 5.4　BMPs 参数调整范围

参数	NT	CF	TR	FS
CEPSC	[0.06，0.12]			
UZSN	[0.34，0.65]	[0.41，0.51]	[0.55，0.6]	[0.8，1.09]
NSUR	[0.25，0.35]			[0.3，0.4]
INFILT	[0.27，0.51]	[0.21，0.33]	[0.21，0.33]	[0.63，0.73]
COVER	[0.89，0.97]			
SMPF		[0.5，0.6]	[0.1，0.18]	
KSER				[20%，50%]
DETS	[0.25，0.45]			
SQO	[20%，50%]			[20%，50%]
GRND-CONC	[20%，50%]			[20%，50%]

5.1.2　BMPs 效果不确定性的表征

措施评估过程中的不确定性主要来源于 BMPs 参数，参数不确定性在水文模拟和非点源污染模拟中进行传播(Prada et al., 2017)，最终影响去除效果的评估。基于 LHS 生成的 3000 组参数，进行重复模拟获得包含 3000 个去除率的样本数据。采用非参数检验(nonparametric tests)的方法，对其总体分布形态进行推断。核密度估计(kernel densitiy estimation)不利用随机变量的先验知识，对其分布不加假设，因此本节采用核密度估计的方法估计 BMPs 去除效果，同时采用概率分布统计指标，即平均值、标准差和变异系数，来量化 BMPs 效果的不确定性。其中，标准差和变异系数均可用于表征数据的离散程度，其计算方法如式(5.1)~式(5.3)所示：

$$\overline{X} = \frac{1}{n}\sum_{i=1}^{n} x_i \tag{5.1}$$

$$SD = \sqrt{\frac{\sum_{i=1}^{n}(x_i - \overline{X})^2}{n-1}} \tag{5.2}$$

$$CV = \frac{SD}{\overline{X}} \tag{5.3}$$

式中，$\overline{X}$ 为数据的平均值；n 为总样本量；x_i 为第 i 个数据。

　　四种 BMPs(等高种植、植被过滤带、免耕和梯田)对总氮和总磷去除率的拟合分布形态如图 5.4 和图 5.5 所示。核密度估计可以非常好地拟合出去除率的概率密度形态；每种 BMPs 在不同等级的降雨事件中的去除率均呈现出较强的偏态性，即具有较高概率的去除率所在的位置均靠近上边界值。虽然 BMPs 参数的不确定性以均匀分布体现，但是对 BMPs 去除过程的评估结构却是非线性的，从而导致 BMPs 的去除率并非以均匀分布呈现。BMPs 对于总氮和总磷的去除率在不同降雨事件下的统计指标如表 5.5 所示。首先从整体去除率的取值空间上看，每一种 BMPs 对于总磷的去除率均高于总氮，主要通过平均值和范围体现，这也与 BMPs 的评估方法相关。对于 BMPs 对总磷的去除过程，在 HSPF 模型中既考虑了径流中携带的溶解态磷，也考虑了与泥沙相关的吸附态磷；但 BMPs 对总氮的去除过程仅考虑与地表径流相关的一阶速率消减(QUALOF)。例如，植被过滤带对于总磷的去除率平均值在中雨时可高达 42.21%，但对于总氮却下降为 33.24%。此外，每一种措施对总氮和总磷的去除率平均值都会随着降雨等级的增加而下降，这也与措施在现实工程中的特性相符合。工程型 BMPs 的施工会依据当地降雨特征(如暴雨重现期)来设计具体尺寸参数，措施自身的控污能力也自然与降雨量相关。在降雨量超过措施的设计标准时，其去除效果会低于预期设计值，这与本节中发现的措施去除效果在不同降雨等级下的变化模式相契合。在四种 BMPs 中，植被过滤带的去除率平均值在暴雨时期相比中雨时期的减小幅度更大，说明其受到降雨等级的影响程度最大。White 等(2009)的研究表明，植被过滤带削减污染物的效率受到汇流形式的重要影响。当降雨量较小时，陆面产流形式多以均匀薄层水流为主，此时过滤带中的植被受到的冲击较小；而随着降雨量的增大，汇流入过滤带区域的地表径流多以集中流为主，此时植被过滤带的去除率会降低 10%～20%。根据不同降雨等级的结果对比发现，每一种措施去除效果范围的区间宽度在大暴雨类型事件时最大，而在中雨及大雨时较小，例如，植被过滤带在中雨时期对总磷的去除率范围宽度甚至小于 0.0003%。可见 BMPs 参数的不确定性作用于评估结果的影响会在暴雨时期最为明显。再通过标准差和变异系数的对比，更可以体现降雨等级对 BMPs 效果不确定性的影响。标准差和变异系数均随降雨等级的增加而增加，变异系数的增加幅度最为明显，说明去除率数据的离散程度较大。以等高种植为例，其对于总氮的去除率在中雨时变异系数仅为 0.58%，但在大雨时已增加到 8.31%，而在暴雨时甚至达到 22.55%。对比同一种降雨类型下不同 BMPs 去除率的标准差和变异系数，可以发现植被过滤带是其中效果不确定性最小的措施，不确定性最大的措施为暴雨类型事件下的等高种植。

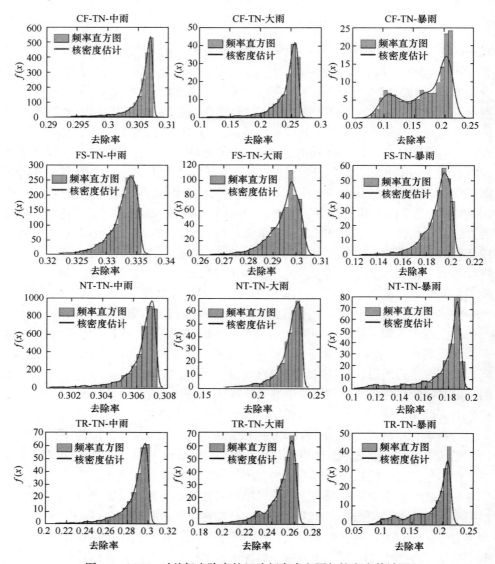

图 5.4　BMPs 对总氮去除率的经验频率直方图与核密度估计图

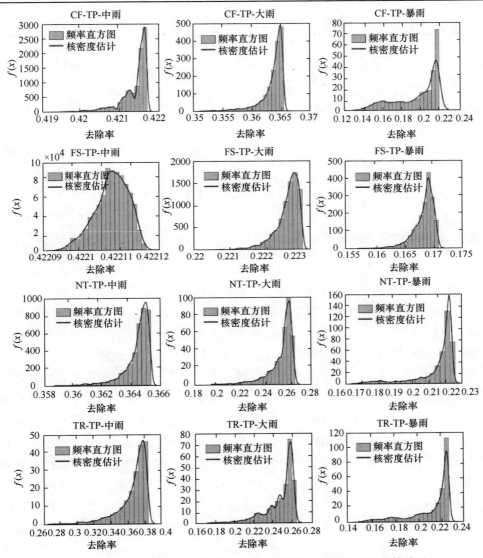

图 5.5　四种措施对总磷去除率的经验频率直方图与核密度估计图

表 5.5　措施去除率的统计信息

	BMPs	中雨			大雨			暴雨和大暴雨		
		平均值	标准差	CV	平均值	标准差	CV	平均值	标准差	CV
TN	CF	30.55	0.18	0.58	24.31	2.02	8.31	16.77	3.78	22.55
	FS	33.24	0.20	0.60	29.56	0.57	1.92	18.97	1.03	5.42
	NT	30.65	0.08	0.25	22.97	0.91	3.98	17.49	1.77	10.10
	TR	28.63	1.29	4.49	24.77	1.14	4.59	18.31	3.11	17.00

	BMPs	中雨			大雨			暴雨和大暴雨		
		平均值	标准差	CV	平均值	标准差	CV	平均值	标准差	CV
TP	CF	42.17	0.04	0.09	36.34	0.18	0.50	20.01	2.05	10.24
	FS	42.21	4.3×10^{-4}	0.001	22.28	0.04	0.16	16.87	0.16	0.97
	NT	36.44	0.08	0.22	25.34	0.91	3.59	21.10	1.06	5.05
	TR	36.04	1.62	4.49	24.68	1.36	5.50	20.74	1.62	7.79

5.2 不确定情景下的流域非点源污染优化控制方案

5.2.1 BMPs 优化方法概述

从现有研究来看，非点源污染首先呈现分布的广泛性，这决定了污染治理需要采取分散控制的方式。其次，流域尺度的农业非点源污染控制应该是"源头控制—过程控制—末端控制"的全过程控制措施，而现有研究大多在局部采取修复性技术措施控制非点源污染，而在复杂的水环境系统中，应对不同尺度的措施及措施组合进行优化配置，实现流域尺度非点源污染控制的系统性指导。

目前主要的流域尺度非点源污染控制方法包括基于优先控制区的靶标方法和基于多目标优化算法的空间方法。基于优先控制区的靶标方法的基本思路是在制定流域水环境污染控制方案时，按照优先次序依次治理对水环境最不利的污染源(Liu et al., 2016)。靶标方法的核心是优先控制区的识别与选取，与发展成熟的非点源模拟相比，传统优先控制区识别技术虽然方法众多，却因为理论支持欠缺而略显薄弱。在传统方法的基础之上，陈磊(2013)认为优先控制区识别技术的核心是计算出流域内具有水文关联的单元对水环境演变的影响，非点源污染物的产生及迁移过程是随机且不确定的，基于这些认识，运用马尔科夫链理论分析方法，将非点源污染概化为矩阵运算，考虑单元间的上下游关系，快速、准确地计算出不同单元对流域水环境的污染贡献，以此为基础对亚流域的优选治理顺序进行排序。现阶段农业 BMPs 空间配置的普遍思路是基于多目标的优化技术，试图实现：①措施控制效果与成本投入的多目标要求；②能在非线性、非连续的解空间中，高效、准确地搜索到最优方案的演化算法。Ciou 等(2012)运用 HSPF 模型辨析非点源污染输出特征，并采用改进的遗传算法在流域内对 4 种措施进行空间优化设置。Shen 等(2013)将 SWAT 模型与遗传算法结合，研究了在流域尺度上控制农业非点源污染的优化管理问题，主要研究 BMPs 在不同地形上的空间分布。多目标优化设计虽然可根据模拟与评估的耦合及算法的逐步改进而逐步寻找出非劣解集，但是由于设计过程缺乏措施效果的不确定性考虑，极有可能造成配置方案未能达到设计要求使水环境健康置于一定的风险中。由于 BMPs 效果的不确定性真实存在且不可避免，如何将这种不确定性集成于措施空间优化设计中，建立一种不确定性优化的方法，在水环境达标的一定置信水平下开展空间优化配置是需要进一步解决的关键问题。

5.2.2　不确定情景下的 BMPs 优化方法构建

从 20 世纪 90 年代开始至今，不确定性优化技术的理论和实际应用已逐渐广泛应用至环境领域。现有的不确定性优化技术大致可以分为三类：随机规划、模糊规划和区间规划。其中，随机规划最大优势就在于它可以充分地反映研究系统的随机性和不确定性，通过随机变量的概率密度函数形式，求得随机形式的解，加深决策者对于研究系统的不确定性要素和相互作用关系的理解。措施效果可通过不确定性分析获得合理的概率分布，这正符合随机规划处理含有随机变量规划问题的特点。

因此，本章拟在不同类型的典型降雨事件下，通过措施效果评估与不确定性分析来获得措施效果的概率密度函数，并将以此作为优化设计中的随机变量。与此同时，优化方案得到的措施组合可能会由于降雨事件的随机性、流域过程认识不足以及参数估值过程不合理等原因，依然存在让水质超标的风险，因此可以在优化设计过程加入置信水平以考虑流域水环境达标的保证率。基于以上认识，本节考虑采用随机规划方法进行 BMPs 的空间配置优化设计。考虑到非点源污染控制中的多目标要求，本节将基于随机规划中的机会约束目标规划模型，构建多场次事件的 BMPs 不确定性优化方法(multi-event and uncertainty based optimization method)。本节将流域内措施总投入成本最小化设为目标要求，三个约束条件分别为：①多场次内的总氮负荷不高于 LDC 规划值这一不确定约束在一定的置信水平内成立；②多场次内的总磷负荷不高于 LDC 规划值这一不确定约束在一定的置信水平内成立；③子流域中每个土地利用中的措施数量在规定的范围内。

此外，本节分别采用马尔科夫矩阵和河道滞留系数(陈磊, 2013)表征张家冲小流域污染输出的上下游关系以及污染物在河道中的迁移变化。张家冲小流域的河网关系以及子流域分布如图 5.6 所示，以此为基础构建的马氏矩阵如下：

$$\begin{bmatrix} 0 & 0 & 0 & 0 & 0 \\ 0 & 0 & 0 & 1 & 0 \\ 0 & 0 & 0 & 1 & 0 \\ 1 & 0 & 0 & 0 & 0 \\ 1 & 0 & 0 & 0 & 0 \end{bmatrix}$$

河道滞留系数 R_i 的计算方式如下：

$$R_i = (L_{in} - L_{out}) / L_{in} \tag{5.4}$$

式中，i 为流域内的河道编号；L_{in} 为进入河道 i 的污染物总负荷输出；L_{out} 为流出河道 i 的污染物总负荷输出。

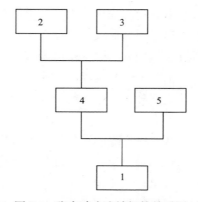

图 5.6　张家冲小流域拓扑关系图

定义措施控制效率为随机变量，措施在流域单元内的配置方案为决策变量，建立的措施不确定性优化的机会约束目标规划模型如下：

$$\min \sum_{i=1}^{I} \sum_{j=1}^{J} \sum_{k=1}^{K} C_i \times N_{i,j,k}$$

$$\text{s.t} \quad P_r\left\{ P_r\left(L_m \leqslant \text{LDC}_m \right) \geqslant R_m \right\} \geqslant \beta_m \tag{5.5}$$

$$L_m = f\left(E_{i,k,m}, H, I \right)$$

$$0 \leqslant N_{i,j,k} \leqslant 1$$

式中，C_i 为第 i 种措施的成本；$N_{i,j,k}$ 为第 i 种措施在第 j 个子流域下第 k 种土地利用下的数目，为整数，设为决策变量；$E_{i,k,m}$ 为第 i 种措施针对第 m 种非点源污染因子的负荷去除率，为随机变量；m 为非点源污染因子，在本节中为总氮和总磷；R_m 为第 m 种污染因子的目标达标率，即负荷在标准负荷历时曲线以下的概率；β 为决策者预先给定的水环境达标的置信水平；I 为面上负荷输出矩阵；H 为马尔可夫上下游关系矩阵；L_m 为措施实施后的流域监测断面第 m 种非点源污染的输出负荷；f 函数为基于 HSPF 流域水文模型的模拟；LDC_m 为决策者规定的第 m 种非点源污染负荷的 LDC 标准值。

传统的机会约束规划问题的求解是将其转化为等价的确定性模型，但是如果机会约束条件较复杂时，可以借助随机模拟的优势获得全局最优解。遗传算法对目标函数的形式没有特殊要求，更具有普适性，是一种基于随机模拟求解随机规划的常用工具。非支配排序遗传算法(NSGA)是基于遗传算法发展的更高效稳定的多目标决策问题的求解算法，由 Srinivas 和 Deb 于 1995 年首次提出。而 NSGA-Ⅱ作为一种改进版本，其最大的优势在于其更优化的选择机制，使得进化过程可以更快速有效地引导至 Pareto 前沿。本节选用带精英策略的非支配排序遗传算法(NSGA-Ⅱ)进行最优解的搜索。NSGA-Ⅱ算法作为一种改进的多目标遗传算法，已在各个学科得到广泛且高效的应用。相对于传统的遗传算法，NSGA-Ⅱ使用非支配占优的排序方法，根据 Pareto 最优前沿的理论，对父辈和子代的解进行排序。Pareto 前沿是由每个目标方程得到的最优解组合而成的权衡表面，在不升高其他目标方程值的情况下，每个目标方程的值都无法降低，多目标率定的思想正符合 Pareto 非支配占优的特性。

首先针对每个空间潜在措施，生成解空间，每个措施配置方法被当作具有决策变量信息的染色体。其次，系统随机生成一组种群，并根据污染控制效果和设施成本评估它们的适应度。每一次模型运行的结果均以二进制形式存储于 WDM 文件中，采用时间序列处理工具(TSPROC.exe)将模拟结果以文本形式从 WDM 文件中提取出来用于比对，即可计算目标函数值，并在各非支配等级下分配适应度。新一代的染色体种群则根据适应度评估生成。直到最大代数，染色体将不再进化。

运用遗传算法的求解，首先需要进行随机约束检验，即将概率问题转换为随机模拟问题。在机会约束方程中，

$$P_r\left\{P_r(f(\xi,H,I) \leqslant LDC_m) \geqslant R_s\right\} \geqslant \beta_m \tag{5.6}$$

式中，ξ 为一种 BMP 的去除率，即随机变量，其概率密度分布函数是通过核密度估计获得。利用 MATLAB 工具箱中的抽样函数，从这些概率分布中产生出 n 个独立的随机变量，记为 $\xi_1,\xi_2,\xi,\cdots,\xi_n$，其中满足总体负荷削减达标，即式(5.7)成立的个数为 m。

$$f(\xi_i,H,I) \leqslant LDC_m \tag{5.7}$$

则削减目标成立的频率为 $f=m/n$，依据大数定律，则 f 可用于估计满足机会约束条件的概率。

在 NSGA-Ⅱ的算法结构中，除了常规的遗传算子、交叉、变异等概念，NSGA-Ⅱ所拥有的独特改进如下。

(1) 快速非支配算子设计。NSGA-Ⅱ中的快速非支配排序(non-dominanted sorting)的目的是更高效地指引搜索过程至 Pareto 最优前沿，它基于个体的非劣解水平，循环计算适应度值，并对进化中的个体进行分级。计算得到的第一非支配解集计为 N_1，其中的所有个体赋予非支配序号 $i_{rank}=1$；再计算群体的非支配排序，即 N_2，其中的所有个体赋予非支配序号 $i_{rank}=2$，以此类推将所有种群分级。

(2) 个体拥挤度距离算子设计。个体拥挤度距离(crowding distance)是指个体 i 与相邻个体 $i+1$ 和 $i-1$ 之间的距离，即个体自身的最小矩形，用于在每一级的非支配解集中对个体进行排序。NSGA-Ⅱ进化过程中会选择拥挤度距离大的个体，以此保证种群中个体的多样性，使目标的分布更均匀。

(3) 精英策略选择算子设计。精英策略(elitist strategy)是指保留父代中优良个体直接进入子代，可以防止不同进化阶段的精英个体的丢失。精英策略对父代 γ、子代 μ 以及合成的种群 λ 进行优选，并组成新的种群 γ，是通过父代+子代精英间的竞争优选出下一代的父代种群。

本节采用 NSGA-Ⅱ求解机会约束不确定性优化的主要流程为：

(1) 将随机变量转化为基于随机模拟的概率问题。基于 BMPs 去除率的核密度估计概率分布，通过蒙特卡罗对每一个随机变量抽样 1000 次。

(2) 决策变量的编码方式。将染色体上的基因片段所处位置与子流域中的土地利用类型进行对应，而基因片段上的编码信息与 BMPs 的类型对应，以此对流域空间内的 BMPs 方案进行编码，从而可以将染色体与 BMPs 的空间配置进行映射。经测试，采用整数编码类型，它相对于二进制和实数编码类型更稳定和高效。

(3) 确定目标函数。NSGA-Ⅱ的核心即是对多目标问题的求解，通常认为设置的目标方程值越小，越有利于染色体在进化过程中的竞争与保留。基于 5.2.2 节中的机会约束随机规划方程，确定多目标为：①BMPs 配置的投入成本最小；②多场降雨事件中场次内的平均单位小时的总氮输出(lb/h)[①]最小；③多场降雨事件中场次内的平均单位小时的总磷输出(lb/h)最小。

(4) 收敛性测试。主要是针对 NSGA-Ⅱ执行中，种群数量和进化代数选择的主观性，进行检验计算收敛性系数，从而选取合适的参数，以保证节约计算资源并满足进化方式的完全。

(5) 基于步骤(4)选择的 NSGA-Ⅱ的参数，执行多目标优化。通过初始总群的生成，适应度函数的计算，算子交叉、变异、选择，直到终止条件。

(6) 经过优胜劣汰获得 Pareto 前沿最优解，将其转化为随机规划中的约束条件，从 NSGA-Ⅱ的最优解集中选择满足约束条件的优化解。

---

① 1lb/h=0.45kg/h。

5.2.3　不确定情景下的 BMPs 优化结果分析

首先，图 5.7 展示了本节进行的收敛性测试的结果。通过选取 50～500(每隔 50 代)的进化代数，以及 50～250(每隔 50 个)种群数量的组合方式，计算每种组合下的收敛性系数，并通过插值的方式展现 NSGA-Ⅱ 关键参数选择的影响。可以发现，在较低的进化代数和较少的种群数量组合时，收敛性系数非常高，例如，以 50 个种群与 50 代进化代数组合时，收敛性系数高达 120 以上；随着进化代数升至 200，收敛性系数已明显下降至 50 以下，减小幅度在此区间内明显。当进化代数为 50 时，种群数量从 50 增至 150，收敛性系数从 100 以上下降至接近 20。可以发现在初始阶段，随着这两个重要参数数值的增加，收敛性系数变化幅度较大；当进化代数增加至 300 代，种群数量增加至 150 个时，收敛性系数的变化趋于平滑和稳定。而后期的两个参数值的增加，并没有带来收敛性系数明显的改变，这表示 Pareto 前沿曲面已经不会随着种群数量和进化代数的增加而明显地逼近坐标轴原点，进化趋势已接近 Pareto 最优解集。因此，选取 150 个初始种群，并设置 300 代的进化代数来执行 NSGA-Ⅱ。

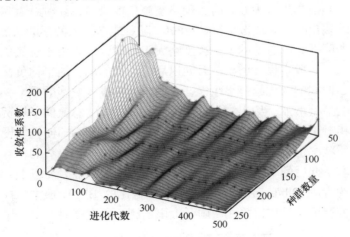

图 5.7　进化代数和种群数量的收敛性检验

图 5.8 展示了两种靶标方案下 150 个种群数进化代数从 20 代等距离增加至 300 代的 Pareto 前沿的集总。可以发现，在较小的代数时，最优解的分布较为分散，且距离原点较远。但是随着进化代数的增加，Pareto 前沿越发趋近坐标轴原点，且最优解更加集中。由于总氮和总磷具有较高的相关性 Pareto 最优前沿面呈现出线型，两种靶标方案的 Pareto 前沿形状极其相似，不同点在于两种多目标空间下的相对位置，主要原因在于暴雨及大暴雨事件造成的污染整体水平的不同。

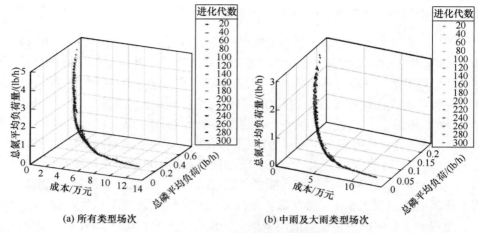

(a) 所有类型场次　　　　　　(b) 中雨及大雨类型场次

图 5.8　基于 NSGA-Ⅱ的 Pareto 前沿进化过程

　　将总氮和总磷与成本的关系以二维图(图 5.9)呈现，可以较清楚地分析在种群数为 150 和进化代数为 300 时的 NSGA-Ⅱ最优解的分布情况。在考虑所有类型场次的情景下，当成本投入为 0 元时，即不实施任何措施，此时总氮和总磷的场次内总负荷平均输出高达 4.53lb/h 和 0.72lb/h。随着成本投入的逐渐增加，二者的平均负荷均有所降低，且总氮的下降幅度略大于总磷，这是由于总氮负荷的整体水平要高于总磷。当成本投入增至 8 万元以后，总氮的场次内平均负荷的变化幅度已经很微弱，曲线的变化趋势很缓慢，表明此时再投入更多的成本，BMPs 的削减水平并不会显著增加。当成本投入增至 10 万元以后，总氮的平均负荷基本保持不变，此时相对于最初的平均浓度已降低了约 90%，表明即使再增设 BMPs 的实施，流域水质状况也将基本维持不变。总磷平均负荷下降趋势的拐点在成本投入为 4 万元左右，此后的变化幅度极小，当成本投入增至 8 万元以上，负荷值基本保持不变，约为 0.12lb/h。由此可见，最具效益比的 BMPs 成本中控制总磷负荷较总氮负荷控制更低。在仅关注中雨及大雨的靶标方案 2 时，由于抛去了输出高

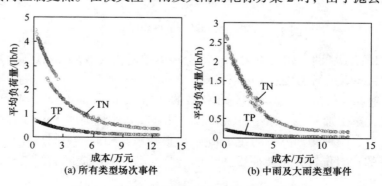

(a) 所有类型场次事件　　　　　　(b) 中雨及大雨类型事件

图 5.9　Pareto 前沿面上最优解的多目标决策图

值的暴雨及大暴雨事件，总氮和总磷的最初平均负荷均低于靶标方案 1，但是决策曲线的形态和趋势与方案 1 类似，主要差别在于曲线拐点的位置相对提前。

为了从 Pareto 前沿曲面下寻找机会约束下的随机规划解，需将每一个个体，即每一个解中的随机模拟转换为达到水质削减目标的概率问题。每一个个体中包含 1000 种去除率的概率组合，1000 种组合中针对约束目标(90%总磷的场次内负荷和 80%总氮的场次内负荷，均在标准负荷历时曲线以下)的平均达标率与成本的对比如图 5.10 所示。在考虑所有类型事件的靶标方案 1 中，随着成本的增加，即 BMPs 不断投入实施，总氮削减的平均达标率的上升幅度增大，而总磷的上升曲线幅度非常小，说明成本投入的增加量相同时，BMPs 对控制总氮的效益-成本比更高，且两条曲线的拐点位置也与图 5.9 一致。虽然总磷的控制目标为 90%的达标率，但是在未实施 BMPs 时总磷的达标率已高达 80%以上，因此当成本投入增加至 4 万元左右时，此时的 BMPs 配置方案的达标率虽包含不确定性，但是随机模拟样本的平均水平已经可以满足 90%的控制目标。而对于总氮，虽然控制目标低于总磷，但是由于其最初的污染状况严重，因此要达到 80%的平均达标率，需要投入的 BMPs 成本至少为 8 万元。在仅考虑中雨和大雨类型事件的靶标方案 2 中，总氮和总磷的 BMPs 成本-达标率曲线的整体趋势和方案 1 相似。由于未考虑暴雨及大暴雨事件带来的负荷高值，成本投入的初期，总磷的平均达标率已接近 90%，因此数量极少的 BMPs 组合配置就能满足平均达标率要求，此时的成本投入仅需不到 5000 元。而对于总氮，初始状态时的达标率也不到 20%，但是 BMPs 成本-达标率曲线的坡度明显高于方案 1，因而在成本投入增至 57000 元左右时，即可满足总氮的平均达标率高于 80%。相比方案 1 中针对总磷投入 4 万元和总氮投入 8 万元的方案，仅考虑中雨及大雨类型事件的靶标方案 2 在节约成本的角度上已做到巨大的提升，也从另一方面说明了针对暴雨及大暴雨的污染控制对 BMPs 成本投入有重要的影响。

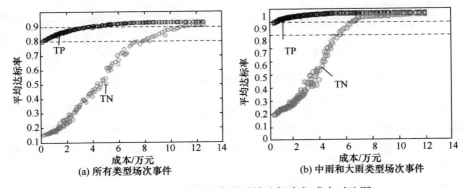

图 5.10　BMPs 最优方案的平均达标率与成本对比图

　　在考虑 BMPs 配置方案的平均达标率之后，应将此达标率的随机模拟转为概率形式，以契合满足水质达标的置信水平。图 5.11 则展示了总氮达标率为 80%，总磷达标率为 90% 的约束条件下，不同成本投入的置信水平分布。在两种靶标方案下，均出现了 Pareto 前沿解的置信水平集中分布于 0 和 1 的现象。在成本投入初期，BMPs 实施的数量有限，即使每个措施的去除率在其最大值也不能满足达标率的要求。而当成本增加至一定数额时，由于 BMPs 去除率不确定性的影响，水质标准达标率呈现出概率的形式，即 BMPs 配置方案的置信水平。靶标方案 1 中针对总磷的控制目标，当措施成本投入在 33200 元至 36400 元区间时，有 8 组 Pareto 前沿解可满足水质达标的置信水平在 0.1%～99.5% 间变化，说明措施自身去除率的不确定性会影响整体方案并带来污染超标的风险。当再增加成本投入时，后续的配置方案在考虑了措施效果不确定性的影响时，亦可以做到水质 100% 达标。总氮的 BMPs 成本-置信水平线与总磷呈现类似趋势，但在成本突变点位置上有差异，即当成本投入高于 70100 元时，BMPs 配置组合才有一定的概率满足水质达标；当成本投入增至 82000 元时，此时的控制方案才可以保证水质达标率为 90%。而在靶标方案 2 中，由于在最初阶段总磷负荷的达标率已接近 80%，因此只需要投入 4600 元以上的成本，即可完全满足水质标准。而总氮控制方案的突变点在成本为 67800 元处，当投入增加至 71100 元及以上时，BMPs 配置方案就可有 90% 以上的概率实现污染物控制目标。

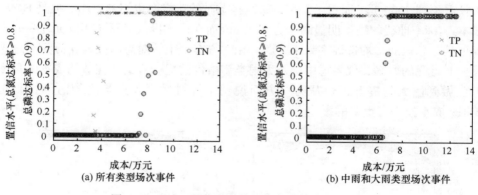

图 5.11　BMPs 最优方案的置信水平与成本对比图

　　基于以上的求解过程和结果分析，两种靶标方案下可最终满足约束条件且投入成本最小的 BMPs 最优组合被筛选出，并分别列于表 5.6 和表 5.7。从措施总投入成本上看，靶标方案 1 中的最优措施配置需要 82000 元的成本，而方案 2 则需要 71100 元，虽然规避暴雨及大暴雨事件的影响，但成本的减少比例可达 13.3%。从措施总投入数量上对比，方案 1 比方案 2 需多设置 2 种 BMPs，而在每个子流域下的土地利用类型中，措施的空间实施方案有一定的不同。由于第 4 号子流域的流域面积不足 10acre，且不到总占地面积的 3%，因此其面上的非点源负荷产出非常有限，而两种方案下进化出的最优解也确实未在 4 号子流域上实施措施，避免了多余的经济投入。

表 5.6　靶标方案 1 中的 BMPs 优化结果

子流域	农业	农业	茶园	茶园	森林	水域
1	NT	FS	CF	FS	FS	DP
2	NT	TR	FM	TR		
3	NT	TR	CF	TR	FS	DP
4						DP
5	NT	TR	CF	FS	FS	

表 5.7　靶标方案 2 中的 BMPs 优化结果

子流域	农业	农业	茶园	茶园	森林	水域
1		FS	CF	FS	FS	DP
2	CF		CF	TR		
3	NT	FS	CF	FS	FS	
4						DP
5	NT	FS	CF	FS	FS	

为了探究两种靶标方案下，通过不确定性优化方法得到的 BMPs 最优配置的可靠性，本小节将选择 100 场降雨事件中的后 50 场进行验证。由于验证的场次中也包含了暴雨及大暴雨事件，因此可以进一步判定靶标方案 2 引导出的 BMPs 配置方案是否可以有效治理包含暴雨及大暴雨的多场次事件。

两种靶标方案下，所有样本中的总磷在整个区域也仅有极个别位置超标，因此两种方案对总磷污染的控制均能满足 90%的目标，且置信水平高于 90%。在总氮的低负荷区域，所有样本模拟值中仅存在少量值超过了 LDC 规划值，中负荷和高负荷区域内的超标比例均有所上升，需进一步的统计判断。表 5.8 给出了 BMPs 最优配置中 1000 组控制效率组合下的污染控制水平，以 LDC 规划值为目标，统计了不同负荷区域下的超标概率。通过对比两种方案可以看出，两组最优的 BMPs 配置在低负荷和中负荷区域的控制水平相当，在高负荷区域差别较大，主要是由于靶标方案 2 设置的控制对象剔除了暴雨及大暴雨事件，即没有考虑大量的高负荷值，因此在验证情景时，对 LDC 高负荷区域的污染控制有限。但是综合整个负荷区域，靶标方案 2 引导的最优 BMPs 配置可以将总氮的超标率控制到 15.43%，即满足了 80%的总体达标率。靶标方案 1 由于考虑了暴雨及大暴雨带来的高值影响，因此在验证情景下高负荷区域的超标率低于方案 1，且整体区域的达标率略好于方案 2，但以此为代价的则是增加了 13.3% 的 BMPs 成本投入。

此外，为了判断 BMPs 最优配置实现水质控制目标的置信水平，应将随机模拟的样本数据转换为概率形式进行分析。图 5.12 展现了各 BMPs 配置下达标率的概率密度分布图。表 5.9 列出了 BMPs 优化配置对验证场次的达标率的概率统计特征，从平均值、最小值和最大值的对比可以看出，两种靶标方案对总磷的控制效果均好于总氮，而方案 1 对总氮和总磷的整体控制水平均要好于方案 2。从标准差和变异系数的对比发现，同一种靶标方案下，BMPs 最优配置对总氮控制效率的离散度较大，不确定性较高。而靶标方案 2 引导的 BMPs 最优配置对污染物控制效率的离散度较大，不确定性较高，这种不确定性大小的差异，主要是是否考虑暴雨及大暴雨事件带来的负荷高值，从而带来的 BMPs 配置的风险水平的不同。但是从达标率最小值与目标值的对比发现，对于控制目标为总氮 80% 的达标率且总磷 90% 的达标率，两种靶标方案引导的最优 BMPs 配置均可以实现 100% 的置信水平。

表 5.8　BMPs 最优配置对总氮污染的分段控制效果验证

方案	高负荷区域	中负荷区域	低负荷区域	整体区域
靶标方案 1	37.34%	11.91%	2.25%	11.57%
靶标方案 2	52.69%	15.63%	2.51%	15.43%

表 5.9　BMPs 最优配置对验证场次的达标率统计特征

项目		平均值	最小值	最大值	标准差	变异系数
总氮	靶标方案 1	88.41%	86.50%	89.95%	0.54%	0.62%
	靶标方案 2	84.61%	81.73%	87.31%	1.01%	1.20%
总磷	靶标方案 1	98.61%	98.31%	98.75%	0.08%	0.08%
	靶标方案 2	98.10%	97.73%	98.53%	0.14%	0.14%

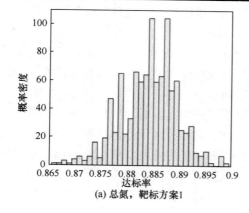

(a) 总氮，靶标方案1

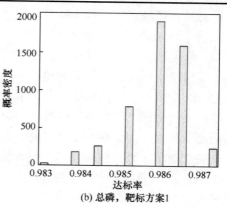

(b) 总磷，靶标方案1

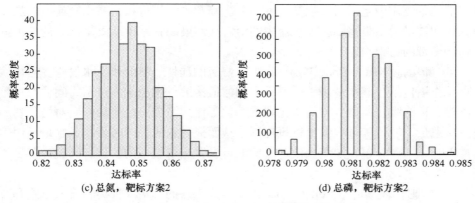

图 5.12　各 BMPs 配置下达标率的概率密度分布图

5.3　非点源污染控制不确定性的降低方法

5.3.1　国家尺度 BMPs 基础数据库构建

BMPs 效率是决定非点源污染控制方案合理性的基础，实地监测数据是最能够表征措施控制效率的依据，但受限于资料的可获得性，大部分的 BMPs 效率数据都是单点、局部、短期数据，导致 BMPs 效率不确定性的存在。结合大数据技术构建国家尺度 BMPs 基础数据库是解决 BMPs 效率不确定性的前期和基础。在前期研究基础上，BMPs 措施基础数据库已初步构建，其中包括措施的基本定义、功能介绍与成本投入，并记录了措施实施区域的特有气候条件，下垫面特征(土地利用、土壤属性、坡度)和其他指标(位置、面积等)。目前，该数据库尚处于构建过程中，需要相关政府、科研机构、社会组织、利益相关个人的通力合作。

将该数据库应用于张家冲小流域进行措施信息提取，获得的基本信息如下。

(1) 等高种植(NRCS Code 330)，指依据同等坡度的山脊和犁沟进行耕作和种植，从而改变地表径流的方向，防止其直接向下坡冲刷。等高种植的主要作用包括减少表面侵蚀和带状沟蚀，减少泥沙和污染物的传输，并提高渗透率。

(2) 免耕(NRCS Code 329)，指全年间保证不翻动土壤，在土壤层至少 30%的表面覆盖作物残渣。免耕的主要作用包括改变耕作制度，通过减少地表过量的泥沙，从而减少面蚀、沟蚀和风蚀；维持或提高土壤有机质含量。

(3) 梯田(NRCS Code 600)，指在山坡地带沿等高线修建土质路堤或结合山脊和沟渠而形成的田地。梯田的主要作用包括减少侵蚀并拦截泥沙，通过蓄水而减少径流量和减弱径流动能，从而增加泥沙沉降。

(4) 植被过滤带(NRCS Code 393)，指种植着草本植物的带状区域系统。植被过滤带的主要作用包括通过拦截、下渗、沉降和吸收等过程，减少径流中的悬浮颗粒物和携带的污染物；减少径流中的溶解性污染物；减少灌溉尾水中的悬浮颗粒物和携带的污染物。

(5) 滞留池(NRCS Code 378)，指人工修筑的洼地、池塘或蓄水设施。滞留池的主要作用包括存储水量用于控制面上和河道侵蚀，增加水力停留时间，通过重力沉降、植物吸收、微生物的硝化和反硝化等作用，缓滞径流的同时对污染物和流量从总量、峰值和过程线上进行控制，从而提高水质，同时蓄积的水量可用于畜禽养殖、水产养殖、灌溉。设定滞留池可设置于子流域的出口，其设计容量为集水区内年平均的一日产流量。

(6) 施肥管理(NRCS Code 590)，指对养分输入的总量、种类、投入方式和时间进行管理。施肥管理在满足作物自身养分需求的前提下，可以减少各土壤层中养分含量，从而减少非点源污染的来源，同时保护了空气质量，提升了土壤的物理化学和生物状态。根据实地调研，确定减少 20%的施肥量作为候选的施肥管理BMPs。

各候选措施的实施地块如图 5.13 所示，设施成本如表 5.10 所示。

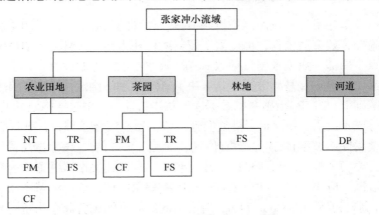

图 5.13　张家冲小流域的措施初选结果

表 5.10　BMPs 设施成本明细

BMPs	单位	建设成本/元	维护成本	机会成本
NT	acre	88	—	—
FS	acre	2632	5%	3.9%
CF	acre	130	—	—
TR	acre	350	5%	3.9%
DP	ft³	35	5%	3.9%

注：ft³ 表示立方英尺，1ft=0.3048m。

5.3.2 引入安全余量的非点源污染控制方案

在流域水污染防治方面，美国采用了 TMDL，它是 USEPA 在 1972 年修正的《清洁水法》中第 303(d)条款提出的。实践证明，TMDL 是一种有效的流域水污染防治方法，它在美国的实践对水质改善起到了较好的功效，其对制定符合中国国情的流域水污染防治方法体系有一定的借鉴意义。TMDL 以流域整体为研究对象，将点源和非点源污染控制相结合，其任务是在满足水质标准的前提下，估算水体所能容纳某种污染物的总量，并将 TMDL 总量在各污染源之间分配，通过制定和实施相关措施促使污染水体达标或维护达标水体的水环境状况。它的表示方式为

$$TMDL = \sum WLA + \sum LA + MOS \qquad (5.8)$$

式中，TMDL 为受纳水域允许纳污总量；$\sum WLA$ (waste load allocation)为点源污染负荷的总和；$\sum LA$ (load allocation)为非点源污染负荷的总和；MOS(margin of safety)为安全余量，用于表征 TMDL 的不确定性，可表示为未予分配的污染物负荷量，也可通过在计算 TMDL 总量的过程中使用保守性的假设加以体现。

TMDL 作为一种水污染防治方法，在制定和实施过程中无法避免不确定性的存在，该不确定性的大小通常用 MOS 表征。当前的 TMDL 编制人员多采用隐式或显式的方法处理 MOS 项。隐式的方法即在 TMDL 总量计算和负荷分配时使用较为保守的假设，如采用较为严格的水质标准等，此时的 MOS 值为 0；显式的方法则将一部分污染物负荷量不予分配，多根据 TMDL 编制人员的经验，采用安全系数的方式加以处理。Freedman 等(2002)对 172 个 TMDL 报告进行了调查，其中有 12 个并未考虑 MOS，有 40 个采用隐式的方法，另外 120 个采用显式的方法。在这 120 个显式的 MOS 中，119 个采用经验系数法，仅有 1 个是在不确定性分析的基础上确定了 MOS。这些主观或经验的方法并不能很好地解释 TMDL 中的不确定性。美国国家安全委员会在对 TMDL 科学基础合理性的论证报告中指出：USEPA 应立即终止这种武断地选择 MOS 的方式，应以不确定性分析为基础进行合理计算。

不确定性是非点源污染控制面临的客观问题，建议可参考 TMDL 对于 MOS 的定义方法，将安全余量的概念引入非点源污染控制过程，并基于系统的 BMPs 效率不确定性给出具体的安全余量数值。

5.4 本 章 小 结

本章系统论述了措施效果不确定性主要来源，量化了不同降雨场次措施效率

的不确定性，提出了考虑措施不确定性的非点源污染优化配置方法，主要结论包括以下几点。

(1) 非点源污染控制过程面临着诸多不确定性因素，大体可分为措施效率的不确定性以及措施空间优化配置过程的不确定性，目前关于非点源污染控制不确定性的研究较少。

(2) 模型参数是措施效果评价过程不确定性的重要来源，这种不确定性在暴雨时期最为明显；措施不确定性可通过核密度估计方法进行合理表征；案例研究结果表明，植被过滤带被识别为效果不确定性最小的措施，不确定性最大的措施为暴雨类型事件下的等高种植。

(3) 提出了一种考虑措施不确定性的非点源污染优化配置方法，可以合理处理多场次事件下措施空间配置的不确定性问题；不确定性情景下水质超标以一定的概率呈现，可通过控制目标的置信水平对措施优化配置过程的不确定性进行合理表征，决策者可根据基于成本控制或水环境改善的偏好，选择相应的非点源污染控制措施的最优配置方案。

(4) 构建国家尺度措施数据库是解决非点源污染控制措施效率不确定性的可靠途径，而引入安全余量可有效提高非点源污染控制方案的合理性。

参 考 文 献

陈磊. 2013. 非点源污染多级优先控制区构建与最佳管理措施优选[D]. 北京: 北京师范大学.

洪倩. 2010. 三峡库区农业非点源污染及管理措施研究[D]. 北京：北京师范大学.

邱嘉丽. 2012. 最佳管理措施的分类技术及数据库构建[D]. 北京: 北京师范大学.

Ahn S R, Kim S J. 2016. The effect of rice straw mulching and no-tillage practice in upland crop areas on nonpoint-source pollution loads based on HSPF[J]. Water, 2016, 8(3): 106.

Dodd R J, Sharpley A N. 2016. Conservation practice effectiveness and adoption: unintended consequences and implications for sustainable phosphorus management[J]. Nutrient Cycling in Agroecosystems, 104(3): 373-392.

Freedman P, Larson W, Dilks D, et al. 2002. Navigating the TMDL process: Evaluation and improvements[J]. Proceedings of the Water Environment Federation,(8): 518-532.

Garcia A M, Alexander R B, Arnold J G , et al. 2016. Regional effects of agricultural conservation practices on nutrient transport in the Upper Mississippi River Basin[J]. Environmental Science & Technology, 50(13): 6991-7000.

Gitau M W, Gburek W J, Jarrett A R. 2005. A tool for estimating best management practice effectiveness for phosphorus pollution control[J]. Journal of Soil and Water Conservation, 60(1): 1-10.

Huang P, Li Z, Yao C, et al. 2016. Spatial combination modeling framework of saturation-excess and infiltration-excess runoff for semihumid watersheds[J]. Advances in Meteorology.

Hong Y, Hsu K, Moradkhani H, et al. 2006. Uncertainty quantification of satellite precipitation estimation and Monte Carlo assessment of the error propagation into hydrologic response[J]. Water Resources Research, 42(8): W08421.

Jang S S, Ahn S R, Kim S J. 2017. Evaluation of executable best management practices in haean highland agricultural catchment of South Korea using SWAT[J]. Agricultural Water Management, 180: 224-234.

Karamouz M, Taheriyoun M, Baghvand A, et al. 2010. Optimization of watershed control strategies for reservoir eutrophication management[J]. Journal of Irrigation and Drainage Engineering-Asce, 136: 847-861.

Liu R, Xu F, Zhang P, et al. 2016. Identifying non-point source critical source areas based on multi-factors at a basin scale with SWAT[J]. Journal of Hydrology, 533: 379-388.

Maringanti C, Chaubey I, Arabi M, et al. 2011. Application of a multi-objective optimization method to provide least cost alternatives for NPS pollution control[J]. Enviromental Management, 48: 448-461.

Ni X J, Prem B P. 2018. Evaluation of the impacts of BMPs and tailwater recovery system on surface and groundwater using satellite imagery and SWAT reservoir function[J]. Agricultural water management, 210: 78-87.

Ouyang W, Hao F H, Wang X, et al. 2008. Nonpoint source pollution responses simulation for conversion cropland to forest in mountains by SWAT in China[J]. Environmental Management, 41(1): 79-89.

Pan D, Gao X, Dyck M, et al. 2017. Dynamics of run off and sediment trapping performance of vegetative filter strips: Run-on experiments and modeling[J]. Science of the Total Environment, 593: 54-64.

Panagopoulos Y, Makropoulos C, Mimikou M. 2012. Decision support for diffuse pollution management[J]. Environmental Modelling & Software, 30: 57-70.

Prada A F, Chu M L, Guzman J A, et al. 2017. Evaluating the impacts of agricultural land management practices on water resources: A probabilistic hydrologic modeling approach[J]. Journal of Environmental Management, 193: 512-523.

Sharpley A N, Chapra S C, Wedepohl R, et al. 1994. Managing agricultural phosphorus for protection of surface waters: issues and options[J]. Journal of Environmental Quality, 23(3): 437-451.

Shen Z, Chen L, Xu L. 2013. A topography analysis incorporated optimization method for the selection and placement of best management practices[J]. PloS One, 8(1): e54520.

Shen Z, Hong Q, Yu H, et al. 2008. Parameter uncertainty analysis of the non-point source pollution in the Daning River watershed of the Three Gorges Reservoir Region, China[J]. Science of the Total Environment, 405(1): 195-205.

Tilak A S, Youssef M A, Burchell II M R, et al. 2017. Testing the riparian ecosystem management model(REMM) on a riparian buffer with dilution from deep groundwater[J]. Transactions of the ASABE, 60(2): 377-392.

Tuppad P, Douglas Mankin K R, Lee T, et al. 2010. Soil and water assessment tool(SWAT) hydrologic/water quality model: extended capability and wider adoption[J]. Transactions of the American Society of Agricultural Engineers, 54(5): 1677-1684.

Wallace C W, Flanagan D C, Engel B A. 2017. Quantifying the effects of conservation practice implementation on predicted runoff and chemical losses under climate change[J]. Agricultural Water Management, 186: 51-65.

White M J, Arnold J G. 2009. Development of a simplistic vegetative filter strip model for sediment and nutrient retention at the field scale[J]. Hydrological Processes, 23: 1602-1616.

Woznicki S A, Pouyan Nejadhashemi A. 2014. Assessing uncertainty in best management practice effectiveness under future climate scenarios[J]. Hydrological Processes, 28(4): 2550-2566.

Zhou Z, Ouyang Y, Li Y, et al. 2017. Estimating impact of rainfall change on hydrological processes in Jianfengling rainforest watershed, China using BASINS-HSPF-CAT modeling system[J]. Ecological Engineering, 105: 87-94.

第 6 章　总结与展望

本书系统总结了非点源污染模拟过程不确定性的主要来源、影响因素及降低方法，并以三峡库区大宁河流域巫溪段和张家冲小流域作为研究区域，以流域水文模型 SWAT 和 HSPF 为研究工具，从输入数据、模型参数与结构、模型率定方法以及非点源污染控制方法几方面，具体介绍了流域非点源污染模拟过程中涉及的不确定性，相关成果可为流域非点源污染模拟与控制提供参考。具体内容包括：从模型输入数据的角度，量化了降雨数据、高程数据、土地利用数据、土壤数据等单个因素及多因素耦合情景对模型不确定性的影响；从模型自身的角度，从模型参数和模型结构两个方面量化了其带来的模型不确定性；针对传统率定方法的缺点，提出了考虑不确定性的基于点-区间、区间-区间、分布-分布三种模型率定方法；进而研究了措施效果评估过程的不确定性并提出了耦合措施不确定性的非点源污染控制措施优化配置方法，最终形成了一套相对完整的流域非点源污染模拟不确定性基础理论、技术方法与应用模式。案例研究结果表明以下几点。

(1) 模型输入数据的不确定性来源主要包括空间数据来源、精度以及属性数据库的选择等，多种输入数据的不匹配性也是模型输入不确定性的重要来源；在众多输入数据中，降雨数据和 DEM 数据是非点源污染模拟不确定性的主要来源，应给予重点关注；采用多源数据融合、数据同化及地统计学等方法可有效降低模型输入的不确定性。

(2) 模型自身的不确定性来源包括建模阶段的时空尺度假定、模型参数取值范围、模型参数数值分布假设、多参数组合方式、模型自身结构(公式)选择等多个方面，可通过参数野外实测和多模型预报等方式降低模型自身不确定性。

(3) 流量、泥沙、水质观测数据不确定性是客观存在的，本书提出的点-区间、区间-区间、分布-分布三种模型率定方法可充分考虑模拟不确定性和监测不确定性，进而实现不确定性情景下的模型评价、率定、验证。

(4) 非点源污染控制过程的不确定性主要来源于措施效率评价的不确定性以及措施空间优化配置过程的不确定性，其中模型参数是措施效果评价过程不确定性的重要来源，需重点关注；考虑措施不确定性的非点源污染优化配置方法、国家尺度措施数据库和引入安全余量是有效提高非点源污染控制方案合理性的可靠方法。

通过前期研究，证明了非点源污染模拟不确定性是客观存在的，并提出了一套相对完整的流域非点源污染模拟不确定性的基本理论、方法与应用案例。但必须指出，相对于非点源污染模拟方法与控制技术，非点源污染不确定性的量化、表征和降低方法研究还远未成熟，今后还需进一步关注以下几点。

(1) 亟待开展针对非点源污染模拟过程不确定性的系统量化。目前关于模型输入数据和模型参数不确定性的研究已较多，但关于模型结构不确定性的研究还远远不足，需综合考虑模型输入、模型参数和模型结构等不确定性来源，从而实现对模型不确定性的系统量化和表征。另外，模型输入数据和模型参数众多，且每个流域/区域其不确定性来源均有所不同，需要根据各流域/区域特点识别并量化其关键输入数据和模型参数带来的模拟不确定性。

(2) 非点源污染模拟不确定性的降低是不确定性研究的最终目的，也是未来需要进一步开展的研究方向。未来应首先关注模型输入数据不确定性的降低，通过综合考虑数据可得性和模拟目的，根据研究区模拟对象的特征确定所需数据的精度。其次应关注模型参数，当多个模型参数存在时，建议通过参数敏感性分析筛选关键参数，对于物理参数尽量采取本地化的参数数值，对于概念参数则需关注如何降低模型"异参同效"现象；同时应因地制宜地选取合适的模型结构，当多个模型结构存在时，需要根据流域关键过程机理确定模型主要结构。

(3) 深入开展非点源污染控制过程不确定性研究。目前该领域研究较少，未来建议通过构建国家尺度 BMPs 基础数据库和引入安全余量的非点源污染控制技术等途径，增强非点源污染评价过程的置信度，进而降低流域水环境管理的决策风险。